AF640356

DIETRICH STOYAN

Qualitative Eigenschaften und Abschätzungen stochastischer Modelle

Qualitative Eigenschaften und Abschätzungen stochastischer Modelle

von

Dr. DIETRICH STOYAN

Mit 3 Abbildungen und 6 Tabellen

AKADEMIE-VERLAG · BERLIN
1977

Erschienen im Akademie-Verlag, 108 Berlin, Leipziger Str. 3—4
© Akademie-Verlag Berlin 1977
Lizenznummer: 202 · 100/409/77
Gesamtherstellung: VEB Druckerei „Thomas Müntzer", 582 Bad Langensalza
Bestellnummer: 762 049 3 (6243) · LSV 1074
Printed in GDR
DDR 26,— M

Vorwort

Unter *stochastischen Modellen* versteht man die mathematischen Modelle der Bedienungs- und Zuverlässigkeitstheorie, der Lagerhaltung und Ablaufplanung usw., in denen zufällige Einflüsse berücksichtigt werden. Da viele dieser Modelle sehr kompliziert sind, haben Abschätzungen stochastischer Modelle große praktische Bedeutung. Eine wichtige theoretische Grundlage für Abschätzungen und auch viele Näherungsverfahren bilden qualitative Eigenschaften stochastischer Modelle. Diese charakterisieren den Einfluß von Größen, die das Verhalten der Systemelemente bestimmen, auf Parameter, welche das System als Ganzes beschreiben.

In vielen Lehrbüchern über stochastische Modelle werden vor allem die exakten Verfahren dargestellt, während Abschätzungen und Näherungsverfahren oft etwas stiefmütterlich behandelt werden, obwohl doch gerade diese für die Praxis von größter Bedeutung sind und auch stets untersucht wurden; erinnert sei nur an die diesbezüglichen Beiträge solcher Pioniere der Bedienungstheorie wie ERLANG, CROMMELIN und POLLACZEK. Das vorliegende Buch ist zwei besonders wichtigen Typen qualitativer Eigenschaften und darauf aufbauenden Näherungsverfahren gewidmet. Dabei handelt es sich um Monotonie- und Stabilitäts-(Stetigkeits-)eigenschaften stochastischer Modelle, also Probleme der Art, wie sie im Vorwort zur deutschen Ausgabe der „Einführung in die Bedienungstheorie" von GNEDENKO und KOVALENKO formuliert werden. Berücksichtigt wird vor allem die Bedienungstheorie und weniger die Zuverlässigkeitstheorie; weitere stochastische Modelle werden nur fragmentarisch behandelt. Es wurde jedoch versucht, die Methoden so darzustellen, daß ihre Anwendbarkeit auf weitere stochastische Modelle ersichtlich ist.

Monotonieeigenschaften, die die Grundlage vieler Abschätzungen bilden, werden sehr ausführlich dargestellt und zwar sowohl in theoretischer (Beschreibung von Methoden zu ihrem Nachweis) als auch in praktischer Hinsicht (Anwendungen für konkrete Modelle). In Kapitel 1 werden zunächst *Halbordnungsrelationen* für Verteilungsfunktionen und -gesetze behandelt, in Kapitel 2 die wichtigsten Methoden zum Beweis von Monotonieeigenschaften. Diese Methoden werden benutzt, um in Kapitel 3 einige Probleme der *Versuchsplanung*, in Kapitel 4 Monotonie- und Vergleichbarkeitseigenschaften *stochastischer Prozesse*, insbesondere MARKOVscher Prozesse, sowie in den Kapiteln 5 und 6 die *Warteschlangenmodelle* $GI/GI/1$ und $GI/GI/s$ zu studieren. In Kapitel 7 werden verschiedene andere Modelle, vor allem solche aus der *Zuverlässigkeitstheorie*, untersucht. Soweit möglich, werden für die behandelten Modelle auch praktisch nutzbare Näherungsformeln angegeben.

Verfahren zum Nachweis von *Stabilitätseigenschaften* sind in Kapitel 8 dargestellt. Die dort untersuchten Beispiele stammen überwiegend aus der Bedienungstheorie, in der besondere Schwierigkeiten auftreten. Der Nachweis von Stabilitätseigenschaften gibt (theoretisch) erst die Berechtigung für die Anwendung vieler Näherungsverfahren, z.B. der ERLANGschen Phasenmethode oder der Simulation.

Im vorliegenden Buch wird über ein relativ junges, noch in der Entwicklung befindliches Forschungsgebiet berichtet. Dementsprechend werden in ihm neue und neueste Ergebnisse dargestellt, von denen wahrscheinlich in Zukunft einige durch die weitere Entwicklung überholt werden.

Am Ende der einzelnen Kapitel finden sich *Anmerkungen* mit Hinweisen zur Literatur sowie zu weiteren Problemen und Ergebnissen. Außerdem werden *offene Probleme* angegeben, deren Lösung zur Vervollkommnung der Theorie beitragen kann. Dabei ist zu berücksichtigen, daß ihr Niveau sehr unterschiedlich ist: Manche Probleme können sich als einfach lösbar (oder schon gelöst) erweisen, andere als außerordentlich kompliziert oder in der gegebenen Form unlösbar. Ich würde mich freuen, durch ihre Angabe zu weiteren Untersuchungen angeregt zu haben.

Der angesprochene Leserkreis ist entsprechend der Konzeption des Buches recht breit: Es dürfte für Theoretiker von Nutzen sein, die sich für qualitative Eigenschaften stochastischer Modelle bzw. Prozesse und Näherungsverfahren interessieren, für in der Praxis tätige Mathematiker, die für konkrete Modelle Abschätzungen zu bestimmen haben, und es wird auch für solche Leser einiges bieten, die „nur" *fertige Formeln* für stochastische Modelle suchen. Um gerade diesen Lesern die Benutzung des Buches zu erleichtern, wurden die Nummern aller derjenigen Formeln, die ich für praktisch wichtig und empfehlenswert halte, fett gedruckt. Ihre Anwendung dürfte, namentlich bei Variantenentscheidungen, oft günstiger als die der sonst üblichen Simulationsverfahren sein.

An dieser Stelle sei Herrn Prof. Dr. KÖNIG für zahlreiche wertvolle Anregungen, für seine großzügige Unterstützung meiner Arbeiten sowie für die kritische Durchsicht des Manuskriptes herzlich gedankt. Auch den Herren Prof. Dr. FRANKEN und Prof. Dr. ROSSBERG, ebenfalls Gutachter meiner Dissertation B (Bergakademie Freiberg, 1975), aus der dieses Buch entstand, möchte ich für viele nützliche Ratschläge und Anregungen, die zum Teil auch das Buchmanuskript betrafen, vielmals danken. Ferner unterstützten mich die Herren BERGMANN, KIRSTEIN und Dr. NÄTHER dankenswerterweise, indem sie Teile des Manuskripts durchsahen. Die Genannten und viele andere informierten mich bereitwillig über neueste, teilweise noch unpublizierte Forschungsergebnisse und gaben mir auch sonst wichtige Hinweise.

Besonderer Dank gebührt meiner Frau für ihre unermüdliche Mitarbeit bei der Herstellung des Manuskriptes.

Schließlich danke ich dem Akademie-Verlag und namentlich Frau HELLE für das verständnisvolle Eingehen auf meine die Gestaltung des Buches betreffenden Anliegen, wodurch es u. a. möglich war, bei der Korrektur einige erst kürzlich erschienene Arbeiten zu berücksichtigen und das im September 1975 abgeschlossene Manuskript teilweise zu erweitern.

Freiberg, Dezember 1976 DIETRICH STOYAN

Adresse des Autors:
Sektion Mathematik
Bergakademie Freiberg
DDR-92 Freiberg
Bernhard-von-Cotta-Straße 2

Summary. Stochastic models, i. e. models of queueing, reliability, inventory etc. grow more and more complicated, and it is often impossible to treat them exactly with known analytical methods. Therefore, approximation methods and considerations of qualitative (sensitivity) properties of models are of increasing importance. The most interesting examples of such properties are monotonicity and continuity (stability) properties.

In the present book these properties, and connected approximations and bounds, are considered systematically, and an effort is made to understand all the important, relevant literature up to 1975.

In ch. 1 the main properties of the used semi-ordering relations are studied. General methods for proving monotonicity properties and of some variation problems are treated in ch. 2, especially, the elementary „mapping method". Ch. 3 is devoted to some problems of experiment design. The ch. 4 presents the theory of comparable and monotone Markov chains. In the following chapters 5 to 7 monotonicity properties are proved and many bounds for special stochastic models are given and justified. The models $GI/G1$ and $GI/G/s$ are exhaustively studied, and loss systems, renewal processes, Pert-networks, and inventory models are also considered. The final chapter 8 treats stability properties. The most important known methods for proving them are described, in particular, for the case of stationary distributions of Markov chains and of queueing systems.

At the end of each of the chapters comments and open problems are listed, which could stimulate further research.

Резюме. В настоящее время исследователи часто сталкиваются с такими стохастическими моделями (как например, модели теории массового обслуживания, теории надежности, управления запасами и т. д.), сложность которых не позволяет пока точно рассчитать эти модели с помощью известных аналитических методов. Поэтому весьма актуальным становится развитие различных приближенных методов, а также методов исследования качественных свойств этих моделей.

В предлагаемой книге рассматриваются свойства монотонности и непрывности, излагаются различные оценки и приближенные методы, а также дается обзор литературы по этому вопросу по 1975 год.

В 1 главе исследуются основные свойства отношений полуупорядоченности, во 2 главе описываются методы решения проблемы монотонности и рассматриваются некоторые задачи оптимизации, особое внимание уделено сравнительно простому „монотонных отображений". В 3 главе отношения полуупорядоченности применяются для рассмотрения проблем планирования эксперимента, и в 4 главе излагается теория монотонных и сравнимых марковских процессов. В главах 5—7 приводятся свойства монотонности и оценки параметров конкретных стохастических моделей. Наибольшее внимание уделено системам массового обслуживания с ожиданием $GI/G/1$ и $GI/G/s$, но также рассмотрены и системы с потерями, процессы востановления, сети ПЕРТ, модели управления запасами и т. д. В заключительной, 8 главе излагаются свойства устойчивости. Особое внимание уделено свойству устойчивости стационарного распределения марковского процесса и систем массового обслуживания.

В конце каждой главы предлагается список нерешенных проблем и указываются возможные направления дальнейших исследований.

Inhaltsübersicht

1. Halbordnungsrelationen für Verteilungsfunktionen und -gesetze

1.1. Allgemeines über Halbordnungsrelationen für Verteilungsfunktionen

Im folgenden werden einige allgemeine Begriffe und Aussagen über Halbordnungsrelationen auf der Menge $\mathfrak{V}$ aller Verteilungsfunktionen bzw. auf Teilmengen von $\mathfrak{V}$ formuliert. Diese sind als erster Schritt zu einer allgemeinen Theorie der Halbordnungsrelationen auf $\mathfrak{V}$ gedacht und dienen im Rahmen des vorliegenden Buches vor allem einer strafferen Darstellung der Kapitel 1.2 bis 1.8.

Definition. Eine *Halbordnungsrelation* $\prec$ auf $\mathfrak{V}_< \subseteqq \mathfrak{V}$ ist eine zweistellige Relation mit den Eigenschaften

$$F \prec F \qquad \text{(Reflexität)}$$

$$F_1 \prec F_2\,, \quad F_2 \prec F_3 \to F_1 \prec F_3 \qquad \text{(Transitivität)}$$

$$F_1 \prec F_2\,, \quad F_2 \prec F_1 \to F_1 = F_2 \qquad \text{(Antisymmetrie)}$$

Es erweist sich als zweckmäßig, ausgehend von Halbordnungsrelationen $\prec$ für Verteilungsfunktionen entsprechende Relationen für Zufallsgrößen zu definieren, die wir ebenfalls mit $\prec$ bezeichnen. Sind ξ_1 und ξ_2 Zufallsgrößen mit den Verteilungsfunktionen F_1 und F_2, so setzen wir

$$\xi_1 \prec \xi_2 \leftrightarrow F_1 \prec F_2\,.$$

(Die Relation $\prec$ für Zufallsvariable ist keine Halbordnungsrelation, da sie nicht antisymmetrisch ist. Zwei Zufallsgrößen mit derselben Verteilungsfunktion brauchen nämlich nicht gleich zu sein.)

Die folgenden Eigenschaften von Halbordnungsrelationen für Verteilungsfunktionen sind für die Anwendungen von großer Bedeutung.

Definition. Eine Halbordnungsrelation $\prec$ auf $\mathfrak{V}_< \subseteqq \mathfrak{V}$ hat die *Eigenschaft* (R), wenn für reelle a, b die Beziehung $a \leqq b$ mit $\Theta_a \prec \Theta_b$ äquivalent ist.[1])

Sie hat die *Eigenschaft* (E), wenn für $F_1, F_2 \in \mathfrak{V}_<$ mit den Erwartungswerten m_1 und m_2 aus $F_1 \prec F_2$ stets $m_1 \leqq m_2$ folgt.

Sie hat die *Eigenschaft* (M), wenn aus $F_1 \prec F_2$ ($F_1, F_2 \in \mathfrak{V}_<$) für jede reelle Zahl $c > 0$ die Gültigkeit von $F_1^c, F_2^c \in \mathfrak{V}_<$ und $F_1^c \prec F_2^c$ folgt, wobei F_k^c die

---

[1]) Zu der reellen Zahl c bezeichnet Θ_c die ausgeartete Verteilungsfunktion $\Theta_c(x) = 0$; $x \leqq c$, $\Theta_c(x) = 1$; $x > c$.

Verteilungsfunktion

$$F_k^c(x) = F_k\left(\frac{x}{c}\right); \quad -\infty < x < \infty; \quad k = 1, 2$$

bezeichnet.

Sie hat die *Eigenschaft* (F), wenn für $F_1, F_2, G \in \mathfrak{V}_<$ mit $F_1 * G, F_2 * G \in \mathfrak{V}_<$ aus $F_1 \prec F_2$ stets $F_1 * G \prec F_2 * G$ folgt.

Sie hat die *Eigenschaft* (S), wenn für $F_n, G_n, F, G \in \mathfrak{V}_<$ mit $F_n \Rightarrow F$, $G_n \Rightarrow G$[1]) aus $F_n \prec G_n$ $(n = 1, 2, \ldots)$ stets auch $F \prec G$ folgt.

Die bisher in der Literatur untersuchten Halbordnungsrelationen für Verteilungsfunktionen besitzen sämtlich die Eigenschaft (E), da die Vergleichbarkeit der Erwartungswerte vergleichbarer Verteilungsfunktionen in vielen Fällen eine Mindestforderung an Halbordnungsrelationen auf $\mathfrak{V}$ ist. Die Eigenschaft (M) sichert, daß für zwei Zufallsgrößen ξ_1 und ξ_2 mit $\xi_1 \prec \xi_2$ auch $c\xi_1 \prec c\xi_2$ für $c > 0$ gilt.

Zwischen den Eigenschaften (R), (E), (M), (F) und (S) besteht folgender Zusammenhang:

Satz 1.1.1. *Wenn eine Halbordnungsrelation* $\prec$ *für Verteilungsfunktionen die Eigenschaften* (R), (M), (F) und (S) *besitzt, hat sie auch die Eigenschaft* (E), *sofern aus* $F \in \mathfrak{V}_<$ *stets auch* $F^{*(n)} \in \mathfrak{V}_<$ *folgt*; $n = 1, 2, \ldots$

Beweis. Es seien F und G zwei beliebige, bezüglich $\prec$ vergleichbare Elemente aus $\mathfrak{V}_<$ mit den Erwartungswerten m_F und m_G. $\{\xi_n\}$ und $\{\eta_n\}$ seien zwei Folgen unabhängiger, jeweils identisch verteilter Zufallsgrößen mit den Verteilungsfunktionen F und G. Nach dem schwachen Gesetz der großen Zahlen konvergieren die Verteilungsfunktionen F_n und G_n der Zufallsgrößen $s_n = \frac{1}{n} \sum_{i=1}^{n} \xi_i$ $t_n = \frac{1}{n} \sum_{i=1}^{n} \eta_i$ schwach gegen Θ_{m_F} und Θ_{m_G}. Wegen (F) und (M) gilt für alle n $F_n \prec G_n$; aus (S) ergibt sich $\Theta_{m_F} \prec \Theta_{m_G}$, und die Eigenschaft (R) sichert die Gültigkeit von $m_F \leqq m_G$. ●

Sehr viele praktisch verwendete Halbordnungsrelationen für Verteilungsfunktionen sind folgendermaßen definiert oder definierbar.

Definition. Es sei $\mathcal{F}_<$ eine Menge reeller Funktionen. Die Halbordnungsrelation $\prec$ heiße *durch* $\mathcal{F}_<$ *erzeugt*, falls $F_1 \prec F_2$ äquivalent zur Gültigkeit der Ungleichung

$$\int_{-\infty}^{\infty} f(x)\, dF_1(x) \leqq \int_{-\infty}^{\infty} f(x)\, dF_2(x)$$

für alle $f \in \mathcal{F}_<$ ist, für die die Integrale existieren.

---

[1]) $F_n \Rightarrow F$ bedeutet, daß die Folge $\{F_n\}$ schwach gegen F konvergent ist, vgl. S. 141.

Diejenigen Relationen, die in den folgenden Kapiteln untersucht werden, besitzen alle die Eigenschaft, durch gewisse Mengen $\mathcal{F}_{<}$ erzeugt zu sein.

Bestimmte Eigenschaften der Mengen $\mathcal{F}_{<}$ stehen in engem Zusammenhang mit denen der entsprechenden Halbordnungsrelationen. Als Beispiel sei folgende Eigenschaft genannt.

Definition. Eine Menge $\mathcal{G}$ von reellen Funktionen auf $\mathbf{R}$ bzw. $\mathbf{R}_+$ heiße *translationsinvariant*, wenn für alle $a \in \mathbf{R}$ bzw. $a \in \mathbf{R}_+$ zugleich mit f auch f_a, $f_a(x) = f(a + x)$, zu $\mathcal{G}$ gehört.

Satz 1.1.2. *Die Halbordnungsrelation $\prec$ sei durch eine translationsinvariante Menge $\mathcal{F}_{<}$ erzeugt. Dann besitzt $\prec$ die Eigenschaft* (F).

Beweis. Es gilt für beliebige F_1, F_2 und $G \in \mathfrak{V}$, für die die Integrale existieren,

$$\int_{-\infty}^{\infty} f(x)\, dF_k * G(x) = \int_{-\infty}^{\infty} \int_{-\infty}^{\infty} f(x + y)\, dF_k(x)\, dG(y); \qquad k = 1, 2\,.$$

Falls $f \in \mathcal{F}_{<}$, folgt für alle y

$$\int_{-\infty}^{\infty} f(x + y)\, dF_1(x) \leqq \int_{-\infty}^{\infty} f(x + y)\, dF_2(x)$$

und

$$\int_{-\infty}^{\infty} f(x)\, dF_1 * G(x) \leqq \int_{-\infty}^{\infty} f(x)\, dF_2 * G(x)\,,$$

d. h., $\quad F_1 * G\,,\quad F_2 * G \in \mathfrak{V}_{<}$ und $F_1 * G \prec F_2 * G$. ●

Im allgemeinen ist die Menge $\mathcal{R}_{<}$ derjenigen reellen Funktionen f, für die die Ungleichung

$$\int_{-\infty}^{\infty} f(t)\, dF_1(t) \leqq \int_{-\infty}^{\infty} f(t)\, dF_2(t) \tag{1.1.1}$$

für alle $F_1, F_2 \in \mathfrak{V}_{<}$ mit $F_1 \prec F_2$ gilt, falls die Integrale existieren, viel größer als $\mathcal{F}_{<}$. Die Menge $\mathcal{R}_{<}$ soll als die *Menge aller $\prec$-monotonen Funktionen* bezeichnet werden.

$\mathcal{F}_{<}$ sei eine Familie (oder Folge) von Funktionen f_α; $\alpha \in A$, $A \subseteqq \mathbf{R}$. $\mathcal{H}_{<}$ sei die Menge aller Funktionen f der Gestalt

$$f(t) = \int_{-\infty}^{\infty} f_\alpha(t)\, \mu_f(d\alpha) + c_f\,, \tag{1.1.2}$$

wobei μ_f ein Maß auf A und c_f eine reelle Konstante ist.

Satz 1.1.3. *Es gilt*

$$\mathcal{H}_{<} \subseteqq \mathcal{R}_{<}\,. \tag{1.1.3}$$

Beweis. Es seien $f \in \mathcal{H}_<$, $F_1, F_2 \in \mathfrak{B}_<$, und die Integrale $\int\limits_{-\infty}^{\infty} f(t)\, dF_k(t)$ $(k = 1, 2)$ mögen existieren. Dann gilt

$$\int\limits_{-\infty}^{\infty} f(t)\, dF_k(t) = \int\limits_{-\infty}^{\infty}\left[\int\limits_{-\infty}^{\infty} f_\alpha(t)\, \mu_f(d\alpha) + c_f\right] dF_k(t) = \int\limits_{-\infty}^{\infty}\int\limits_{-\infty}^{\infty} f_\alpha(t)\, dF_k(t)\, \mu_f(d\alpha) + c_f\,.$$

Für alle α haben wir im Fall $F_1 \prec F_2$

$$\int\limits_{-\infty}^{\infty} f_\alpha(t)\, dF_1(t) \leqq \int\limits_{-\infty}^{\infty} f_\alpha(t)\, dF_2(t)\,,$$

und da $\mu_f(-\infty, x)$ monoton nicht fallend in x ist, folgt (1.1.1) für f. Also ist $f \in \mathcal{R}_<$. ●

1.2. Die Relation $\overset{(1)}{\leqq}$ für Verteilungsfunktionen

Definition. Die Verteilungsfunktion F_1 heißt *kleiner als F_2 bezüglich $\overset{(1)}{\leqq}$*, wenn für alle reellen t die Beziehung

$$F_1(t) \geqq F_2(t) \tag{1.2.1}$$

erfüllt ist; symbolisch: $F_1 \overset{(1)}{\leqq} F_2$. Für zwei Zufallsgrößen ξ_1 und ξ_2 mit den Verteilungsfunktionen F_1 und F_2 bedeutet

$$\xi_1 \overset{(1)}{\leqq} \xi_2 \tag{1.2.1'}$$

die Gültigkeit von (1.2.1).

Andere Bezeichnungen für $\overset{(1)}{\leqq}$ sind: $\leqq_{st}$, $\leqq_d$, $\overset{d}{\leqq}$, $\underset{p}{\leqq}$; in der anglo-amerikanischen Literatur wird ξ_1 als „stochastically smaller" als ξ_2 bezeichnet, wenn (1.2.1') erfüllt ist.

$\overset{(1)}{\leqq}$ ist offensichtlich eine Halbordnungsrelation.

Daß $\overset{(1)}{\leqq}$ eng mit der Möglichkeit zusammenhängt, alle Realisierungen von Zufallsgrößen zu vergleichen, zeigt

Satz 1.2.1. *Zu zwei Verteilungsfunktionen F_1 und F_2 mit $F_1 \overset{(1)}{\leqq} F_2$ gibt es stets zwei Zufallsgrößen ξ_1 und ξ_2 über demselben Wahrscheinlichkeitsraum $[\Omega, \mathfrak{B}, \mathsf{P}]$ mit*

$$\xi_1(\omega) \leqq \xi_2(\omega) \tag{1.2.2}$$

für alle $\omega \in \Omega$ und

$$P(\xi_k < x) = F_k(x)\,; \quad k = 1, 2\,. \tag{1.2.3}$$

Beweis. Wir setzen $\Omega = [0, 1]$, $\mathfrak{B}$ = Menge der BOREL-Mengen $\subset [0, 1]$, $\mathsf{P} = \mu$ = LEBESGUE-Maß und $\xi_k(\omega) = F_k^{-1}(\omega)$; $0 \leqq \omega \leqq 1$.[1]) Dann sind wegen

$$F_1^{-1}(\omega) \leqq F_2^{-1}(\omega); \qquad 0 \leqq \omega \leqq 1$$

und

$$\mathsf{P}(\{\omega : \xi_k(\omega) < x\}) = \mu(\{\omega : \xi_k(\omega) < x\}) = \mu(\{\omega : F_k^{-1}(\omega) < x\}) = F_k(x)$$

die Bedingungen (1.2.2) und (1.2.3) erfüllt. ●

Eine äquivalente Form für (1.2.1) ist

$$\int_{-\infty}^{\infty} \Theta_x(t)\, dF_1(t) \leqq \int_{-\infty}^{\infty} \Theta_x(t)\, dF_2(t) \tag{1.2.4}$$

für alle x.

Die Relation $\overset{(1)}{\leqq}$ wird also durch die Familie $\mathcal{F}_1 = \{\Theta_x(t)\}_{x \in \mathbf{R}}$ erzeugt, die offensichtlich translationsinvariant ist. Also hat $\overset{(1)}{\leqq}$ die Eigenschaft (F).

$\mathfrak{K}_1(\mathbf{R})$ sei die Menge aller monoton nicht fallenden reellen Funktionen. Der folgende Satz besagt die Gültigkeit von

$$\mathcal{R}_{\overset{(1)}{\leqq}} = \mathfrak{K}_1(\mathbf{R}), \tag{1.2.5}$$

und aus seinem Beweis erkennen wir

$$\mathcal{H}_{\overset{(1)}{\leqq}} = \mathcal{R}_{\overset{(1)}{\leqq}}. \tag{1.2.6}$$

Satz 1.2.2. *Es sei f eine Funktion aus $\mathfrak{K}_1(\mathbf{R})$, für die die folgenden Integrale existieren. Dann gilt im Fall $F_1 \overset{(1)}{\leqq} F_2$*

$$\int_{-\infty}^{\infty} f(t)\, dF_1(t) \leqq \int_{-\infty}^{\infty} f(t)\, dF_2(t). \tag{1.2.7}$$

Wenn für zwei Verteilungsfunktionen F_1 und F_2 die Beziehung (1.2.7) *für alle die $f \in \mathfrak{K}_1(\mathbf{R})$ erfüllt ist, für die die Integrale existieren, so folgt umgekehrt $F_1 \overset{(1)}{\leqq} F_2$.*

Jede reelle Funktion f, für die für alle F_1, F_2 mit $F_1 \overset{(1)}{\leqq} F_2$ stets (1.2.7) *folgt, ist monoton nicht fallend.*

Beweis. Es gelte $F_1 \overset{(1)}{\leqq} F_2$, und f erfülle die Voraussetzungen des Satzes. Zu jedem $\varepsilon > 0$ existiert dann ein $K(\varepsilon) > -\infty$ mit

$$\left| \int_{-\infty}^{\infty} f(t)\, dF_k(t) - \int_{-\infty}^{\infty} \max\{K(\varepsilon), f(t)\}\, dF_k(t) \right| < \varepsilon; \qquad k = 1, 2,$$

---

[1]) $F_k^{-1}(\omega) = \inf\{t : F_k(t) \geqq \omega\}$

so daß es genügt, (1.2.7) für f mit

$$\lim_{t \to -\infty} f(t) = 0$$

zu beweisen. Für diese gilt

$$f(t) = \int_{-\infty}^{t} df(x) = \int_{-\infty}^{\infty} \Theta_x(t)\, df(x)\,, \tag{1.2.8}$$

und wir erhalten

$$\int_{-\infty}^{\infty} f(t)\, dF_k(t) = \int_{-\infty}^{\infty} \int_{-\infty}^{\infty} \Theta_x(t)\, df(x)\, dF_k(t) = \int_{-\infty}^{\infty} \int_{-\infty}^{\infty} \Theta_x(t)\, dF_k(t)\, df(x)\,.$$

Wegen (1.2.4) ergibt sich dann (1.2.7). (Natürlich hätten wir (1.2.7) auch mit Hilfe von Satz 1.2.1 beweisen können.)

Der zweite Teil der Aussage des Satzes ist trivial, da $\Theta_x \in \mathfrak{K}_1(\mathbf{R})$ für alle x und $\int_{-\infty}^{\infty} \Theta_x(t)\, dF(t) = \overline{F}(x)$.[1])

Der letzte Teil der Behauptung des Satzes kann mit Hilfe von Ein-Punktverteilungen bewiesen werden. ●

Folgerung. *Für nicht negative Zufallsgrößen ξ_1 und ξ_2 mit $\xi_1 \overset{(1)}{\leqq} \xi_2$ gilt*

$$\mathsf{E}\xi_1^r \leqq \mathsf{E}\xi_2^r; \quad 0 \leqq r < \infty\,, \tag{1.2.9'}$$

$$\mathsf{E}\xi_1^r \geqq \mathsf{E}\xi_2^r; \quad r < 0\,, \tag{1.2.9''}$$

sofern die Momente existieren.

Satz 1.2.3. *Die Folgen $\{F_{1,n}\}$ und $\{F_{2,n}\}$ von Verteilungsfunktionen seien schwach gegen F_1 und F_2 konvergent. Dann folgt aus $F_{1,n} \overset{(1)}{\leqq} F_{2,n}$ $(n = 1, 2, \ldots)$ auch $F_1 \overset{(1)}{\leqq} F_2$ für die Grenzverteilungen, d. h., $\overset{(1)}{\leqq}$ besitzt die Eigenschaft* (s).

Beweis. Offensichtlich gilt in allen gemeinsamen Stetigkeitspunkten x von F_1 und F_2 die Ungleichung $F_1(x) \geqq F_2(x)$. Würde in einem Unstetigkeitspunkt y von F_1 die Beziehung

$$F_1(y) < F_2(y) \tag{$*$}$$

erfüllt sein, so gäbe es wegen der Stetigkeitseigenschaften von Verteilungsfunktionen ein y enthaltendes Intervall, in dem $(*)$ ebenfalls gelten würde. Da in ihm aber Stetigkeitspunkte liegen, kann $(*)$ nicht richtig sein. ●

Kriterien für den Vergleich von Verteilungsfunktionen bezüglich $\overset{(1)}{\leqq}$

a) *Exponentialverteilungen* mit den Parametern λ_1, λ_2;

$$F_k(t) = 1 - \exp(-\lambda_k t) = \mathrm{Exp}(\lambda_k)(t); \quad 0 \leqq t < \infty\,, \quad k = 1, 2:$$

$$\lambda_2 \leqq \lambda_1 \to F_1 \overset{(1)}{\leqq} F_2 \tag{1.2.10}$$

[1]) $\overline{F}(x) = 1 - F(x)$.

b) ERLANG-*Verteilungen* mit den Parametern $\lambda_1, \alpha_1, \lambda_2, \alpha_2$ [1])

$$F_k(t) = \int_0^t \frac{\lambda_k^{\alpha_k} x^{\alpha_k - 1}}{(\alpha_k - 1)!} \exp(-\lambda_k x)\, dx = 1 - \sum_{i=0}^{\alpha_k - 1} \frac{(\lambda_k t)^i}{i!} \exp(-\lambda_k t)$$

$$= \mathrm{Erl}(\lambda_k, \alpha_k)(t); \quad 0 \leqq t < \infty, \quad k = 1, 2:$$

$$\lambda_2 \leqq \lambda_1, \quad \alpha_1 \leqq \alpha_2 \rightarrow F_1 \overset{(1)}{\leqq} F_2 \tag{1.2.11}$$

(Beweis ausgehend von (1.2.10) unter Verwendung der Eigenschaft (F))

c) POISSON-*Verteilungen* mit den Parametern λ_1, λ_2

$$P_{k,n} = \frac{\lambda_k^n}{n!} \exp(-\lambda_k); \quad n = 0, 1, \ldots, \quad k = 1, 2:$$

$$\lambda_1 \leqq \lambda_2 \rightarrow F_1 \overset{(1)}{\leqq} F_2 \tag{1.2.12}$$

(Beweis ausgehend von (1.2.11))

d) *Normalverteilungen* mit den Parametern $\mu_1, \sigma_1, \mu_2, \sigma_2$

$$F_k(t) = \int_{-\infty}^t \frac{1}{(2\pi)^{1/2} \sigma_k} \exp\left(-\frac{(x - \mu_k)^2}{2\sigma_k^2}\right) dx;$$

$$-\infty < t < \infty, \quad k = 1, 2:$$

$$\mu_1 \leqq \mu_2, \quad \sigma_1 = \sigma_2 \rightarrow F_1 \leqq F_2 . \tag{1.2.13}$$

1.3. Die Relation $\overset{(2)}{\leqq}$ für Verteilungsfunktionen

Definition. Die Verteilungsfunktion F_1 heißt *kleiner als F_2 bezüglich* $\overset{(2)}{\leqq}$, wenn für alle reellen x die Beziehung

$$\int_x^\infty \overline{F}_1(t)\, dt \leqq \int_x^\infty \overline{F}_2(t)\, dt \tag{1.3.1}$$

erfüllt ist, wobei

$$\int_0^\infty \overline{F}_k(t)\, dt < \infty; \quad k = 1, 2; \tag{1.3.2}$$

symbolisch: $F_1 \overset{(2)}{\leqq} F_2$. Für zwei Zufallsgrößen ξ_1 und ξ_2 mit den Verteilungsfunktionen F_1 und F_2 bedeutet

$$\xi_1 \overset{(2)}{\leqq} \xi_2 \tag{1.3.1'}$$

die Gültigkeit von (1.3.1).

[1]) α_1 und α_2 sind natürliche Zahlen.

$\overset{(2)}{\leqq}$ ist eine Halbordnungsrelation für Verteilungsfunktionen:

$$F_1 \overset{(2)}{\leqq} F_2\,,\quad F_2 \overset{(2)}{\leqq} F_3 \to F_1 \overset{(2)}{\leqq} F_3\,,$$

$$F_1 \overset{(2)}{\leqq} F_2\,,\quad F_2 \overset{(2)}{\leqq} F_1 \to F_1 = F_2\,.$$

Aus $F_1 \overset{(2)}{\leqq} F_2$, $F_2 \overset{(2)}{\leqq} F_1$ folgt nämlich für alle x

$$\int_x^\infty \bar{F}_1(t)\,dt = \int_x^\infty \bar{F}_2(t)\,dt\,,$$

woraus sich durch Differentiation $F_1 = F_2$ ergibt.

Eine zu (1.3.1) äquivalente Beziehung ist

$$xF_1(x) + \int_x^\infty t\,dF_1(t) \leqq xF_2(x) + \int_x^\infty t\,dF_2(t) \tag{1.3.3}$$

für alle x. Es gilt nämlich

$$\int_x^\infty \bar{F}_k(t)\,dt = -\,x\bar{F}_k(x) + \int_x^\infty t\,dF_k(t) = -x + xF_k(x) + \int_x^\infty t\,dF_k(t)\,.$$

(Wegen (1.3.2) ist $\lim\limits_{t\to\infty} t \cdot \bar{F}_k(t) = 0$.)

Anschaulich bedeutet (1.3.3) für Zufallsgrößen ξ_k mit den Verteilungsfunktionen F_k $(k = 1, 2)$ die Ungleichung

$$\mathsf{E} \max\{x, \xi_1\} \leqq \mathsf{E} \max\{x, \xi_2\} \tag{1.3.4}$$

für alle x.

Wir erkennen ohne Mühe: *Ist ξ eine Zufallsgröße mit dem Erwartungswert m, so gilt*

$$m \overset{(2)}{\leqq} \xi\,. \tag{1.3.5}$$

Eine weitere äquivalente Form für (1.3.1) ist

$$\int_x^\infty (t - x)\,dF_1(t) \leqq \int_x^\infty (t - x)\,dF_2(t)\,; \qquad -\infty < x < \infty\,. \tag{1.3.6}$$

$\overset{(2)}{\leqq}$ wird also durch die Familie $\mathcal{F}_2$,

$$\mathcal{F}_2 = \{e_x(t)\}_{-\infty<x<\infty}\,,\quad e_x(t) = \int_{-\infty}^t \Theta_x(u)\,du\,;\qquad -\infty < t < \infty$$

erzeugt, die offensichtlich translationsinvariant ist. Also hat $\overset{(2)}{\leqq}$ die Eigenschaft (F).

$\mathfrak{K}_2(\mathbf{R})$ sei die Menge aller konvexen Funktionen $f \in \mathfrak{K}_1(\mathbf{R})$. Der folgende Satz besagt die Gültigkeit von

$$\mathcal{R}_{\overset{(2)}{\leqq}} = \mathfrak{K}_2(\mathbf{R})\,, \tag{1.3.7}$$

und aus seinem Beweis entnehmen wir

$$\mathcal{H}^{(2)}_{\leqq} = \mathcal{R}^{(2)}_{\leqq} . \tag{1.3.8}$$

Satz 1.3.1. *Es sei f eine Funktion aus $\mathfrak{K}_2(\mathbf{R})$, für die die folgenden Integrale existieren. Dann gilt im Fall $F_1 \overset{(2)}{\leqq} F_2$*

$$\int_{-\infty}^{\infty} f(t)\, dF_1(t) \leqq \int_{-\infty}^{\infty} f(t)\, dF_2(t) . \tag{1.3.9}$$

Besitzen F_1 und F_2 gleiche Erwartungswerte, so gilt (1.3.9) *für beliebige konvexe f.*

Wenn (1.3.9) *für alle $f \in \mathfrak{K}_2(\mathbf{R})$ erfüllt ist, für die die Integrale existieren, so folgt $F_1 \overset{(2)}{\leqq} F_2$. Jede reelle Funktion f, für die für alle F_1, F_2 mit $F_1 \overset{(2)}{\leqq} F_2$ stets* (1.3.9) *folgt, ist Element von $\mathfrak{K}_2(\mathbf{R})$.*

Beweis. Wie beim Beweis des Satzes 1.2.2 können wir uns auf f mit $\lim_{t \to -\infty} f(t) = 0$ beschränken. Derartige konvexe, nicht fallende Funktionen können in der Gestalt

$$f(t) = \int_{-\infty}^{\infty} e_x(t)\, dg(x) \tag{1.3.10}$$

dargestellt werden, wobei g monoton nicht fallend ist mit $\lim_{t \to -\infty} g(t) = 0$. (1.3.10) ergibt sich aus (1.2.8), weil f als $f(t) = \int_{-\infty}^{t} g(x)\, dx$ darstellbar ist. Wir erhalten also

$$\int_{-\infty}^{\infty} f(t)\, dF_k(t) = \int_{-\infty}^{\infty} \int_{-\infty}^{\infty} e_x(t)\, dg(x)\, dF_k(t) = \int_{-\infty}^{\infty} \int_{-\infty}^{\infty} e_x(t)\, dF_k(t)\, dg(x) ; \quad k = 1,2$$

und aus (1.3.6) ergibt sich (1.3.9).

Nun mögen F_1 und F_2 denselben Erwartungswert besitzen, und f sei zwar konvex, aber nicht notwendig monoton nicht fallend. Wir beschränken uns wieder auf solche f, deren Infimum gleich Null ist. Offenbar gibt es ein t_0, so daß f_1 und f_2, definiert gemäß

$$f(t) = f_1(t) + f_2(t) ;$$

$$f_1(t) = \begin{cases} 0; & t \leqq t_0 \\ f(t); & t > t_0 \end{cases}, \qquad f_2(t) = \begin{cases} f(t); & t \leqq t_0 \\ 0; & t > t_0 \end{cases}$$

konvex und monoton nicht fallend bzw. wachsend sind. (Falls $t_0 = +\infty$ bzw. $t_0 = -\infty$, setzen wir $f_1(t) \equiv 0$ bzw. $f_2(t) \equiv 0$.) Wir zeigen, daß neben

$$\int_{-\infty}^{\infty} f_1(t)\, dF_1(t) \leqq \int_{-\infty}^{\infty} f_1(t)\, dF_2(t) \tag{1.3.11}$$

auch

$$\int_{-\infty}^{\infty} f_2(t)\, dF_1(t) \leqq \int_{-\infty}^{\infty} f_2(t)\, dF_2(t) \tag{1.3.12}$$

gilt. O.B.d.A. nehmen wir $t_0 = 0$ an. Es gilt

$$\int_{-\infty}^{\infty} f_2(t)\, dF_k(t) = - \int_{-\infty}^{\infty} f_2(-t)\, d_t F_k(-t)\,.$$

Wir können $-\, d_t F_k(-t)$ als Differential der Verteilungsfunktion $F_{\bar{k}}(t) = 1 - F_k(-t)$ deuten und haben damit (1.3.12) bewiesen, da $f_2(-t)$ konvex und nicht fallend ist und

$$F_1 \overset{(2)}{\leqq} F_2 \leftrightarrow F_{\bar{1}} \overset{(2)}{\leqq} F_{\bar{2}} \tag{1.3.13}$$

im Fall gleicher Erwartungswerte gilt.[1]) Aus (1.3.11) und (1.3.12) folgt (1.3.9).

Die dritte Behauptung des Satzes ist trivial, da die Funktionen $e_x(t)$ konvex und nicht fallend in t sind.

Die letzte Behauptung des Satzes kann mit Hilfe von Ein- und Zwei-Punktverteilungen bewiesen werden. So ergibt sich die Konvexität von f, wenn wir $F_1 = \Theta_x$, $F_2 = \lambda\Theta_{x_1} + (1 - \lambda)\,\Theta_{x_2}$ $(0 < \lambda < 1)$ mit $x = \lambda_1 x_1 + (1 - \lambda)\, x_2$ setzen. ●

Folgerungen. 1) *Für nicht negative Zufallsgrößen ξ_1 und ξ_2 mit $\xi_1 \overset{(2)}{\leqq} \xi_2$ gilt*

$$\mathsf{E}\xi_1^r \leqq \mathsf{E}\xi_2^r; \quad r \geqq 1\,, \tag{1.3.14}$$

sofern die Momente existieren.

2) $$F_1 \overset{(1)}{\leqq} F_2 \rightarrow F_1 \overset{(2)}{\leqq} F_2\,, \quad \textit{falls} \int_0^{\infty} \bar{F}_k(t)\, dt < \infty; \quad k = 1, 2\,. \tag{1.3.15}$$

Wegen (1.3.5) ist Satz 1.3.1 eine Verallgemeinerung der bekannten Jensen*schen Integralungleichung,* wonach für jede konvexe Funktion f, für die das folgende Integral existiert, und jede Verteilungsfunktion mit dem Erwartungswert m

$$f(m) \leqq \int_{-\infty}^{\infty} f(t)\, dF(t) \tag{1.3.16}$$

gilt.

Satz 1.3.2. *Die Folgen $\{F_{1,n}\}$ und $\{F_{2,n}\}$ von Verteilungsfunktionen seien schwach gegen F_1 und F_2 konvergent, außerdem gelte*

$$\lim_{n\to\infty} \int_0^{\infty} \bar{F}_{k,n}(t)\, dt = \int_0^{\infty} \bar{F}_k(t)\, dt < \infty; \quad k = 1, 2\,.$$

[1]) Wegen $\mathsf{E}\max\{-\xi, x\} = \mathsf{E}\max\{\xi, -x\} + x - \mathsf{E}\xi$.

Dann folgt aus $F_{1,n} \overset{(2)}{\leqq} F_{2,n}$ $(n = 1, 2, \ldots)$ *auch* $F_1 \overset{(2)}{\leqq} F_2$ *für die Grenzverteilungen.*

Beweis. Es gilt

$$\int_x^\infty \bar{F}_k(t)\,dt = x F_k(x) - x + \int_0^\infty t\,dF_k(t) - \int_0^x t\,dF_k(t); \quad -\infty < x < \infty .$$

Für alle x, in denen sowohl F_1 als auch F_2 stetig sind, haben wir also

$$\lim_{n\to\infty} \int_x^\infty \bar{F}_{k,n}(t)\,dt = \int_x^\infty \bar{F}_k(t)\,dt$$

und

$$\int_x^\infty \bar{F}_1(t)\,dt \leqq \int_x^\infty \bar{F}_2(t)\,dt .$$

Da die $\int_x^\infty \bar{F}_k(t)\,dt$ stetige Funktionen sind, folgt daraus die Behauptung. ●

1.4. Die Relation $\overset{(3)}{\leqq}$ für Verteilungsfunktionen

Definition. Die Verteilungsfunktion F_1 heißt *kleiner als* F_2 *bezüglich* $\overset{(3)}{\leqq}$, wenn für alle reellen x die Reziehung

$$\int_{-\infty}^x F_1(t)\,dt \geqq \int_{-\infty}^x F_2(t)\,dt \tag{1.4.1}$$

erfüllt ist, wobei

$$\int_{-\infty}^0 F_k(t)\,dt < \infty; \quad k = 1, 2; \tag{1.4.2}$$

symbolisch: $F_1 \overset{(3)}{\leqq} F_2$. Für zwei Zufallsgrößen ξ_1 und ξ_2 mit den Verteilungsfunktionen F_1 und F_2 bedeutet

$$\xi_1 \overset{(3)}{\leqq} \xi_2 \tag{1.4.1'}$$

die Gültigkeit von (1.4.1).

$\overset{(3)}{\leqq}$ ist eine Halbordnungsrelation für Verteilungsfunktionen (Beweis wie für $\overset{(2)}{\leqq}$). Eine zu (1.4.1) äquivalente Beziehung ist

$$\int_{-\infty}^x t\,dF_1(t) + x \cdot \bar{F}_1(x) \leqq \int_{-\infty}^x t\,dF_2(t) + x \cdot \bar{F}_2(x) \tag{1.4.3}$$

für alle x. Es gilt nämlich für $k = 1, 2$

$$\int_{-\infty}^{x} t\, dF_k(t) + x \cdot \overline{F}_k(x) = xF_k(x) - \int_{-\infty}^{x} F_k(t)\, dt + x \cdot \overline{F}_k(x)$$
$$= x - \int_{-\infty}^{x} F_k(t)\, dt\,.$$

(Wegen (1.4.2) ist $\lim_{t \to -\infty} tF_k(t) = 0$.) Falls $F_k(0) = 0$, ist außerdem

$$\int_{0}^{x} \overline{F}_1(t)\, dt \geqq \int_{0}^{x} \overline{F}_2(t)\, dt \tag{1.4.4}$$

mit (1.4.1) gleichwertig. Anschaulich bedeutet (1.4.3) für Zufallsgrößen ξ_k mit den Verteilungsfunktionen F_k ($k = 1, 2$) die Ungleichung

$$\mathsf{E} \min \{x, \xi_1\} \leqq \mathsf{E} \min \{x, \xi_2\} \tag{1.4.5}$$

für alle x. Zusammen mit (1.3.4) erkennen wir leicht

a) $$\xi_1 \overset{(2)}{\leqq} \xi_2 \leftrightarrow -\xi_2 \overset{(3)}{\leqq} -\xi_1\,. \tag{1.4.6}$$ [1]

b) *Im Fall* $\mathsf{E}\xi_1 = \mathsf{E}\xi_2$ *gilt*

$$\xi_1 \overset{(2)}{\leqq} \xi_2 \leftrightarrow \xi_2 \overset{(3)}{\leqq} \xi_1\,. \tag{1.4.7}$$

Die Relation $\overset{(3)}{\leqq}$ ist also in gewissem Sinne komplementär zu $\overset{(2)}{\leqq}$, weshalb wir die folgenden Aussagen nicht beweisen werden und keine speziellen Kriterien für $\overset{(3)}{\leqq}$ angeben. Dennoch hat $\overset{(3)}{\leqq}$ eine eigenständige Bedeutung bei bestimmten Monotonieaussagen, zu deren anschaulicher Interpretation sie besser als $\overset{(2)}{\leqq}$ geeignet ist; vgl. S. 79 und S. 135.

$\mathfrak{K}_3(\mathbf{R})$ sei die Menge aller konkaven Funktionen $f \in \mathfrak{K}_1(\mathbf{R})$.

Satz 1.4.1. *Es sei f eine Funktion aus $\mathfrak{K}_3(\mathbf{R})$, für die die folgenden Integrale existieren. Dann gilt im Fall $F_1 \overset{(3)}{\leqq} F_2$*

$$\int_{-\infty}^{\infty} f(t)\, dF_1(t) \leqq \int_{-\infty}^{\infty} f(t)\, dF_2(t)\,. \tag{1.4.8}$$

Besitzen F_1 und F_2 gleiche Erwartungswerte, so gilt (1.4.8) *für beliebige konkave f.*

Wenn (1.4.8) *für alle $f \in \mathfrak{K}_3(\mathbf{R})$ erfüllt ist, für die die Integrale existieren, so gilt $F_1 \overset{(3)}{\leqq} F_2$.*

---

[1]) Dementsprechend wird $\overset{(3)}{\leqq}$ durch die Familie $\mathcal{F}_3 = \{\bar{e}_x(t)\}_{-\infty < x < \infty}$ erzeugt; $\bar{e}_x(t) = \int_{t}^{\infty} [1 - \Theta_x(u)]\, du;\ -\infty < t < \infty.$

Außerdem ist

$$\mathcal{R}^{(3)}_{\leqq} = \mathfrak{K}_3(\mathbf{R}) . \tag{1.4.9}$$

Folgerungen. 1) *Für nicht negative Zufallsgrößen ξ_1 und ξ_2 mit $\xi_1 \overset{(3)}{\leqq} \xi_2$ gilt*

$$\mathsf{E}\xi_1^r \leqq \mathsf{E}\xi_2^r; \quad 0 \leqq r \leqq 1 , \tag{1.4.10}$$

sofern die Momente existieren.

2) $$F_1 \overset{(1)}{\leqq} F_2 \to F_1 \overset{(3)}{\leqq} F_2 , \quad \textit{falls} \int\limits_{-\infty}^{0} F_k(t)\, dt < \infty; \quad k = 1, 2 . \tag{1.4.11}$$

Wie $\overset{(2)}{\leqq}$ hat auch $\overset{(3)}{\leqq}$ die Eigenschaft (F).

Satz 1.4.2. *Die Folgen $\{F_{1,n}\}$ und $\{F_{2,n}\}$ von Verteilungsfunktionen seien schwach gegen F_1 und F_2 konvergent, außerdem gelte*

$$\lim_{n\to\infty} \int\limits_{-\infty}^{0} F_{k,n}(t)\, dt = \int\limits_{-\infty}^{0} F_k(t)\, dt; \quad k = 1, 2 .$$

Dann folgt aus $F_{1,n} \overset{(3)}{\leqq} F_{2,n}$ $(n = 1, 2, \ldots)$ auch $F_1 \overset{(3)}{\leqq} F_2$ für die Grenzverteilungen.

1.5. Kriterien für die Relation $\overset{(2)}{\leqq}$

1.5.1. Schnittkriterium von Karlin/Novikoff (1963)

F_1 und F_2 mögen denselben Erwartungswert m besitzen, und es möge ein Intervall $[x_1, x_2]$ ($x_1 = x_2$ ist ein häufiger Spezialfall) geben mit

$$\left.\begin{aligned} F_1(x) &\leqq F_2(x); & x &< x_1 , \\ F_1(x) &= F_2(x); & x_1 &\leqq x \leqq x_2 , \\ F_1(x) &\geqq F_2(x); & x &> x_2 . \end{aligned}\right\} \tag{1.5.1}$$

Dann gilt $F_1 \overset{(2)}{\leqq} F_2$.

Beweis. Es seien ξ_1 und ξ_2 zwei Zufallsgrößen mit den Verteilungsfunktionen F_1 und F_2. Offensichtlich gilt $\mathsf{E}\max\{x, \xi_1\} \leqq \mathsf{E}\max\{x, \xi_2\}$ für alle $x \geqq x_1$ und $\mathsf{E}\min\{x, \xi_1\} \geqq \mathsf{E}\min\{x, \xi_2\}$ für alle $x \leqq x_2$. Wegen $m = \mathsf{E}\max\{x, \xi_k\} + \mathsf{E}\min\{x, \xi_k\} - x$ $(k = 1, 2)$ folgt $\mathsf{E}\max\{x, \xi_1\} \leqq \mathsf{E}\max\{x, \xi_2\}$ für alle x, d. h. $\xi_1 \overset{(2)}{\leqq} \xi_2$ und $F_1 \overset{(2)}{\leqq} F_2$.

1.5.2. Folgerungen aus dem Schnittkriterium

a) Es seien F_1 und F_2 zwei *Normalverteilungsfunktionen* mit den Parametern μ_1, μ_2, σ_1 und σ_2. Es gilt

$$\mu_1 \leqq \mu_2 , \quad \sigma_1 \leqq \sigma_2 \to F_1 \overset{(2)}{\leqq} F_2 . \tag{1.5.2}$$

b) Hinreichend für (1.5.1) ist im Fall gleicher Erwartungswerte die Existenz eines t_0 mit

$$\begin{aligned} \lambda_1(t) &\leqq \lambda_2(t); \quad t \leqq t_0\,, \\ \lambda_1(t) &\geqq \lambda_2(t); \quad t \geqq t_0\,. \end{aligned} \tag{1.5.3}$$

für die *Ausfallraten* $\lambda_1(t)$ und $\lambda_2(t)$ zu F_1 uud F_2. Wegen

$$\overline{F}_k(t) = \exp\Bigl(-\int_0^t \lambda_k(x)\,dx\Bigr); \quad 0 \leqq t < \infty\,, \quad k = 1, 2$$

gibt es nämlich höchstens einen Schnittpunkt der Verteilungsfunktionen; da aber die Erwartungswerte gleich sind, mindestens einen.

c) Also gilt für zwei WEIBULL-*Verteilungsfunktionen* F_1, F_2 mit den Parametern α_1, α_2, λ_1 und λ_2,

$$F_k(t) = 1 - \exp\left(-\lambda_k t^{\alpha_k}\right); \quad 0 \leqq t < \infty\,, \quad k = 1, 2$$

im Fall gleicher Erwartungswerte die Beziehung

$$\alpha_1 \geqq \alpha_2 \rightarrow F_1 \overset{(2)}{\leqq} F_2\,, \tag{1.5.4}$$

Die Ausfallraten sind nämlich gleich $\lambda_k(t) = \alpha_k \lambda_k t^{\alpha_k - 1}$; $0 \leqq t < \infty$, $k = 1, 2$.

d) Nach MARSHALL und PROSCHAN (1970) schneiden sich zwei Verteilungsfunktionen F_1 und F_2 höchstens einmal, und zwar entsprechend (1.5.1), wenn ψ, $\psi(x) = F_1^{-1}(F_2(x))$, *sternförmig* (starshaped) ist, d. h.

$$\psi(cx) \leqq c\psi(x) \tag{1.5.5}$$

für alle c $(0 \leqq c \leqq 1)$ und x $(0 \leqq x < \infty)$.

Beweis. Wenn ψ sternförmig ist, so schneidet ψ alle Linien $\chi(x) = Kx$ höchstens einmal, und wenn, so von unten. Also schneidet $F_1^{-1}(F_2(x))$ die Linie $\chi(x) = x$ höchstens einmal und von unten. Da F_1^{-1} monoton nicht fallend ist, gilt entsprechendes für F_1 und F_2. ●

Hinreichend für (1.5.5) ist die Konvexität von ψ.

e) Nach VAN ZWET (1964) ist für *Gamma-Verteilungsfunktionen* F_1 und F_2 mit den Parametern α_1, α_2, λ_1 und λ_2,

$$F_k(t) = \int_0^t \frac{\lambda_k^{\alpha_k} x^{\alpha_k - 1}}{\Gamma(\alpha_k)} \exp\left(-\lambda_k x\right) dx; \quad 0 \leqq t < \infty\,, \quad k = 1, 2$$

$F_1^{-1}(F_2(.))$ konvex, sofern $\alpha_1 \geqq \alpha_2$. Also gilt im Fall gleicher Erwartungswerte

$$\alpha_1 \geqq \alpha_2 \rightarrow F_1 \overset{(2)}{\leqq} F_2\,. \tag{1.5.6}$$

f) Schließlich gilt für Verteilungsfunktionen F_α mit demselben Erwartungswert m und einem *Skalenparameter* α, d. h.

$$F_\alpha(t - m) = F_1\left(\frac{t - m}{\alpha}\right); \quad 0 < \alpha < \infty\,,$$

die Beziehung

$$\alpha_1 \leqq \alpha_2 \to F_{\alpha_1} \overset{(2)}{\leqq} F_{\alpha_2}\,, \tag{1.5.7}$$

da sich F_{α_1} und F_{α_2} entsprechend (1.5.1) schneiden; vgl. NÄTHER (1975b).

1.5.3. Kriterien für den Vergleich von mit Normalverteilungsfunktionen verwandten Funktionen

a) Es seien F_1 und F_2 *logarithmische Normalverteilungsfunktionen* mit den Parametern μ_1, μ_2, σ_1 und σ_2, d. h., zwei Zufallsgrößen ξ_1 und ξ_2 mit den Verteilungsfunktionen F_1 und F_2 sind in der Form

$$\xi_k = \exp(\eta_k); \qquad k = 1, 2$$

darstellbar, wobei die η_k normalverteilt mit den Parametern μ_k und σ_k sind. Aus (1.5.2) und Satz 2.2.2a folgt

$$\mu_1 \leqq \mu_2\,, \quad \sigma_1 \leqq \sigma_2 \to F_1 \overset{(2)}{\leqq} F_2\,. \tag{1.5.8}$$

b) F_1 und F_2 seien bei Null *gestutzte Normalverteilungsfunktionen* mit den Parametern $\mu_1 = \mu_2 = \mu$, σ_1 und σ_2, d. h., die zugehörigen Verteilungsdichtefunktionen f_k sind in der Form

$$f_k(x) = \begin{cases} 0; & x \leqq 0 \\ \varphi(\mu, \sigma_k^2, x)\,[1 - \Phi(\mu, \sigma_k^2, 0)] & x > 0 \end{cases}$$

darstellbar, wobei $\varphi(\mu, \sigma_k^2, .)$ bzw. $\Phi(\mu, \sigma_k^2, .)$ die Normalverteilungsdichtefunktion bzw. Normalverteilungsfunktion mit den Parametern μ und σ_k bezeichnet. Dann gilt

$$\sigma_1 \leqq \sigma_2 \to F_1 \overset{(2)}{\leqq} F_2\,. \tag{1.5.9}$$

Beweis. Wegen (1.5.2) haben wir $\Phi(\mu, \sigma_1^2, .) \overset{(2)}{\leqq} \Phi(\mu, \sigma_2^2, .)$ und wegen $\sigma_1 \leqq \sigma_2$ die Ungleichung $\Phi(\mu, \sigma_1^2, 0) \leqq \Phi(\mu, \sigma_2^2, 0)$. Da

$$\int_x^\infty \overline{F}_k(t)\,dt = [1 - \Phi(\mu, \sigma_k^2, 0)]^{-1} \int_x^\infty [1 - \Phi(\mu, \sigma_k^2, t)]\,dt;$$
$$0 \leqq x < \infty,\ k = 1, 2\,,$$

folgt nach Definition von $\overset{(2)}{\leqq}$ die Richtigkeit der Behauptung. ●

c) Wir betrachten Dichtefunktionen der Gestalt

$$f(\alpha, \sigma, t) = w(\alpha, \sigma) \exp\left(-\frac{1}{2}\left|\frac{t}{\sigma}\right|^\alpha\right); \tag{1.5.10}$$
$$-\infty < t < \infty\,,\ 0 < \alpha, \sigma < \infty\,.$$

Nach NÄTHER (1975b) gilt für die zugehörigen Verteilungsfunktionen $F_{\alpha,\sigma}$

$$\sigma_1 \leqq \sigma_2 \to F_{\alpha,\sigma_1} \overset{(2)}{\leqq} F_{\alpha,\sigma_2} \tag{1.5.11}$$

und

$$\alpha_1 \geqq \alpha_2 \to F_{\alpha_1,\sigma} \overset{(2)}{\leqq} F_{\alpha_2,\sigma}\,. \tag{1.5.12}$$

1.5.4. Kriterien für den Vergleich mit Exponentialverteilungen

Das wohl wichtigste Kriterium für den Vergleich „beliebiger" Verteilungsfunktionen mit Exponentialverteilungsfunktionen ist das durch Satz 1.6.2, S. 20, gegebene, wonach für alle Verteilungsfunktionen F vom Typ NBUE mit dem Erwartungswert m die Beziehung

$$F \overset{(2)}{\leqq} \operatorname{Exp}\left(\frac{1}{m}\right) \tag{1.5.13}$$

gültig ist.

Weitere Kriterien, die praktisch nur die Kenntnis von Erwartungswert und Varianz erfordern, wurden in STOYAN (1972e) bewiesen. Danach gilt (1.5.13) im Fall $m = 1$, wenn

1) $F(\alpha) = 0$, $F(\beta(\alpha)) = 1$ mit

$$\beta(\alpha) = 1 - \ln\left[(1-\alpha)\left(\beta(\alpha)-\alpha\right)^{-1}\right], \tag{1.5.14}$$

α	$\beta(\alpha)$
0,1	1,20
0,2	1,41
0,3	1,69
0,4	1,95
0,5	2,26
0,6	2,63
0,7	3,07
0,8	3,66
0,9	4,61

oder bei gegebener Varianz σ^2

2) $F(\alpha(\sigma)) = 0$, $F(\beta(\sigma)) = 1$ mit

σ^2	$\alpha(\sigma)$	$\beta(\sigma)$
0,1	0,05	6,66
0,2	0,11	5,74
0,3	0,17	4,96
0,4	0,24	4,40
0,5	0,32	3,83
0,6	0,44	3,18

(Falls $\sigma^2 > 0{,}6477$, so sind zusätzliche Informationen erforderlich, um (1.5.13) nachweisen zu können.)

1.6. Spezielle Klassen von Verteilungsfunktionen (IFR, NBU, NBUE, DFR, NWU, NWUE)

In diesem Kapitel werden Klassen von Verteilungsfunktionen behandelt, die für den Vergleich von „frischen" und „Rest"-Lebensdauern wichtig sind. Hierbei geht es um folgendes: Es sei ξ eine positive Zufallsgröße mit der Verteilungsfunktion F, die wir als Lebensdauer eines Elements deuten. ξ_τ sei eine weitere Zufallsgröße, deren Verteilung durch

$$\bar{F}_\tau(t) = \mathsf{P}(\xi_\tau > t) = \mathsf{P}(\xi > t + \tau \mid \xi > \tau); \qquad 0 \leqq t < \infty\,, \quad \tau > 0$$

gegeben ist. Wir können ξ_τ als die Restlebensdauer des Elements auffassen, wenn es nach τ Zeiteinheiten noch nicht ausgefallen ist. Die Restlebensdauerverteilungsfunktion F_τ hat die Gestalt

$$F_\tau(t) = \frac{F(\tau + t) - F(\tau)}{\bar{F}(\tau)}; \qquad 0 \leqq t < \infty\,.$$

(Sofern der Nenner gleich Null wird, setzen wir $F_\tau(t) = \Theta_0(t)$.)

Besonders interessieren hier solche Verteilungsfunktionen F, bei denen die F_τ untereinander und mit F vergleichbar sind.

Definition. Eine Verteilungsfunktion F hat eine *wachsende Ausfallrate*, sie ist eine IFR-*Verteilung*[1]), wenn die Beziehung

$$F_{\tau_2} \overset{(1)}{\leqq} F_{\tau_1} \tag{1.6.1}$$

bzw.

$$\frac{F(\tau_2 + t) - F(\tau_2)}{\bar{F}(\tau_2)} \geqq \frac{F(\tau_1 + t) - F(\tau_1)}{\bar{F}(\tau_1)}; \tag{1.6.2}$$

$$0 \leqq \tau_1 \leqq \tau_2 < \infty\,, \qquad 0 \leqq t < \infty$$

erfüllt ist.

Die Restlebensdauerverteilungsfunktionen F_τ werden also mit wachsendem τ bezüglich $\overset{(1)}{\leqq}$ kleiner.

Äquivalente Definitionen:

1) $\log\left(\bar{F}(t)\right)$ ist konkav.
2) Die Ausfallrate $\lambda(t)$,

$$\lambda(t) = \frac{f(t)}{\bar{F}(t)}, \qquad 0 \leqq t < \infty$$

---

[1]) IFR bedeutet *increasing failure rate* = *wachsende Ausfallrate.*

ist in t monoton wachsend. Hierbei bezeichnet f die Dichtefunktion zu F.
Beispiele: a) Gamma-Verteilungen für $\alpha \geqq 1$, speziell: ERLANG-Verteilungen,
b) WEIBULL-Verteilungen für $\alpha \geqq 1$,
c) Gleichverteilungen.

Verteilungsfunktionen, bei denen im Gegensatz zu (1.6.1)

$$F_{\tau_1} \overset{(1)}{\leqq} F_{\tau_2}; \quad 0 \leqq \tau_1 \leqq \tau_2 < \infty \tag{1.6.3}$$

gilt und für die $\log(\overline{F}(x))$ konvex oder $\lambda(t)$ monoton fallend ist, werden als DFR-*Verteilungen* oder Verteilungen mit *fallender Ausfallrate* bezeichnet. Für Abschätzungen ist folgende Eigenschaft von IFR-(DFR-)Verteilungen von Bedeutung:

Es seien ξ und η positive, stochastisch unabhängige Zufallsgrößen. F sei die Verteilungsfunktion von ξ, und F' sei die folgende Verteilungsfunktion

$$F'(t) = \mathsf{P}(\xi < t + \eta \mid \xi > \eta); \quad 0 \leqq t < \infty .$$

Die Erwartungswerte zu F und F' bezeichnen wir mit m und m', die zugehörigen zweiten Momente mit μ_2 und μ_2'.

Satz 1.6.1. *Wenn F eine* IFR-(DFR-)*Verteilung ist, so gilt*

$$F' \overset{(1)}{\leqq} (\overset{(1)}{\geqq}) F \tag{1.6.4}$$

und

$$\frac{\mu_2'}{m'} \leqq (\geqq) \frac{\mu_2}{m}. \tag{1.6.5}$$

Beweis. (IFR) (1.6.4) folgt sofort aus der Eigenschaft (1.6.1) der IFR-Verteilungen.

Mittels (1.6.2) erhalten wir

$$\frac{\overline{F}'(t+\tau)}{\overline{F}'(t)} \leqq \frac{\overline{F}(t+\tau)}{\overline{F}(t)}; 0 \leqq t, \tau < \infty \tag{1.6.6}$$

Integration beider Seiten von (1.6.6) bezüglich τ liefert für alle t

$$\frac{\int_t^\infty \overline{F}'(u)\,du}{\overline{F}'(t)} \leqq \frac{\int_t^\infty \overline{F}(u)\,du}{\overline{F}(t)},$$

und durch Umformung unter Berücksichtigung der Monotonie von $\overline{F}'(v)/\overline{F}(v)$ in v, die aus (1.6.6) folgt, ergibt sich

$$\frac{\int_t^\infty \overline{F}'(u)\,du}{\int_t^\infty \overline{F}(u)\,du} \leqq \frac{\overline{F}'(v)}{\overline{F}(v)}$$

für alle v mit $0 \leqq v \leqq t$.

In Determinantenform lautet die letzte Beziehung

$$\begin{vmatrix} \int\limits_t^\infty \overline{F}'(u)\,du & \overline{F}'(v) \\ \int\limits_t^\infty \overline{F}(u)\,du & \overline{F}(v) \end{vmatrix} \leqq 0; \qquad 0 \leqq v \leqq t\,.$$

Integration bezüglich v führt zu

$$\begin{vmatrix} \int\limits_t^\infty \overline{F}'(u)\,du & \int\limits_0^t \overline{F}'(u)\,du \\ \int\limits_t^\infty \overline{F}'(u)\,du & \int\limits_0^t \overline{F}(u)\,du \end{vmatrix} \leqq 0\,,$$

und Addition der ersten Spalte zur zweiten ergibt

$$\begin{vmatrix} \int\limits_t^\infty \overline{F}'(u)\,du & m' \\ \int\limits_t^\infty \overline{F}(u)\,du & m \end{vmatrix} \leqq 0\,,$$

d. h.,

$$\frac{\int\limits_t^\infty \overline{F}'(u)\,du}{m'} \leqq \frac{\int\limits_t^\infty \overline{F}(u)\,du}{m}\,.$$

Integration beider Seiten liefert schließlich (1.6.5). ●

Definition. Eine Verteilungsfunktion F ist *vom Typ* NBU (NWU)[1]), wenn

$$F_\tau \overset{(1)}{\leqq} F \quad (F \overset{(1)}{\leqq} F_\tau) \tag{1.6.7}$$

oder

$$\overline{F}(t+\tau) \leqq \overline{F}(t)\,\overline{F}(\tau) \qquad \left(\overline{F}(t+\tau) \geqq \overline{F}(t)\,\overline{F}(\tau)\right) \tag{1.6.8}$$

für alle $\tau \geqq 0$ und $t \geqq 0$ erfüllt ist.

Bei einer Verteilungsfunktion, die vom Typ NBU ist, ist die frische Lebensdauer (gemäß F verteilt) bezüglich $\overset{(1)}{\leqq}$ größer als die Restlebensdauer für jedes Alter τ (gemäß F_τ verteilt).

Offensichtlich ist jede IFR-Verteilung auch vom Typ NBU, jede DFR-Verteilung vom Typ NWU. Wie MARSHALL (1968a) und MARSHALL und PROSCHAN (1972) zeigten, ist es sinnvoll, die Begriffe NBU und NWU entsprechend der folgenden Definition noch weiter abzuschwächen.

---

1) NBU (NWU) bedeutet *new better (worse) than used* = *neu besser (schlechter) als gebraucht.*

Definition. Eine Verteilungsfunktion F mit dem endlichen Erwartungswert m ist *vom Typ* NBUE (NWUE)[1]), falls für alle τ

$$\int_0^\infty t\, dF_\tau(t) \leqq (\geqq) \int_0^\infty t\, dF(t) = m \tag{1.6.9}$$

bzw.

$$m \geqq (\leqq) \frac{\int_0^\infty \bar{F}(\tau + t)\, dt}{\bar{F}(\tau)} \tag{1.6.10}$$

für alle τ mit $\bar{F}(\tau) > 0$ gilt.

Bei einer Verteilungsfunktion, die vom Typ NBUE ist, ist die mittlere frische Lebensdauer (gemäß F verteilt) größer als die mittlere Restlebensdauer für jedes Alter τ (gemäß F_τ verteilt).

Da $\overset{(1)}{\leqq}$ die Eigenschaft (E) hat, ist jede Verteilung, die NBU ist, auch NBUE und jede NWU-Verteilung auch NWUE.

Eine andere Deutung für (1.6.10) ist folgende: Wir betrachten einen stationären Erneuerungsprozeß mit der Abstandsverteilungsfunktion F (vgl. STÖRMER (1970a) und COX (1966)). F_R sei die *stationäre Vorwärts-Rekurrenzzeitverteilungsfunktion*, die bekanntlich die Form $F_R(t)_\infty = \frac{1}{m}\int_0^t \bar{F}(x)\, dx$ hat. Berücksichtigen wir $m = \int_0^\infty \bar{F}(x)\, dx$, $\int_0^\infty \bar{F}(\tau + x)\, dx = \int_\tau^\infty \bar{F}(x)\, dx$, so erkennen wir, daß (1.6.10) mit

$$F_R \overset{(1)}{\leqq} (\overset{(1)}{\geqq})\, F \tag{1.6.11}$$

äquivalent ist.

MARSHALL und PROSCHAN (1972) bewiesen den folgenden

Satz 1.6.2. *Die Verteilungsfunktion F sei vom Typ* NBUE (NWUE), *ihr Erwartungswert sei m. Dann gilt*

$$F \overset{(2)}{\leqq} (\overset{(3)}{\geqq})\, \mathrm{Exp}\left(\frac{1}{m}\right). \tag{1.6.12}$$

Beweis. (NBUE). Es gilt wegen (1.6.11) für alle t

$$\bar{F}_R(t) \leqq m \frac{\bar{F}(t)}{m} = m f_R(t)\,,$$

wobei f_R die Dichtefunktion zu F_R ist. Für die zugehörige Ausfallrate $\lambda_R(t)$ folgt also

$$\lambda_R(t) = \frac{f_R(t)}{\bar{F}_R(t)} \geqq m^{-1}\,.$$

---

[1]) NBUE (NWUE) bedeutet *new better (worse) than used in expectation* = *neu besser (schlechter) als gebraucht im Mittel.*

Also ergibt sich

$$\int_t^\infty F(x)\,dx = m\overline{F}_R(t) = m\exp\left(-\int_0^t \lambda_R(x)\,dx\right) \leqq m\exp\left(-\int_0^t \frac{1}{m}\,dx\right)$$

$$= m\exp\left(-\frac{t}{m}\right) = \int_t^\infty \exp\left(-\frac{x}{m}\right)dx\,,$$

nach (1.3.1) also (1.6.12). ●

Folgerung. *Für die Momente* μ_r *einer* NBUE (NWUE)-*Verteilung mit dem Erwartungswert* m *gilt*

$$\mu_r \leqq (\geqq)\; r!\, m^r; \qquad r = 1, 2, \ldots\,. \tag{1.6.13}$$

Speziell ist die *Varianz* σ^2 kleiner (größer) als m^2, der *Variationskoeffizient* v,

$$v = \frac{\sigma}{m}\,,$$

ist also kleiner (größer) als Eins.

1.7. Abschwächungen der Relationen $\overset{(2)}{\leqq}$ und $\overset{(3)}{\leqq}$

Es gibt zwei Folgen von Relationen $\leqq_{1.n}$ und $\leqq_{2.n}$ auf Teilmengen von $\mathfrak{V}$, die die Eigenschaft

$$F_1 \overset{(2)}{\leqq} F_2 \to F_1 \leqq_{2.n} F_2 \to F_1 \leqq_{2.n+1} F_2 \;(\overset{(2)}{\leqq} \;=\; \leqq_{2.1})$$

bzw.

$$F_1 \overset{(3)}{\leqq} F_2 \to F_1 \leqq_{1.n} F_2 \to F_1 \leqq_{1.n+1} F_2 \;(\overset{(3)}{\leqq} \;=\; \leqq_{1.1}); \qquad n = 1, 2, \ldots$$

besitzen. Diese Relationen sind gemäß

$$F_1 \leqq_{1.n} F_2 \leftrightarrow \int_{-\infty}^{x}\int_{-\infty}^{x_n}\cdots\int_{-\infty}^{x_2} F_1(x_1)\,dx_1\cdots dx_{n-1}\,dx_n$$

$$\geqq \int_{-\infty}^{x}\int_{-\infty}^{x_n}\cdots\int_{-\infty}^{x_2} F_2(x_1)\,dx_1\cdots dx_{n-1}\,dx_n; \quad -\infty < x < \infty\,, \tag{1.7.1}$$

$$F_1 \leqq_{2.n} F_2 \leftrightarrow \int_{x}^{\infty}\int_{x_n}^{\infty}\cdots\int_{x_2}^{\infty} \overline{F}_1(x_1)\,dx_1\cdots dx_{n-1}\,dx_n$$

$$\leqq \int_{x}^{\infty}\int_{x_n}^{\infty}\cdots\int_{x_2}^{\infty} \overline{F}_2(x_1)\,dx_1\cdots dx_{n-1}\,dx_n; \quad -\infty < x < \infty \tag{1.7.2}$$

für alle F_k mit

$$\int_{-\infty}^{0} t^n\, dF_k(t) > -\infty \quad \text{bzw.} \quad \int_{0}^{\infty} t^n\, dF_k(t) < \infty$$

definiert und haben die Eigenschaften (R), (E), (M) und (F). Sie werden durch die Mengen $\mathcal{F}_{1.n}$ und $\mathcal{F}_{2.n}$ aller reellen Funktionen $f_x^{(1.n)}(t)$ und $f_x^{(2.n)}(t)$ der Gestalt

$$f_x^{(1.n)}(t) = \max\{0, x - t\}^n, \quad f_x^{(2.n)}(t) = \max\{0, t - x\}^n; \quad -\infty < t, \quad x < \infty$$

erzeugt, und es gilt

$$F_1 \leqq_{1.n} F_2 \to \int_{-\infty}^{\infty} f(t)\, dF_1(t) \leqq \int_{-\infty}^{\infty} f(t)\, dF_2(t) \tag{1.7.3'}$$

bzw.

$$F_1 \leqq_{2.n} F_2 \to \int_{-\infty}^{\infty} f(t)\, dF_2(t) \leqq \int_{-\infty}^{\infty} f(t)\, dF_1(t) \tag{1.7.3''}$$

für Funktionen f der Gestalt

$$f(t) = \int_{t}^{\infty} \int_{x_n}^{\infty} \cdots \int_{x_2}^{\infty} G(x_1)\, dx_1 \cdots dx_{n-1}\, dx_n \tag{1.n}$$

bzw.

$$f(t) = \int_{-\infty}^{t} \int_{-\infty}^{x_n} \cdots \int_{-\infty}^{x_2} G(x_1)\, dx_1 \cdots dx_{n-1}\, dx_n; \quad -\infty < t < \infty \tag{2.n}$$

wobei G nicht fallend mit $G(\infty) < \infty$ (1.n) bzw. $G(-\infty) = 0$ (2.n) und rechtsstetig ist und

$$\left| \int_{0}^{\infty} \int_{x_n}^{\infty} \cdots \int_{x_2}^{\infty} G(x_1)\, dx_1 \cdots dx_{n-1}\, dx_n \right| < \infty \tag{1.n}$$

bzw.

$$\left| \int_{-\infty}^{0} \int_{-\infty}^{x_n} \cdots \int_{-\infty}^{x_2} G(x_1)\, dx_1 \cdots dx_{n-1}\, dx_n \right| < \infty \tag{2.n}$$

1.8. Die Relation $\leqq_L$

Definition. Die Verteilungsfunktion F_1 heißt *kleiner als F_2 bezüglich $\leqq_L$*, wenn $F_1(0-) = F_2(0-) = 0$ und für alle positiven x die Beziehung

$$\int_{0}^{\infty} \exp(-xt)\, dF_1(t) \geqq \int_{0}^{\infty} \exp(-xt)\, dF_2(t) \tag{1.8.1}$$

erfüllt ist; symbolisch: $F_1 \leqq_L F_2$. Für zwei Zufallsgrößen ξ_1 und ξ_2 mit den Verteilungsfunktionen F_1 und F_2 bedeutet

$$\xi_1 \leqq_L \xi_2 \tag{1.8.1'}$$

die Gültigkeit von (1.8.1).

$\leqq_L$ ist eine Halbordnungsrelation für Verteilungsfunktionen: $\leqq_L$ ist offensichtlich reflexiv, transitiv und auch antisymmetrisch, weil durch die Werte auf der positiven Halbachse die LAPLACE-STIELTJES-Transformierten bereits eindeutig bestimmt sind und der Zusammenhang zwischen diesen und den zugehörigen Verteilungsfunktionen eineindeutig ist.

Satz 1.8.1. *Die Folgen $\{F_{1,n}\}$ und $\{F_{2,n}\}$ von Verteilungsfunktionen seien schwach gegen F_1 und F_2 konvergent. Dann folgt aus $F_{1,n} \leqq_L F_{2,n}$ $(n = 1, 2, \ldots)$ auch $F_1 \leqq_L F_2$ für die Grenzverteilungsfunktionen.*

Beweis. Nach Definition der schwachen Konvergenz gilt für alle $x \geqq 0$

$$\lim_{n\to\infty} \int_0^\infty \exp(-xt)\, dF_{k,n}(t) = \int_0^\infty \exp(-xt)\, dF_k(t); \qquad k = 1, 2\,,$$

woraus sich die Behauptung des Satzes ergibt. ●

Offensichtlich gilt

$$F_1 \overset{(1)}{\leqq} F_2 \quad \text{oder} \quad F_1 \leqq_{1,n} F_2; \quad n = 1, 2, \ldots \to F_1 \leqq_L F_2\,. \tag{1.8.2}$$

Da die Menge $\mathcal{F}_L$ aller Funktionen f auf $[0, \infty)$ mit der Gestalt

$$f(t) = a \exp(-xt); \qquad a \geqq 0,\ x \geqq 0$$

translationsinvariant ist, hat $\leqq_L$ die Eigenschaft (F). Da sie außerdem noch die Eigenschaften (R), (M) und (S) hat, besitzt $\leqq_L$ nach Satz 1.1.1 auch die Eigenschaft (E), d. h.,

$$F_1 \leqq_L F_2 \to \int_0^\infty t\, dF_1(t) \leqq \int_0^\infty t\, dF_2(t)\,, \tag{1.8.3}$$

falls die Erwartungswerte existieren.

Zu einer teilweisen Charakterisierung der Menge $\mathcal{R}_L$ aller $\leqq_L$-monotonen Funktionen gelangen wir mit Hilfe des Begriffes der vollmonotonen Funktionen.

Definition. Eine reelle Funktion f auf $[0, \infty)$ heißt *vollmonoton*, wenn alle ihre Ableitungen $f^{(n)}$ stetig sind und für alle $t \geqq 0$

$$(-1)^n f^{(n)}(t) > 0; \qquad n = 0, 1, \ldots \tag{1.8.4}$$

gilt.

Äquivalent zu (1.8.4) ist die Existenz eines Maßes μ auf $[0, \infty)$ mit

$$f(t) = \int_0^\infty \exp(-xt)\, \mu(dx)\,, \tag{1.8.5}$$

vgl. FELLER (1966), Kap. XIII, § 4.

Aus Satz 1.1.3 folgt

Satz 1.8.2. *Es sei f eine vollmonotone Funktion, für die die folgenden Integrale existieren mögen. Dann gilt im Fall $F_1 \leqq_L F_2$*

$$\int_0^\infty f(t)\,dF_1(t) \geqq \int_0^\infty f(t)\,dF_2(t)\,. \tag{1.8.6}$$

1.9. Extremale Elemente in Mengen von Verteilungsfunktionen

Es sei $\mathcal{M}$ eine Menge von Verteilungsfunktionen F und $\prec$ eine Halbordnungsrelation für Verteilungsfunktionen ($\mathcal{M} \subset \mathfrak{V}_<$). Das *Maximum* (*Minimum*) *von* $\mathcal{M}$ bezüglich $\prec$ ist (sofern es existiert) die Verteilungsfunktion F_{max}(F_{min}) mit $F_{max} \in \mathcal{M}$ ($F_{min} \in \mathcal{M}$) und

$$F \prec F_{max} \;(F_{min} \prec F) \qquad \text{für alle } F \in \mathcal{M}\,.$$

Entsprechend verstehen wir unter dem *Supremum* (*Infimum*) von $\mathcal{M}$ die bezüglich $\prec$ kleinste (größte) Verteilungsfunktion F_{sup} (F_{inf}) mit

$$F \prec F_{\text{sup}} \;(F_{\text{inf}} \prec F) \qquad \text{für alle } F \in \mathcal{M}\,.$$

Wir geben nun für einige Mengen $\mathcal{M}$ von Verteilungsfunktionen die extremalen Elemente bezüglich $\overset{(2)}{\leqq}$ und $\leqq_L$ an.

a) *Menge $\mathcal{M}_m$ aller Verteilungsfunktionen mit dem Erwartungswert m*

Minimum bezüglich $\overset{(2)}{\leqq}$: Θ_m;
Maximum bezüglich $\leqq_L$: Θ_m;
Infimum bezüglich $<_L$: Θ_0.
Ein Supremum bezüglich $\overset{(2)}{\leqq}$ existiert nicht.

b) *Menge $\mathcal{M}_m^{[a,b]}$ ($-\infty < a < b < \infty$) aller Verteilungsfunktionen F mit dem Erwartungswert m und $F(a) = 0$, $F(b+) = 1$*

Minimum bezüglich $\overset{(2)}{\leqq}$: Θ_m;
Maximum bezüglich $\overset{(2)}{\leqq}$: $\dfrac{b-m}{b-a}\Theta_a + \dfrac{m-a}{b-a}\Theta_b = \Theta_{a,b}^m$;
Minimum bezüglich $\leqq_L$: $\Theta_{a,b}^m$;
Maximum bezüglich $\leqq_L$: Θ_m.

c) *Menge $\mathcal{M}_m^\sigma$ aller Verteilungsfunktionen mit dem Erwartungswert m und der Varianz σ^2*

Infimum bezüglich $\overset{(2)}{\leqq}$: Θ_m;
Supremum bezüglich $\overset{(2)}{\leqq}$: $\frac{1}{2}\left(1 + (x-m)\left((x-m)^2+\sigma^2\right)^{-1/2}\right)$;
$-\infty < x < \infty$;

Minimum bezüglich $\leqq_L$: $p\Theta_0 + (1-p)\,\Theta_{m+\frac{\sigma^2}{m}}$; $\quad p = \sigma^2(\sigma^2 + m^2)^{-1}$;

Supremum bezüglich $\leqq_L$: Θ_m.

d) *Menge $\mathcal{M}_m^I$ aller Verteilungsfunktionen vom Typ* NBUE *mit dem Erwartungswert m*

Minimum bezüglich $\overset{(2)}{\leqq}$: Θ_m:

Maximum bezüglich $\overset{(2)}{\leqq}$: $\operatorname{Exp}\left(\frac{1}{m}\right)$;

Minimum bezüglich $\leqq_L$: $\operatorname{Exp}\left(\frac{1}{m}\right)$;

Maximum bezüglich $\leqq_L$: Θ_m.

e) *Menge aller Verteilungsfunktionen mit Dichtefunktionen der Gestalt*

$$f(\alpha, \sigma, t) = w(\alpha, \sigma) \exp\left(-\frac{1}{2}\left|\frac{t}{\sigma}\right|^{\alpha}\right) \text{ mit } \alpha_1 \leqq \alpha \leqq \alpha_2, \sigma_1 \leqq \sigma \leqq \sigma_2 .$$

Parameter des Minimums bezüglich $\overset{(2)}{\leqq}$: α_2, σ_1;

Parameter des Maximums bezüglich $\overset{(2)}{\leqq}$: α_1, σ_2.

1.10. Halbordnungsrelationen für Verteilungsgesetze und mehrdimensionale Verteilungsfunktionen

Wir betrachten in diesem Abschnitt Verteilungsgesetze auf einer σ-Algebra $\mathfrak{M}$ von Teilmengen einer Menge E, die durch die Relation $\leqq$ halbgeordnet ist.[1]) Wenn wir mit den Relationen $\overset{(2)}{\leqq}$ und $\overset{(3)}{\leqq}$ arbeiten, müssen wir voraussetzen, daß E ein linearer Raum ist; zweckmäßigerweise fordern wir dann auch, daß die linearen Operatoren und $\leqq$ miteinander verträglich sind, d. h., daß für alle $x, y, z \in E$

$$x \geqq 0 \to \lambda x \geqq 0\,, \qquad \text{falls } \lambda > 0$$

und

$$x \leqq y \to x + z \leqq y + z\,.$$

Mit $\mathfrak{K}_1(E)$ bezeichnen wir die Menge aller meßbaren, *monotonen Funktionale* auf E, d. h. die Menge aller $(\mathfrak{M}, \mathfrak{B}^1)$-meßbaren Abbildungen $f: E \to \mathbf{R}$ mit

$$x_1 \leqq x_2 \to f(x_1) \leqq f(x_2); \qquad x_1, x_2 \in E\,.$$

---

[1]) Falls $E = \mathbf{R}^n$, so wird hier stets folgende Halbordnungsrelation $\leqq$ benutzt: $\boldsymbol{x} \leqq \boldsymbol{y} \leftrightarrow x_i \leqq y_i$; $i = 1, \dots, n$ für $\boldsymbol{x} = (x_1, \dots, x_n)$, $\boldsymbol{y} = (y_1, \dots, y_n)$.

Ein Funktional f auf E nennen wir *konvex* (*konkav*), falls für alle λ, $0 < \lambda < 1$, und alle x_1, x_2 die Beziehung

$$f(\lambda x_1 + (1 - \lambda)\, x_2) \leqq (\geqq)\, \lambda f(x_1) + (1 - \lambda)\, f(x_2)$$

erfüllt ist.

Die Menge aller konvexen bzw. konkaven $f \in \mathfrak{R}_1(E)$ bezeichnen wir mit $\mathfrak{R}_2(E)$ bzw. $\mathfrak{R}_3(E)$. In Anlehnung an die Sätze 1.2.2, 1.3.1 und 1.4.1 definieren wir nun Halbordnungsrelationen $\overset{(i)}{\leqq}$ auf der Menge $P_{\mathfrak{M}}$ aller Verteilungsgesetze auf $\mathfrak{M}$ wie folgt.

Definition. Das Verteilungsgesetz P_1 heiße *bezüglich* $\overset{(i)}{\leqq}$ *kleiner als* P_2, falls für alle $f \in \mathfrak{R}_i(E)$, für die die folgenden Integrale existieren, die Ungleichung

$$\int_E f(x)\, P_1(dx) \leqq \int_E f(x)\, P_2(dx); \qquad i = 1, 2, 3 \tag{1.10.1}$$

erfüllt ist; symbolisch: $P_1 \overset{(i)}{\leqq} P_2$. Für zwei Zufallsvariable ξ_1 und ξ_2 mit dem Bildraum $[E, \mathfrak{M}]$ schreiben wir

$$\xi_1 \overset{(1)}{\leqq} \xi_2\,, \tag{1.10.1'}$$

wenn für die durch sie auf $\mathfrak{M}$ erzeugten Verteilungsgesetze P_1 und P_2 die Beziehung (1.10.1) gilt.

Für den Fall $E = \mathbf{R}^n$, d. h. für n-dimensionale Verteilungsfunktionen, liegt der Gedanke nahe, die folgende Relation $\leqq_v$ zu benutzen:

$$F_1 \leqq_v F_2 \leftrightarrow F_1(x_1, \ldots, x_n) \geqq F_2(x_1, \ldots, x_n) \quad \text{für alle } x_i \tag{1.10.2}$$

Dieser Weg ist auch tatsächlich beschritten worden, vgl. z.B. VEINOTT (1965), TONG (1967). Es zeigt sich aber, daß $\leqq_v$ *schwächer* als $\overset{(1)}{\leqq}$ ist, d. h.

$$F_1 \overset{(1)}{\leqq} F_2 \rightarrow F_1 \leqq_v F_2\,, \tag{1.10.3}$$

und daß es Funktionale $f \in \mathfrak{R}_1(\mathbf{R}^n)$ und n-dimensionale Verteilungsfunktionen F_1 und F_2 gibt, für die aus $F_1 \leqq_v F_2$ nicht die (1.10.1) entsprechende Ungleichung folgt.

Beispiel. Wir betrachten die zweidimensionalen Zufallsvektoren ξ_1 und ξ_2 mit den Verteilungen

$$\begin{array}{lll} \mathsf{P}(\xi_1 = (2,2)) = 0{,}2\,, & \mathsf{P}(\xi_1 = (2,3)) = 0{,}2 & \mathsf{P}(\xi_1 = (3,2)) = 0{,}3\,, \\ \mathsf{P}(\xi_1 = (3,3)) = 0{,}1\,, & \mathsf{P}(\xi_1 = (3,4)) = 0{,}1\,, & \mathsf{P}(\xi_1 = (4,3)) = 0{,}1\,, \\ \mathsf{P}(\xi_2 = (2,2)) = 0{,}1\,, & \mathsf{P}(\xi_2 = (2,3)) = 0{,}3\,, & \mathsf{P}(\xi_2 = (3,2)) = 0{,}3\,, \\ \mathsf{P}(\xi_2 = (3,4)) = 0{,}1\,, & \mathsf{P}(\xi_2 = (4,3)) = 0{,}1\,. & \end{array}$$

Offenbar gilt $F_1 \leqq_v F_2$ für die zugehörigen Verteilungsfunktionen. Wie man leicht nachrechnet, ist für $f(x_1, x_2) = \max\{0, x_2 - 3 + \max\{0, x_1 - 2\}\}$ jedoch $\mathsf{E}f(\xi_1) > \mathsf{E}f(\xi_2)$.

Da nur für relativ wenige Funktionale f (z.B. solche der Gestalt $f(x_1, \ldots, x_n) = \sum_{i=1}^{n} a_i x_i$) aus $F_1 \leqq_v F_2$ die Ungleichung (1.10.1) folgt, ist die Relation $\leqq_v$ bisher kaum angewendet worden.

Für Halbordnungsrelationen $\prec$ auf $P_{\mathfrak{M}}$ für allgemeinere σ-Algebren $\mathfrak{M}$ können wir ähnliche Betrachtungen anstellen wie für reelle Verteilungsfunktionen in 1.1. Insbesondere sei $\mathcal{R}_{\prec}$ die Menge aller Funktionale auf E, für die die Ungleichung (1.10.1) für alle bezüglich $\prec$ vergleichbaren P_1, $P_2 \in P_{\mathfrak{M}}$ gilt.

Wie im Fall $E = \mathbf{R}^1$ können wir die Mengen $\mathcal{R}^{(i)}_{\leqq}$ vollständig angeben.

Satz 1.10.1. *Es gilt* $\mathfrak{R}_i(E) = \mathcal{R}^{(i)}_{\leqq}$; $i = 1, 2, 3.$

Beweis. Nach Definition von $\overset{(i)}{\leqq}$ haben wir $\mathfrak{R}_i(E) \subseteqq \mathcal{R}^{(i)}_{\leqq}$.

Es sei $f \in \mathcal{R}^{(i)}_{\leqq}$. Wir zeigen, daß das Funktional f monoton ist, womit $f \in \mathfrak{R}_1(E)$ nachgewiesen ist. Es seien x_1, x_2 beliebige Elemente von E mit $x_1 \leqq x_2$ und P_{x_k} die Ein-Punktverteilungen $P_{x_k}(\{x_k\}) = 1$; $k = 1, 2$. Offensichtlich gilt $P_{x_1} \overset{(1)}{\leqq} P_{x_2}$ und wegen $f \in \mathcal{R}^{(i)}_{\leqq}$

$$\int_E f(x)\, P_{x_1}(dx) \leqq \int_E f(x)\, P_{x_2}(dx)\,.$$

Da $\int_E f(x)\, P_{x_k}(dx) = f(x_k)$, muß f monoton sein.

Ähnlich, nämlich mit Hilfe von Zwei-Punktverteilungen, können wir im Fall $i = 2$ bzw. $i = 3$ die Konvexität bzw. Konkavität von f nachweisen. ●

Die Gültigkeit von $P_1 \overset{(i)}{\leqq} P_2$ zu überprüfen, ist im allgemeinen nicht einfach. Trotzdem sind die Relationen $\overset{(i)}{\leqq}$ für die Anwendungen nützlich, weil viele relativ komplizierte Verteilungsgesetze aus anderen, einfacheren Verteilungsgesetzen durch solche Abbildungen oder Konstruktionsvorschriften entstehen, die Vergleichbarkeitseigenschaften erhalten oder sichern.

Kriterien für die Vergleichbarkeit zufälliger Vektoren

Es seien $\boldsymbol{\xi} = \{\xi_1, \dots, \xi_n\}$ und $\boldsymbol{\eta} = \{\eta_1, \dots, \eta_n\}$ zufällige Vektoren, deren Komponenten Zufallsvariable mit Werten in $[E, \mathfrak{M}]$ sind.

1. Wenn die Komponenten ξ_k und η_k jeweils stochastisch unabhängig sind, gilt

$$\boldsymbol{\xi} \overset{(i)}{\leqq} \boldsymbol{\eta} \leftrightarrow \xi_k \overset{(i)}{\leqq} \eta_k; \qquad k = 1, \dots, n\,. \tag{1.10.4}$$

2. Zur Formulierung des *Kriteriums von* Veinott (1965) benötigen wir folgende bedingten Verteilungsgesetze auf $\mathfrak{M}$

$$P_j(B \mid x_1, \dots, x_{j-1}) = \mathsf{P}(\xi_j \in B \mid \xi_1 = x_1, \dots, \xi_{j-1} = x_{j-1})\,,$$
$$Q_j(B \mid x_1, \dots, x_{j-1}) = \mathsf{P}(\eta_j \in B \mid \eta_1 = x_1, \dots, \eta_{j-1} = x_{j-1});$$
$$j = 2, \dots, n\,.$$

Es gilt

$$\boldsymbol{\xi} \overset{(1)}{\leqq} \boldsymbol{\eta}\,, \tag{1.10.5}$$

falls

$$\xi_1 \overset{(1)}{\leqq} \eta_1 \tag{1.10.6}$$

und

$$P_j(.\mid x_1, \dots, x_{j-1}) \overset{(1)}{\leqq} Q_j(.\mid y_1, \dots, y_{j-1}) \tag{1.10.7}$$

für alle

$$x_i \leqq y_i; \quad i = 1, \dots, j-1, \quad j = 2, \dots, n.$$

Beweis. Wir zeigen, daß für alle $k = 1, \dots, n$ die Beziehung

$$\{\xi_1, \dots, \xi_k\} \overset{(1)}{\leqq} \{\eta_1, \dots, \eta_k\} \tag{1.10.8}$$

erfüllt ist; für $k = n$ ergibt sich dann (1.10.5). Wegen (1.10.6) gilt (1.10.8) für $k = 1$. (1.10.8) sei nun für $k - 1$ gültig. Für beliebiges $f \in \mathfrak{K}_1(E^k)$ gilt

$$\mathsf{E}f(\xi_1, \dots, \xi_k) = \int_{E^{k-1}} \int_E f(x_1, \dots, x_{k-1}, x_k)\, P_k(dx_k \mid x_1, \dots, x_{k-1}) \times \mathsf{P}(\xi_1 \in dx_1, \dots, \quad \xi_{k-1} \in dx_{k-1}).$$

Aus (1.10.7) folgt für alle $x_i \leqq y_i$ $(i = 1, \dots, k-1)$

$$\int_E f(x_1, \dots, x_{k-1}, x_k) P_k(dx_k \mid x_1, \dots, x_{k-1})$$
$$\leqq \int_E f(y_1, \dots, y_{k-1}, y_k)\, Q_k(dy_k \mid y_1, \dots, y_{k-1}),$$

und nach Definition von $\overset{(1)}{\leqq}$ sowie der Induktionsannahme ergibt sich (1.10.8). ●

Mit ähnlichen Hilfsmitteln bewiesen FRANKEN und KIRSTEIN (1976) Kriterien bezüglich $\overset{(2)}{\leqq}$ und $\overset{(3)}{\leqq}$.

In Analogie zu (1.3.5) und (1.4.7) gilt für $E = \mathbf{R}^n$

$$\{m_1, \dots, m_n\} \overset{(2)}{\leqq} \{\xi_1, \dots, \xi_n\}, \tag{1.10.9'}$$

$$\{\xi_1, \dots, \xi_n\} \overset{(3)}{\leqq} \{m_1, \dots, m_n\}, \tag{1.10.9''}$$

falls

$$\mathsf{E}\xi_k = m_k; \quad k = 1, \dots, n.$$

Abschließend wollen wir noch kurz den Vergleich von PALM*schen Verteilungen stationärer zufälliger Punktprozesse* auf $(-\infty, \infty)$ (vgl. KERSTAN/MATTHES/MECKE (1974), KÖNIG/MATTHES/NAWROTZKI (1967)) behandeln. Anschaulich gesprochen, beschreibt die PALMsche Verteilung das Verhalten eines Punktprozesses unter der Bedingung, daß im Nullpunkt der Zeitachse ein Punkt des Punktprozesses liegt. Sofern wir nicht markierte Punktprozesse betrachten, genügt es zu ihrer Bestimmung, die Folge der n-dimensionalen Verteilungsfunktionen $\mathcal{P}_n$ $(n = 1, 2, \dots)$ der Abstände zwischen dem nullten (im Nullpunkt liegenden), ersten, ... Punkt rechts vom Nullpunkt anzugeben.

Definition. Der stationäre, zufällige Punktprozeß $\mathfrak{P}_1$ heiße *bezüglich* $\overset{(i)}{\leqq}$ *dichter* als der stationäre, zufällige Punktprozeß $\mathfrak{P}_2$, falls die zugehörigen n-dimensionalen Verteilungen $\mathscr{P}_{n,1}$ und $\mathscr{P}_{n,2}$ für alle n der Beziehung

$$\mathscr{P}_{n,1} \overset{(i)}{\leqq} \mathscr{P}_{n,2} \tag{1.10.10}$$

genügen; symbolisch: $\mathfrak{P}_1 \overset{(i)}{\leqq} \mathfrak{P}_2$.
(Bei „kleinen" Abständen liegen die Punkte „dicht" beisammen.)

In Spezialfällen ist es möglich, Kriterien anzugeben, die die Vergleichbarkeit von Punktprozessen in diesem Sinne sichern.
1. *Rekurrente Punktprozesse.* Bei einem rekurrenten Punktprozeß sind die Abstände in ihrer Gesamtheit stochastisch unabhängig und identisch verteilt. Offenbar gilt (1.10.10) für alle n, wenn $\mathscr{P}_{1,1} \overset{(i)}{\leqq} \mathscr{P}_{1,2}$ ($\mathscr{P}_{1,k}$ ist die Verteilungsfunktion der Abstände; $k = 1, 2$).
2. *Semi-*MARKOV*sche Punktprozesse.*[1]) Ein semi-MARKOVscher Punktprozeß (SMPP) entsteht aus einem semi-MARKOVschen Prozeß (SMP), wenn man die Sprungpunkte des SMP als Punkte des Punktprozesses auffaßt. Die n-dimensionale PALMsche Verteilung eines stationären SMPP ist gleich

$$\mathscr{P}_n(x_1, \dots, x_n) = \sum_{k, k_1, \dots, k_n} P_k p_{kk_1} \cdots p_{k_{n-1}, k_n} F_{kk_1}(x_1) \cdots F_{k_{n-1}, k_n}(x_n). \tag{1.10.11}$$

Dabei sind die p_{kl} die Übergangswahrscheinlichkeiten und die $F_{kl}(x)$ die Verweilzeitverteilungsfunktionen des SMP (vgl. KÖNIG/STOYAN (1976), STÖRMER (1970a)). Die P_k bezeichnen die stationären Zustandswahrscheinlichkeiten der „eingebetteten" homogenen MARKOVschen Kette mit der Übergangsmatrix $((p_{kl}))$, von der wir annehmen, daß sie ergodisch ist.

Um zu erreichen, daß der Punktprozeß endliche Intensität hat, fordern wir noch die Endlichkeit der Erwartungswerte Δ_{kl},

$$\Delta_{kl} = \int_0^\infty t\, dF_{kl}(t) .$$

Wir betrachten nun zwei stationäre SMPP $\mathfrak{P}_1$ und $\mathfrak{P}_2$ mit den Charakteristiken $F_{1,kl}$, $p_{1,kl}$, $F_{2,kl}$ und $p_{2,kl}$ und geben Kriterien an für die Gültigkeit von

$$\mathfrak{P}_1 \overset{(i)}{\leqq} \mathfrak{P}_2 . \tag{1.10.12}$$

[1]) Nach HERRMANN (1965) kann jeder stationäre, zufällige Punktprozeß endlicher Intensität im Sinne der schwachen Konvergenz beliebig genau durch stationäre semi-MARKOVsche Punktprozesse approximiert werden.

a) $p_{1,kl} = p_{2,kl}$, $F_{1,kl} \overset{(i)}{\leqq} F_{2,kl}$ für alle k und l.

Zu einem stationären SMPP $\mathfrak{P}$ können wir also stets zwei rekurrente Punktprozesse $\mathfrak{R}_1$ und $\mathfrak{R}_2$ mit

$$\mathfrak{R}_1 \overset{(1)}{\leqq} \mathfrak{P} \overset{(1)}{\leqq} \mathfrak{R}_2 \tag{1.10.13}$$

angeben, wenn die Menge der Zustände k, l des SMP endlich ist. Als Abstandsverteilungsfunktionen A_1 und A_2 von $\mathfrak{R}_1$ und $\mathfrak{R}_2$ wählen wir

$$A_1(t) = \max_{(k,l)} F_{kl}(t) , \qquad A_2(t) = \min_{(k,l)} F_{kl}(t)$$

und erhalten (1.10.13), wenn wir $\mathfrak{R}_1$ und $\mathfrak{R}_2$ als SMPP mit den Übergangswahrscheinlichkeiten $p_{1,kl} = p_{2,kl} = p_{kl}$ und den Verweilzeitverteilungsfuntionen $F_{1,kl}(t) = A_1(t)$, $F_{2,kl}(t) = A_2(t)$ für alle k und l deuten.

b) 1) $F_{1,kl} \overset{(i)}{\leqq} F_{1,mn}$ oder $F_{2,kl} \overset{(i)}{\leqq} F_{2,mn}$; $\quad k \leqq m$, $\quad l \leqq n$

2) $F_{2,kl} \overset{(i)}{\leqq} F_{2,kl}$ für alle k, l

3) $\sum_{l=1}^{n} p_{1,kl} \geqq \sum_{l=1}^{n} p_{2,ml}$ für alle k, m, n mit $k \leqq m$.

Der Beweis dieses Kriteriums kann ähnlich wie der des Kriteriums von VEINOTT geführt werden; die Vergleichbarkeit der n-dimensionalen Verteilungen der eingebetteten MARKOVschen Ketten folgt aus Satz 4.2.7.

Anmerkungen zu 1

1.1

Zur Konstruktion von $\mathcal{R}_<$ zu einer gegebenen Menge $\mathcal{F}_<$ sind i. a. funktionalanalytische Hilfsmittel erforderlich. Es besteht eine gewisse Verwandtschaft zum Bipolarensatz aus der Theorie der topologischen Vektorräume, vgl. KÖTHE (1960), S. 248. Das Hauptproblem besteht darin, geeignete topologische Vektorräume E und E' zu finden, die die f und F als Elemente enthalten und zueinander in einer Dualitätsbeziehung stehen.

ROLSKI (1976b) untersuchte den Zusammenhang der Relationen $\overset{(i)}{\leqq}$ zu bestimmten Systemen von Eigenschaften von Halbordnungsrelationen für Verteilungsfunktionen. Er zeigte u. a., daß $\overset{(2)}{\leqq}$ die allgemeinste Relation ist mit den Eigenschaften (R), (M) sowie

„$F_1 \prec F_2 \to F_1(\cdot + c) \prec F_2(\cdot + c)$ für alle reellen c“

und

„in $\mathcal{M}_m$ existiert ein extremales Element“.

1.2

Die Relation $\overset{(1)}{\leqq}$ wird schon seit längerer Zeit benutzt, vermutlich zuerst von LEHMANN Mitte der fünfziger Jahre, der sie bei statistischen Untersuchungen verwendete. Mit

Beginn der sechziger Jahre wird mit dieser Relation in der Lagerhaltungstheorie gearbeitet, erstmals benutzte sie wohl Karlin (1960), vgl. 7.4, um „äußere" Monotonieeigenschaften" nachzuweisen.

Kalmykov (1962) untersuchte Vergleichsprobleme bei Markovschen Prozessen, und die erste Arbeit, in der $\overset{(1)}{\leqq}$ zum Beweis von Monotonieeigenschaften für Bedienungsmodelle verwendet wurde, stammt von Gaede (1965).

Heute existieren schon einige Dutzend Arbeiten, in der $\overset{(1)}{\leqq}$ bei der Untersuchung stochastischer Modelle benutzt wird.

1.3

Die Relation $\overset{(2)}{\leqq}$ ist noch nicht so lange im Gebrauch wie $\overset{(1)}{\leqq}$, sicher weil sie komplizierter ist und einen engeren Anwendungsbereich hat. Sie wurde zuerst nur für den Fall gleicher Erwartungswerte untersucht, vgl. Karlin/Novikoff (1963). Bessler und Veinott (1966) benutzten $\overset{(2)}{\leqq}$ für Abschätzungen in der Lagerhaltungstheorie; von ihnen stammt auch der Ausdruck „stochastically smaller in mean" für $\overset{(2)}{\leqq}$. H. und D. Stoyan (1969) arbeiteten als erste bei der Untersuchung der Wartezeiten in $GI/GI/1$ mit $\overset{(2)}{\leqq}$, zu ähnlichen Ergebnissen kam auch Borovkov (1970); vgl. 5.2. Schließlich wurde $\overset{(2)}{\leqq}$ für Verteilungsfunktionen auf $\mathbf{R}_+$ von Marshall und Proschan (1970) benutzt, um Abschätzungen in der Zuverlässigkeitstheorie zu beweisen; vgl. 7.2.4.

Zum Beweis von Satz 1.3.1, der auch mittels partieller Integration möglich ist, und verwandte Probleme sei auch auf Chong (1974) verwiesen.

1.4

$\overset{(3)}{\leqq}$ wurde wohl erstmals von Marshall und Proschan (1970) als selbständige Relation verwendet, um Abschätzungen für die mittlere Lebensdauer für Zuverlässigkeitssysteme mit Serienschaltung zu gewinnen.

1.5

Die Vergleichbarkeitskriterien in 1.5.2 b), c), d), e) wurden von Marshall und Proschan (1970) aufgestellt, die in 1.5.3 von Stoyan (1972a) sowie Bandemer und Stoyan (1971).

Weitere Kriterien für den Vergleich mit Exponentialverteilungsfunktionen gab Rolski (1976a) an.

1.6

Die Begriffe NBU, ..., NWUE wurden von Marshall und Proschan (1972) definiert und beim Vergleich von Ersatzpolitiken in Zuverlässigkeitssystemen verwendet. Sie untersuchten auch *Erhaltungseigenschaften* von Lebensdauerverteilungsfunktionen dieser Typen bei für die Zuverlässigkeitstheorie typischen Operationen wie Faltung, Mischung und untersuchten die Frage, wann eine Systemlebensdauerverteilungsfunktion denselben Typ wie die Lebensdauerverteilungsfunktionen der Elemente hat; vgl. hierzu auch Barlow und Proschan (1977) und Esary, Marshall und Proschan (1970).

Marshall (1968a) bewies Abschätzungen für $GI/GI/1$, deren Pausenzeitverteilungsfunktionen vom Typ (IFR und NBUE (bei ihm: m_A-MRLA) bzw. DFR und NWUE (bei ihm: m_A-MRLB) sind. Satz 1.6.1 ist seiner Arbeit entnommen.

Ein typisches Beispiel für die Anwendung der Eigenschaft NBU in der Bedienungstheorie (Ersetzung von Restbedienungszeiten oder Restpausenzeiten durch „frische") ist in Satz 5.5.1 gegeben.

Es erscheint als sinnvoll, NBU, NBUE, ... auch für die Relationen $\overset{(2)}{\leqq}$ und $\overset{(3)}{\leqq}$ zu definieren.

1.7

Die Relationen $\leqq_{1,n}$ und $\leqq_{2,n}$ wurden von Rolski und Stoyan (1974) (vgl. auch Rolski (1975)) und in etwas anderer Form von Bergmann (1974) definiert und untersucht; für den Fall gleicher Erwartungswerte vgl. auch Karlin/Novikoff (1963). Für diese Relationen gilt ein (1.5.1) entsprechendes Schnittkriterium.

1.8

Für die Relation $\leqq_L$ scheint die Menge $\mathcal{R}_L$ noch nicht bekannt zu sein. Daß $\mathcal{R}_L$ größer als die Menge aller Funktionen $f = c - g$ (g vollmonoton, $c \in \mathbf{R}$) ist, ist daraus ersichtlich, daß z.B. $f(t) = -t$ Element von $\mathcal{R}_L$ ist, aber nicht vollmonoton ist.

Ähnliches gilt für die Relation $\leqq_E$:

$$F_1 \leqq_E F_2 \leftrightarrow \int_{-\infty}^{\infty} \exp(xt)\, dF_1(t) \leqq \int_{-\infty}^{\infty} \exp(xt)\, dF_2(t) \quad \text{für alle } x \geqq 0\,.$$

Wenn $\leqq_M$ die Halbordnungsrelation

$$F_1 \leqq_M F_2 \leftrightarrow \int_{-\infty}^{\infty} t^n\, dF_1(t) \leqq \int_{-\infty}^{\infty} t^n\, dF_2(t) \quad \text{für } n = 1, 2, \ldots$$

bezeichnet, so haben wir $F_1 \leqq_M F_2 \to F_1 \leqq_E F_2$.

Offene Probleme: 1. Gilt $F_1 \leqq_E F_2 \to F_1 \leqq_M F_2$?

2. Sind die Mengen $\mathcal{R}_L$ und $\mathcal{R}_E$ gleich den Mengen aller reellen Funktionen f, die fast überall beliebig oft differenzierbar sind mit

$$f^{(n)}(t) \geqq 0 \qquad (\leqq_E)\,,$$
$$(-1)^n f^{(n)}(t) \geqq 0; \quad n = 1, 2, \ldots (\leqq_L)\,?$$

1.9

Die extremalen Elemente der Menge $\mathcal{M}_m^\sigma$ bezüglich $\overset{(2)}{\leqq}$ und $\leqq_L$ wurden von Kozlov und Vasilev (1969) und Stoyan (1973b) gefunden. Die Beweise beruhen auf der Tatsache, daß unter bestimmten Voraussetzungen Integrale der Gestalt $\int f(t)\, dF(t)$ durch *Zwei- oder Drei-Punktverteilungen* zum Extremum gemacht werden; vgl. z.B. Harris (1962), Hartley und David (1954) sowie Hoeffding (1955).

1.10

Die Relation $\overset{(1)}{\leqq}$ im Fall $E = \mathbf{R}^n$ wurde zuerst von Veinott (1965) untersucht, die angegebene allgemeine Definition der $\overset{(i)}{\leqq}$ stammt von Stoyan (1972b). Das Kriterium von Veinott in der hier vorliegenden Form bewiesen Franken und Kirstein (1976);

VEINOTTS ursprüngliche Bedingung ist ein Spezialfall. Eine zu $\overset{(2)}{\leqq}$ ähnliche Relation für $E = \mathbf{R}^n$ untersuchte STRASSEN (1965), der seine Relation gemäß (1.10.1) definierte, sich aber auf konvexe Funktionen beschränkte. BERGMANN (1977) diskutierte eine weitere Möglichkeit der Verallgemeinerung der Relationen $\overset{(1)}{\leqq}$ und $\overset{(2)}{\leqq}$ für $E = \mathbf{R}^n$; seine Relationen sind zum Beweis von Monotonieeigenschaften von gemischten Momenten und Kovarianzen geeignet.

Die durch (1.10.10) gegebene und eine weitere Möglichkeit der Vergleichbarkeit von stationären, zufälligen Punktprozessen, die vom Vergleich der Anzahlen der Punkte in Intervallen vorgegebener Länge ausgeht, untersuchte SCHMIDT (1976).

Offene Probleme: 1. Gibt es eine „bequem handhabbare" Teilmenge $\mathcal{M}_1$ von $\mathfrak{K}_1(\mathbf{R}^n)$, so daß aus (1.10.1) für alle $f \in \mathcal{M}_1$ die Gültigkeit von $P_1 \overset{(1)}{\leqq} P_2$ folgt?

2. Kann man (analog zu Satz 1.2.1) zu zwei Verteilungsgesetzen P_1 und $P_2 \in P_{\mathfrak{M}}$ mit $P_1 \leqq P_2$ stets einen Wahrscheinlichkeitsraum $[\Omega, \mathfrak{B}, \mathsf{P}]$ sowie Zufallsvariable ξ_1 und ξ_2 mit $\mathsf{P}(\xi_k \in B) = P_k(B)$ für alle $B \in \mathfrak{M}$ $(k = 1, 2)$ und $\xi_1(\omega) \leqq \xi_2(\omega)$ für alle $\omega \in \Omega$ finden?

3. Die Relation $\overset{(1)}{\leqq}$ ist im Fall $E = \mathbf{R}^n$ *antisymmetrisch* (Beweis mit Hilfe von Funktionalen f_c der Gestalt $f_c(\boldsymbol{x}) = 0$ für $\boldsymbol{x} \leqq \mathbf{c}$ und $f_c(\boldsymbol{x}) = 1$ sonst; $\boldsymbol{x}, \mathbf{c} \in \mathbf{R}^h$). Gilt das auch für $\overset{(2)}{\leqq}$ und $\overset{(3)}{\leqq}$ und allgemeine Räume?

4. Welche Konvergenzarten für Verteilungsgesetze sind für $E = \mathbf{R}^n$ und allgemeinere Räume in ähnlicher Art und Weise mit den $\overset{(i)}{\leqq}$ verbunden wie die schwache Konvergenz im Fall $E = \mathbf{R}$ mit $\overset{(1)}{\leqq}$? (Vgl. die Sätze 1.2.3, 1.3.2, 1.4.2).

5. Gibt es einfache Kriterien für den Vergleich stationärer, zufälliger Punktprozesse mit POISSON-Prozessen bezüglich $\overset{(2)}{\leqq}$? Derartige Kriterien hätten für die Anwendungen, z.B. in der Bedienungstheorie, große Bedeutung; vgl. S. 90.

2. Monotonieeigenschaften stochastischer Modelle

2.0. Stochastische Modelle — Grundbegriffe

Unter *stochastischen Modellen* werden diejenigen mathematischen Modelle der Bedienungs- und Zuverlässigkeitstheorie, der Lagerhaltung, Ablaufplanung sowie verwandter Disziplinen verstanden, in denen zufällige Einflüsse berücksichtigt werden; eine allgemeingültige formal-mathematische Definition gibt es z. Z. noch nicht. Der Anschaulichkeit halber seien zwei wichtige Grundtypen stochastischer Modelle genannt:

a) „*Finite*“ *Modelle*: Gegeben sind n Zufallsvariable $\varepsilon_1, \dots, \varepsilon_M$, die das Verhalten von Elementen eines Systems beschreiben. (Sind die ε_i entsprechend der Struktur des Systems gleichzeitig oder nacheinander abgelaufen, so „stirbt“ das System.) Zu untersuchen ist das Verhalten einer Zufallsvariablen σ, die das Systemverhalten beschreibt und die Form

$$\sigma = \Phi(\varepsilon_1, \dots, \varepsilon_M) \tag{2.0.1}$$

hat, wobei Φ eine geeignete Abbildung ist.

Beispiele. 1) Zuverlässigkeitsmodelle ohne Erneuerung (ε_i = Elementlebensdauern, σ = Systemlebensdauer); vgl. S. 130.
2) Netzplanmodelle (ε_i = Einzelvorgangsdauern, σ = Dauer des Gesamtvorganges); vgl. S. 131.

b) „*Rekursive*“ *Modelle*: Gegeben ist eine Folge von Zufallsvariablen (z.B. Zufallsvektoren) $\{\varepsilon_n\}$, die zufällige Einwirkungen auf den Systemzustand in Zeitpunkten t_n (deterministisch oder zufällig) beschreiben; $n = 1, 2, \dots$. Der Systemzustand zur Zeit t_{n+1} wird durch eine Zufallsvariable σ_{n+1} beschrieben, die durch folgende Rekursionsformel bestimmt ist

$$\sigma_{n+1} = \varphi_n(\sigma_n, \varepsilon_n)\,, \tag{2.0.2}$$

wobei die φ_n geeignete Abbildungen sind.

Beispiele. 1) Warteschlangenmodelle (ε_n = {n-te Pausenzeit, n-te Bedienungszeit}, σ_n = Wartezeit der n-ten Forderung); vgl. S. 71 und 99. (Auch Verlustsysteme sind durch Rekursionsformeln beschreibbar, vgl. Borovkov (1972), S. 270.)
2) Lagerhaltungsmodelle (ε_n = Nachfrage im n-ten Zyklus, σ_n = Lagerbestand zu Beginn des n-ten Zyklus'); vgl. S. 133.

Die Verteilungsfunktionen oder -gesetze E_k der ε_k — und entsprechender Größen in solchen stochastischen Modellen, die nicht nach (2.0.1) oder (2.0.2) beschreibbar sind — wollen wir im folgenden *Elementverteilungen* nennen. (Whitt (1974a) benutzte für Größen der Art der ε_k die Bezeichnung „*initial data*".) Beispiele dafür sind Bedienungszeit- oder Lebensdauerverteilungsfunktionen und Verteilungsgesetze von Forderungenströmen.

Die Abbildungen Φ oder φ_n werden durch die *Struktur* der untersuchten Systeme festgelegt, d. h. durch die Regeln des Übergangs der Systemzustände ineinander. Auf eine genaue Definition des Begriffs „Struktur" verzichten wir hier; wesentlich für das folgende ist vor allem, daß wir von zwei Systemen sagen, sie seien von gleicher Struktur, auch wenn die Elementverteilungen und die stochastischen Abhängigkeitseigenschaften unterschiedlich sind, sofern nur die Abbildungen Φ oder φ_n gleich sind.

So sagen wir z.B., daß zwei Wartesysteme mit gleicher Anzahl von Bedienungsapparaten, gleicher maximaler Warteschlangenlänge und gleicher Schlangendisziplin dieselbe Struktur haben, auch wenn die Bedienungs- und Pausenzeiten andere Verteilungen und stochastische Abhängigkeitseigenschaften haben.

Bei gegebener Struktur wird also das Verhalten stochastischer Modelle durch Angabe der Elementverteilungen, der Abhängigkeitseigenschaften sowie des Anfangszustandes (bei rekursiven Modellen) eindeutig bestimmt.

Hauptaufgabe der mathematischen Theorien, die sich mit stochastischen Modellen befassen, ist es, für gegebene Modelle Σ (also bei fixierter Struktur, gegebenen Elementverteilungen usw.) Aussagen über Größen zu machen, die das Verhalten der Σ *als Ganzes* beschreiben. Wir bezeichnen derartige Größen hier als *Systemgrößen* und meinen damit sowohl reellwertige Größen wie Mittelwerte (z.B. von Systemlebensdauern) und Wahrscheinlichkeiten (z.B. für den Verlust einer Bedienungsforderung) als auch Verteilungsfunktionen (z.B. von Wartezeiten) oder Verteilungsgesetze (z.B. von Output-Strömen).

Es sei c_Σ eine bestimmte Systemgröße in Σ. Bei fester Struktur und Anfangsverteilung ist c_Σ nur noch von den E_k abhängig,

$$c_\Sigma = c_\Sigma(E_1, E_2, \ldots) \in \boldsymbol{C}_\Sigma \,. \tag{2.0.3}$$

Oft ist — als Ergebnis mathematischer Arbeiten — c_Σ explizit gegeben, oft aber auch (noch) nicht, oder die Abhängigkeit von den E_k ist so kompliziert, daß sie praktisch nicht nutzbar ist. Aus diesem Grunde ist es lohnend, qualitative Eigenschaften der c_Σ in Abhängigkeit von den E_k zu untersuchen.

Grob gesprochen, charakterisieren *qualitative Eigenschaften* die Art und Weise, wie sich bestimmte Veränderungen der E_k auf die c_Σ auswirken. Wichtige qualitative Eigenschaften stochastischer Modelle sind die *Unempfindlichkeit/Invarianz* (bei fixierten Erwartungswerten haben Veränderungen der E_k keinerlei Auswirkungen auf c_Σ; vgl. König/Matthes/

NAWROTZKI (1967, 1971), KÖNIG/JANSEN (1976), JANSEN/KÖNIG (1976), KÖNIG/JANSEN/KOTZUREK/RABE (1976)), die *Monotonie* (Vergrößerungen der E_k führen auch zu Vergrößerungen der c_Σ) und die *Stabilität/Stetigkeit* (kleine Veränderungen der E_k bewirken auch nur kleine Veränderungen der c_Σ).

Mit Hilfe qualitativer Eigenschaften können Abschätzungsformeln aufgestellt oder Approximationsverfahren mathematisch begründet werden. Die Behandlung qualitativer Eigenschaften stochastischer Modelle ist auch deswegen interessant, weil oft genaue Kenntnisse über die Elementverteilungen fehlen, z.B. für erst projektierte Systeme. Geeignete qualitative Eigenschaften gestatten dann im Fall „unvollständiger Informationen" wenigstens Abschätzungen, vgl. 2.3.2.

2.1. Monotonieeigenschaften

2.1.1. Innere Monotonieeigenschaften

Es seien Σ ein stochastisches Modell mit den Elementverteilungen $E_1, E_2, \ldots$ und c_Σ eine zugehörige Systemgröße, die zeitabhängig ist, entweder definiert für alle Zeitpunkte t ($0 \leqq t < \infty$; Beispiele: mittlere virtuelle Wartezeit zur Zeit t, Verteilungsfunktion der Anzahl der Forderungen im System zur Zeit t) oder für eine Folge von (zufälligen) Zeitpunkten t_n ($n = 1, 2, \ldots$; Beispiele: Wartezeitverteilungsfunktion der n-ten Forderung, Wahrscheinlichkeit für den Verlust der n-ten Forderung). Wir schreiben daher genauer

$$c_\Sigma(t) = c_\Sigma(t, \mathfrak{A}, E_1, E_2, \ldots) \quad \text{bzw.} \quad c_\Sigma(n) = c_\Sigma(n, \mathfrak{A}, E_1, E_2, \ldots)\,,$$

wobei mit $\mathfrak{A}$ die Anfangsverteilung bezeichnet wird.

Es sei ferner $\prec_c$ eine Halbordnungsrelation auf der Menge C_Σ der möglichen Werte der Systemgröße c_Σ.

Definition. Die Systemgröße $c_\Sigma(t)$ bzw. $c_\Sigma(n)$ *ist bezüglich $\prec_c$ bei der Anfangsverteilung $\mathfrak{A}$ in t bzw. n monoton wachsend (fallend)*, wenn für alle t_1, t_2 bzw. n_1, n_2 die Beziehung

$$t_1 \leqq t_2 \to c_\Sigma(t_1, \mathfrak{A}, E_1, \ldots) \prec_c ({}_c\succ)\; c_\Sigma(t_2, \mathfrak{A}, E_1, \ldots) \tag{2.1.1}$$

bzw.

$$n_1 \leqq n_2 \to c_\Sigma(n_1, \mathfrak{A}, E_1, \ldots) \prec_c ({}_c\succ)\; c_\Sigma(n_2, \mathfrak{A}, E_1, \ldots) \tag{2.1.2}$$

erfüllt ist. Wir sprechen dann von *innerer Monotonie*.

Sofern $c_\Sigma(t)$ bzw. $c_\Sigma(n)$ für $t \to \infty$ bzw. $n \to \infty$ einem vom Anfangszustand unabhängigen Grenzwert c_Σ zustrebt, ist es im Fall innerer Monotonie oft möglich zu zeigen, daß aus (2.1.1) bzw. (2.1.2) zusätzlich für alle t bzw. n die Beziehung

$$c_\Sigma(t, \mathfrak{A}, E_1, \ldots) \prec_c ({}_c\succ)\; c_\Sigma(E_1, \ldots) = c_\Sigma \tag{2.1.3}$$

folgt, wenn $\prec_c$ und die entsprechende Konvergenzart in geeigneter Beziehung zueinander stehen. Wird also die Anfangsverteilung $\mathfrak{A}$ geschickt gewählt, so kommen wir auf diesem Wege zu Schranken für c_Σ.

Ein wichtiger Spezialfall ist der, daß die $c_\Sigma(t)$ bzw. $c_\Sigma(n)$ die absoluten Verteilungen homogener MARKOVscher Prozesse sind und $\mathfrak{A}$ die Anfangsverteilung. Wie hier innere Monotonieeigenschaften nachgewiesen werden können, wird im Satz 2.2.8 sowie im Kapitel 4 gezeigt.

2.1.2. Äußere Monotonieeigenschaften

Es seien Σ ein stochastisches Modell mit den Elementverteilungen $E_1, E_2, \ldots$ und c_Σ eine Systemgröße in Σ. Mit $\mathfrak{V}_m$ $(m = 1, 2, \ldots)$ bezeichnen wir Mengen von Verteilungen E_m, die durch $\prec_m$ halbgeordnet seien, und $\prec_c$ sei eine Halbordnungsrelation auf der Bildmenge $c_\Sigma(\mathfrak{V}_1, \mathfrak{V}_2, \ldots) = C_\Sigma$.

Definition. Die Systemgröße c_Σ ist *bezüglich* $\prec_m$ *in* E_m *monoton wachsend* (*fallend*), wenn bei gleichem Anfangszustand für alle $E_{m,1}, E_{m,2} \in \mathfrak{V}_m$ gilt

$$E_{m,1} \prec_m E_{m,2} \to c_\Sigma(E_1, \ldots, E_{m,1}, \ldots) \prec_c ({}_c\succ)\, c_\Sigma(E_1, \ldots, E_{m,2}, \ldots)\,. \tag{2.1.4}$$

Wir sprechen dann von *äußerer Monotonie*.

Falls äußere Monotonieeigenschaften vorliegen, können wir also die Systemgrößen stochastischer Modelle mit gleicher Struktur, aber verschiedenen Elementverteilungen untereinander vergleichen. Wir formulieren äußere Monotonieeigenschaften dementsprechend oft folgendermaßen: Es seien Σ_1 und Σ_2 zwei stochastische Modelle mit gleicher Struktur und Anfangsverteilung. Wenn für die zugehörigen Elementverteilungen $E_{m,1}$ und $E_{m,2}$ die Beziehung $E_{m,1} \prec_m E_{m,2}$ gilt, so folgt daraus für die Systemgrößen $c_{\Sigma,1} \prec_c c_{\Sigma,2}$.

Äußere Monotonieeigenschaften sind bei Abschätzungen von großem Nutzen. Wenn beispielsweise eine vorgegebene Elementverteilung E_m durch zwei Verteilungen $E_{m,1}, E_{m,2} \in \mathfrak{V}_m$ eingrenzbar ist,

$$E_{m,1} \prec_m E_m \prec_m E_{m,2}\,, \tag{2.1.5}$$

so gilt im Fall äußerer Monotonie für die zugehörige Systemgröße c_Σ die zweiseitige Abschätzung

$$c_{\Sigma,1} \prec_c c_\Sigma \prec_c c_{\Sigma,2}\,, \tag{2.1.6}$$

$c_{\Sigma,k} = c_\Sigma(E_1, \ldots, E_{m,k}, \ldots)$; $k = 1, 2$.

In den Kapiteln 5, 6 und 7 werden zahlreiche Beispiele für äußere Monotonieeigenschaften angegeben, in 2.2 und Kapitel 4 allgemeine Methoden zu ihrem Nachweis.

2.2. Methoden zum Nachweis von Monotonieeigenschaften

2.2.1. Die Funktionalmethode

Es ist möglich, zahlreiche Monotonieeigenschaften stochastischer Modelle mit Hilfe von Monotonieeigenschaften von Funktionalen v_f zu beweisen, die auf Mengen von Verteilungsfunktionen bzw. -gesetzen definiert sind und die Gestalt

$$v_f(F) = \int_{-\infty}^{\infty} f(t)\, dF(t) \qquad \text{bzw.} \qquad v_f(P) = \int_E f(x)\, P(dx)$$

besitzen. Derartige Funktionale treten in vielen bekannten Formeln für die Systemgrößen c_Σ stochastischer Modelle auf. Haben diese die Gestalt

$$c_\Sigma(E_1, E_2, \ldots) = g(E_1, \ldots, E_{m-1}, v_f(E_m), E_{m+1}, \ldots)\,, \tag{2.2.1}$$

wobei g bei fixierten E_l $(l \neq m)$ eine monoton nicht fallende bzw. wachsende reelle Funktion ist, so gilt folgender

Satz 2.2.1. *Es sei $\prec_m$ eine Halbordnungsrelation auf der Menge $\mathfrak{V}_m$ aller möglichen Elementverteilungen E_m, f sei Element von $\mathcal{R}_{\prec_m}$. Dann gilt für $E_{m,1}, E_{m,2} \in \mathfrak{V}_m$*

$$E_{m,1} \prec_m E_{m,2} \to c_\Sigma(E_1, \ldots, E_{m,1}, \ldots) \leqq c_\Sigma(E_1, \ldots, E_{m,2}, \ldots)\,. \tag{2.2.2}$$

Voraussetzung für die Anwendung der Methode ist die Kenntnis der Funktion g, was die Anwendungsmöglichkeiten dieser Methode natürlich einschränkt, nämlich auf solche Fälle, in denen Formeln vorliegen, wo also wenigstens prinzipiell auch die exakte Berechnung der Systemgrößen möglich ist. Dennoch hat diese Methode großen Wert bei sehr komplizierten Formeln für die c_Σ und bei „unvollständigen Informationen"; vgl. 2.3.2.

In den Kapiteln 3, 5, 6 und 7 sind viele Beispiele für die Anwendung der Funktionalmethode gegeben.

2.2.2. Die Abbildungsmethode

Der Grundgedanke der Abbildungsmethode besteht darin, Beziehungen der Gestalt (2.0.1) und (2.0.2) auszunutzen. Da der Fall (2.0.2) stets auf (2.0.1) zurückzuführen ist ($\sigma = \sigma_{n+1}$), kann das auf einheitliche Art und Weise geschehen.

Im Fall rekursiver Modelle erhalten wir so zunächst äußere Monotonieaussagen für instationäre Systemgrößen (z.B. Verteilungsfunktion der Wartezeit der n-ten Forderung). Wenn die Art der Konvergenz dieser Größen gegen die entsprechenden stationären Systemgrößen in geeigneter Beziehung zu den verwendeten Halbordnungsrelationen steht, so können mit

Hilfe der Sätze 1.2.3, 1.3.2 und 1.4.2 auch äußere Monotonieaussagen für stationäre Größen bewiesen werden.

Wir untersuchen zunächst allgemein die Vergleichbarkeit von Zufallsgrößen bzw. -variablen η der Form

$$\eta = f(\xi) \quad \text{bzw.} \quad \eta = \Psi(\xi)$$

in Abhängigkeit von f bzw. Ψ und ξ und geben dann als Folgerungen spezielle Vergleichssätze für rekursive Modelle an.

Es seien ξ_1 und ξ_2 zwei Zufallsgrößen sowie f_1 und f_2 zwei meßbare reelle Funktionen. Wenn wir die Zufallsgrößen $f_k(\xi_k)$ bezüglich $\overset{(2)}{\leqq}$ bzw. $\overset{(3)}{\leqq}$ vergleichen wollen, fordern wir noch die Existenz der Erwartungswerte

$$\mathsf{E} \max \{0, f_k(\xi_k)\} \quad \text{bzw.} \quad \mathsf{E} \min \{0, f_k(\xi_k)\}\,; \quad k = 1, 2\,.$$

Satz 2.2.2a. *Wenn es ein* $f \in \mathfrak{K}_i\,(\mathbf{R})$ *mit*

$$f_1(t) \leqq f(t) \leqq f_2(t) \tag{2.2.3}$$

für alle t gibt, so folgt aus

$$\xi_1 \overset{(i)}{\leqq} \xi_2 \tag{2.2.4}$$

die Beziehung

$$f_1(\xi_1) \overset{(i)}{\leqq} f_2(\xi_2)\,; \quad i = 1, 2 \text{ oder } 3\,. \tag{2.2.5}$$

Falls (2.2.5) *für alle* ξ_1 *und* ξ_2 *mit* (2.2.4) *gilt, so existiert auch ein* f *mit den genannten Eigenschaften.*

Beweis. Es existiere ein f mit den geforderten Eigenschaften. Die Funktionen $h_{1,x}(t) = \Theta_x(f(t))$, $h_{2,x}(t) = \max\{x, f(t)\}$ und $h_{3,x}(t) = \min\{x, f(t)\}$ gehören für alle x wie f zu $\mathfrak{K}_1(\mathbf{R})$, $\mathfrak{K}_2(\mathbf{R})$ und $\mathfrak{K}_3(\mathbf{R})$. Also folgt aus (2.2.4) nach den Sätzen 1.2.2, 1.3.1 und 1.4.1 die Gültigkeit von $f(\xi_1) \overset{(i)}{\leqq} f(\xi_2)$. Natürlich haben wir wegen (2.2.3) $f_1(\xi_1) \overset{(i)}{\leqq} f(\xi_1)$ und $f(\xi_2) \overset{(i)}{\leqq} f_2(\xi_2)$, woraus insgesamt die Gültigkeit von (2.2.5) folgt.

Es gelte (2.2.5) für alle ξ_1, ξ_2 mit (2.2.4). Wir werden für $i = 1$ und $i = 2$ zeigen, wie zu gegebenen f_1 und f_2 die Funktion f konstruiert werden kann.

$i = 1$: $f(t) = \sup\limits_{x \leqq t} f_1(x)\,.$

Offenbar ist $f(t)$ monoton nicht fallend, und es gilt für alle t $f_1(t) \leqq f(t)$. Es möge nun ein t geben mit $f(t) > f_2(t)$. Dann existiert auch ein x ($x \leqq t$) mit $f_1(x) > f_2(x)$. Nehmen wir $\xi_1 = \xi_2 \equiv x$, so gilt zwar $\xi_1 \overset{(1)}{\leqq} \xi_2$, jedoch (2.2.5) ist nicht erfüllt. Also muß unser f der Beziehung (2.2.3) genügen.

$i = 2$: Wir betrachten zunächst die Funktion f^*,

$$f^*(t) = \inf_{\{t_i\}} \{\sum_{(i)} \lambda_i f_2(t_i) \quad \text{mit } t = \sum_{(i)} \lambda_i t_i\,, \quad \sum_{(i)} \lambda_i = 1, \lambda_i \geqq 0\}\,.$$

Offensichtlich gilt $f^*(t) \leqq f_2(t)$; $-\infty < t < \infty$. Außerdem ist f^* konvex, da f^* auch als

$$f^*(t) = \inf \{y: (t, y) \in K\}$$

geschrieben werden kann, wobei K die konvexe Hülle der Menge $\{(x, y): y \geqq f_2(x)\}$ ist. Wir zeigen nun die Gültigkeit von

$$f_1(t) \leqq f^*(t); \qquad -\infty < t < \infty\,. \tag{2.2.6}$$

Wenn es ein t mit $f_1(t) > f^*(t)$ gäbe, so existierten Zahlen $\lambda_i \geqq 0$ und t_i mit $\sum_{(i)} \lambda_i = 1$, $\sum_{(i)} \lambda_i t_i = t$, so daß $f_1(t) > \sum_{(i)} \lambda_i f_2(t_i)$.

Für die Zufallsgrößen ξ_1 und ξ_2,

$$\xi_1 \equiv t,\ \mathsf{P}(\xi_2 < x) = \sum_{\substack{t_i < x \\ (2)}} \lambda_i\,,$$

würde dann die Beziehung $\xi_1 \leqq \xi_2$ erfüllt sein, jedoch würde $\mathsf{E} f_1(\xi_1) > \mathsf{E} f_2(\xi_2)$ gelten. Also muß (2.2.6) richtig sein, und wir haben

$$f_1(t) \leqq f^*(t) \leqq f_2(t)\,.$$

Wenn f^* monoton nicht fallend ist, setzen wir $f = f^*$. Ist f^* monoton nicht wachsend, so muß gelten $\inf_{(t)} f^*(t) = d > -\infty$; in diesem Fall hat $f(t) \equiv d$ die gewünschten Eigenschaften.

Wenn es schließlich ein t_0 gibt, so daß f^* links von t_0 monoton nicht wachsend, rechts von t_0 monoton nicht fallend ist, so setzen wir

$$f(t) = \begin{cases} f^*(t_0); & t \leqq t_0 \\ f^*(t)\,; & t > t_0 \end{cases}$$

$f(t)$ ist auch in diesem Fall Element von $\mathfrak{K}_2(\mathbf{R})$ und genügt (2.2.3), wie mit Hilfe von Ein-Punktverteilungen leicht nachgewiesen werden kann. ●

Für Zufallsvariable ξ_1 und ξ_2 mit Werten in $[E, \mathfrak{M}]$ gilt

Satz 2.2.2.b. *Es seien f_1 und f_2 meßbare Funktionale auf E. Wenn es ein $f \in \mathfrak{K}_i(E)$ mit*

$$f_1(x) \leqq f(x) \leqq f_2(x) \tag{2.2.3'}$$

für alle $x \in E$ gibt, so folgt aus (2.2.4) *stets* (2.2.5). *Gilt* (2.2.5) *für alle ξ_1 und ξ_2 mit* (2.2.4), *so existiert im Fall $i = 1$ auch ein $f \in \mathfrak{K}_1(E)$ mit* (2.2.3').

Der Beweis von Satz 2.2.2b kann wie der von Satz 2.2.2a geführt werden; bei der Konstruktion von f ist „$\leqq$" die Halbordnungsrelation auf E.

Wir betrachten nun nicht mehr nur *Funktionale* auf E, sondern allgemein *Abbildungen* Ψ, wie sie z. B. in (2.0.1) auftreten.

Es seien $\varepsilon_1, \dots, \varepsilon_M$ Zufallsvariable über dem Wahrscheinlichkeitsraum $[\Omega, \mathfrak{B}, \mathsf{P}]$ mit Werten in $[F_l, \mathfrak{N}_l]$ $(l = 1, \dots, M)$ und σ eine weitere Zufallsvariable mit Werten in $[E, \mathfrak{M}]$, die in der Form

$$\sigma = \Psi(\varepsilon_1, \dots, \varepsilon_M) \tag{2.0.1'}$$

darstellbar sei. Dabei seien E und die F_l durch $\underset{E}{\leqq}$ und $\underset{F,l}{\leqq}$ halbgeordnete Vektorräume sowie $\mathfrak{M}$ und $\mathfrak{N}_l$ geeignete σ-Algebren von Teilmengen von E und F_l. Ψ sei eine Abbildung von $F_1 \times \cdots \times F_M$ in E und möge die notwendigen Meßbarkeitseigenschaften besitzen.

Alle folgenden Aussagen bleiben erhalten, wenn σ das Bild einer unendlichen Folge $\{\varepsilon_n\}$ von Zufallsvariablen ist, wie z.B. $\sigma = \Psi(\nu, \varepsilon_1, \varepsilon_2, \dots) = \sum_{n=1}^{\nu} \varepsilon_n$.

Monotonie- und Konvexitäts- oder Konkavitätseigenschaften von Ψ gestatten es, *Monotonieeigenschaften von σ in Abhängigkeit von den ε_l bezüglich* $\overset{(i)}{\leqq}$ $(i = 1, 2, 3)$ zu beweisen.

Definitionen. $\Psi = \Psi(x_1, \dots, x_M)$ heiße *monoton wachsend (fallend) in* x_l $(1 \leqq l \leqq M)$, wenn für alle x_j $(j \neq l)$ und alle $x_l^{(1)}, x_l^{(2)}$ gilt

$$x_l^{(1)} \underset{F,l}{\leqq} x_l^{(2)} \to \Psi(x_1, \dots, x_l^{(1)}, \dots, x_M) \underset{E}{\leqq} \left(\underset{E}{\geqq}\right) \Psi(x_1, \dots, x_l^{(2)}, \dots, x_M) .$$

Ψ heiße *konvex (konkav) in* x_l $(1 \leqq l \leqq M)$, wenn für fixierte x_j $(j \neq l)$, alle reellen λ $(0 < \lambda < 1)$ und alle $x_l^{(1)}, x_l^{(2)}$ gilt

$$\Psi(x_1, \dots, \lambda x_l^{(1)} + (1-\lambda) x_l^{(2)}, \dots, x_M) \underset{E}{\leqq} \left(\underset{E}{\geqq}\right) \lambda \Psi(x_1, \dots, x_l^{(1)}, \dots, x_M) + (1-\lambda)\, \Psi(x_1, \dots, x_l^{(2)}, \dots, x_M) .$$

Ψ heiße *konvex (konkav) in* $\{x_{l_1}, \dots, x_{l_m}\}$ $(1 \leqq l_1, \dots, l_m \leqq M)$, wenn für fixierte x_j $(j \neq l_1, \dots, l_m)$, alle λ $(0 < \lambda < 1)$ und alle $\{x_{l_1}^{(1)}, \dots, x_{l_m}^{(1)}\}$, $\{x_{l_1}^{(2)}, \dots, x_{l_m}^{(2)}\}$ gilt

$$\Psi(x_1, \dots, \lambda x_{l_1}^{(1)} + (1-\lambda)\, x_{l_1}^{(2)}, \dots, \lambda x_{l_m}^{(1)} + (1-\lambda)\, x_{l_m}^{(2)}, \dots, x_M) \underset{E}{\leqq} \left(\underset{E}{\geqq}\right)$$
$$\lambda \Psi(x_1, \dots, x_{l_1}^{(1)}, \dots, x_{l_m}^{(1)}, \dots, x_M) + (1-\lambda)\, \Psi(x_1, \dots, x_{l_1}^{(2)}, \dots, x_{l_m}^{(2)}, \dots, x_M) .$$

Sofern Ψ nur auf einer Teilmenge von $F_1 \times \cdots \times F_M$ definiert ist, wird die Gültigkeit der obigen Bedingungen nur für die Elemente des Definitionsbereiches gefordert.

Satz 2.2.3. *Ψ sei monoton wachsend $(i = 1)$ und zusätzlich konvex $(i = 2)$ oder konkav $(i = 3)$ in x_l. $\varepsilon_{l,1}$ und $\varepsilon_{l,2}$ seien stochastisch unabhängig von den ε_j $(j \neq l)$. Dann gilt*

$$\varepsilon_{l,1} \overset{(i)}{\leqq} \varepsilon_{l,2} \to \sigma_1 \overset{(i)}{\leqq} \sigma_2; \quad i = 1, 2 \text{ oder } 3 , \tag{2.2.7}$$

wobei $\sigma_k = \Psi(\varepsilon, \dots, \varepsilon_{l,k}, \dots, \varepsilon_M)$; $k = 1, 2$.

Beweis. Wenn $f \in \mathfrak{R}_i(E)$, so ist unter den Voraussetzungen an Ψ das Funktional g auf F_l,

$$g(y) = f[\Psi(x_1, \dots, x_{l-1}, y, x_{l+1}, \dots, x_M)],$$

für alle (fixierten) x_j $(j \neq l)$ monoton nicht fallend $(i = 1)$ und zusätzlich konvex $(i = 2)$ oder konkav $(i = 3)$ in y. Wegen der Unabhängigkeitseigenschaft von $\varepsilon_{l,1}$ und $\varepsilon_{l,2}$ und nach Definition der Relationen $\overset{(i)}{\leqq}$ ergibt sich (2.2.7). ●

Schreiben wir wie in 1.10

$$\{\varepsilon_{1,1}, \dots, \varepsilon_{m,1}\} \overset{(i)}{\leqq} \{\varepsilon_{1,2}, \dots, \varepsilon_{m,2}\},$$

falls

$$\mathsf{E}f(\varepsilon_{1,1}, \dots, \varepsilon_{m,1}) \leqq \mathsf{E}f(\varepsilon_{1,2}, \dots, \varepsilon_{m,2})$$

für alle $f \in \mathfrak{R}_i(F_1 \times \dots \times F_m)$[1]), so können wir folgenden Satz formulieren.

Satz 2.2.4. *Ψ sei monoton wachsend $(i = 1)$ und zusätzlich konvex $(i = 2)$ oder konkav $(i = 3)$ in $\{x_{l_1}, \dots, x_{l_m}\}$. Die Zufallsvariablen $\{\varepsilon_{l_1,1}, \dots, \varepsilon_{l_m,1}\}$ und $\{\varepsilon_{l_1,2}, \dots, \varepsilon_{l_m,2}\}$ seien stochastisch unabhängig von den ε_j $(j \neq l_1, \dots, l_m\}$. Dann gilt*

$$\{\varepsilon_{l_1,1}, \dots, \varepsilon_{l_m,k}\} \overset{(i)}{\leqq} \{\varepsilon_{l_1,2}, \dots, \varepsilon_{l_m,2}\} \to \sigma_1 \overset{(i)}{\leqq} \sigma_2, \tag{2.2.8}$$

wobei

$$\sigma_k = \Psi(\varepsilon_1, \dots, \varepsilon_{l_1,k}, \dots, \varepsilon_{l_m,k}, \dots, \varepsilon_n); \quad k = 1, 2.$$

Als Beispiel betrachten wir Summen von Zufallsgrößen.

Satz 2.2.5. *Es seien $\{\xi_{n,1}\}$ und $\{\xi_{n,2}\}$ zwei Folgen nicht negativer, in ihrer Gesamtheit jeweils stochastisch unabhängiger Zufallsgrößen mit*

$$\xi_{n,k} \overset{(i)}{\leqq} \xi_{n+1,k}; \quad k = 1, 2; \quad n = 1, 2, \dots; \quad i = 1, 2 \text{ oder } 3. \tag{2.2.9}$$

ν_1 und ν_2 seien zwei ganzzahlige, nicht negative Zufallsgrößen, die von den $\xi_{n,1}$ bzw. $\xi_{n,2}$ stochastisch unabhängig seien. Dann folgt aus

$$\nu_1 \overset{(i)}{\leqq} \nu_2, \quad \xi_{n,1} \overset{(i)}{\leqq} \xi_{n,2}; \quad n = 1, 2, \dots$$

die Gültigkeit von

$$\sum_{n=0}^{\nu_1} \xi_{n,1} \overset{(i)}{\leqq} \sum_{n=0}^{\nu_2} \xi_{n,2}; \quad i = 1, 2 \text{ oder } 3.^{2)} \tag{2.2.10}$$

---

[1]) Halbordnungsrelation $\underset{F}{\leqq}$ auf $F_1 \times \dots \times F_m$: $\boldsymbol{x} \underset{F}{\leqq} \boldsymbol{y} \leftrightarrow x_1 \underset{F,1}{\leqq} y_1, \dots, x_m \underset{F,m}{\leqq} y_m$: $\boldsymbol{x} = (x_1, \dots, x_m)$, $\boldsymbol{y} = (y_1, \dots, y_m)$.

[2]) Die leere Summe $\sum_{n=0}^{0}$ wird gleich Null gesetzt.

Beweis. Da wegen (F) für alle l $\sum_{n=0}^{l} \xi_{n,1} \overset{(i)}{\leqq} \sum_{n=0}^{l} \xi_{n,2}$ gilt, erhalten wir für beliebige ν

$$\sum_{n=0}^{\nu} \xi_{n,1} \overset{(i)}{\leqq} \sum_{n=0}^{\nu} \xi_{n,2} . \tag{2.2.11}$$

Ferner haben wir für jede reelle Funktion f, für die die folgenden Erwartungswerte existieren

$$\mathsf{E}f\left(\sum_{n=0}^{\nu} \xi_{n,k}\right) = \sum_{m=0}^{\infty} \mathsf{P}\,(\nu = m)\,\mathsf{E}f\left(\sum_{n=0}^{m} \xi_{n,k}\right) = \mathsf{E}f_k^*(\nu)\,,$$

$$f_k^*(m) = \mathsf{E}f\left(\sum_{n=0}^{m} \xi_{n,k}\right); \qquad k = 1, 2\,.$$

Wenn f monoton nicht fallend ist, gilt dasselbe auch für die f_k^*. Hieraus und aus (2.2.11) folgt im Fall $i = 1$ bereits (2.2.10).

Um (2.2.10) auch für $i = 2$ zu beweisen (für $i = 3$ ist ein analoger Beweis möglich), zeigen wir, daß die f_k^* für alle f der Gestalt

$$f(x) = \max\,\{x, c\}: \qquad 0 \leqq c < \infty$$

konvex sind, d. h.

$$f_k^*(m) \leqq \tfrac{1}{2} f_k^*(m-1) + \tfrac{1}{2} f_k^*(m+1); \qquad m = 1, 2, \ldots .$$

Äquivalent hierzu ist die Gültigkeit von

$$\mathsf{E}\max\,\{c, \xi_{m,k}\} \leqq \tfrac{1}{2}c + \tfrac{1}{2}\,\mathsf{E}\max\,\{c, \xi_{m,k} + \xi_{m+1,k}\}$$

für alle $c \geqq 0$ oder

$$\mathsf{E}\max\,\{0, \xi_{m,k} - c\} \leqq \tfrac{1}{2}\,\mathsf{E}\max\,\{0, \xi_{m,k} + \xi_{m+1,k} - c\}\,.$$

Diese letzte Ungleichung ergibt sich leicht aus (2.2.9) und

$$\max\,\{0, \eta + \zeta - c\} \geqq \max\,\{0, \eta - c\} + \max\,\{0, \zeta - c\}$$

für beliebige, nicht negative Zufallsgrößen η und ζ. ●

Im Fall *rekursiver Modelle* ist es natürlich wünschenswert, die Monotonie- und Konvexitätseigenschaften der Ψ auf die Eigenschaften der φ_n zurückzuführen.

Wir betrachten folgenden Spezialfall: Die $\{\sigma_n\}$ bilden einen stochastischen Prozeß mit Werten in $[E, \mathfrak{M}]$, wobei E ein Vektorraum mit der Halbordnungsrelation $\underset{E}{\leqq}$ und $\mathfrak{M}$ eine σ-Algebra von Teilmengen von E sind. Die ε_n sollen in ihrer Gesamtheit stochastisch unabhängige Zufallsvariable über dem Wahrscheinlichkeitsraum $[\Omega, \mathfrak{B}, \mathsf{P}]$ mit Werten in dem Vektorraum F mit der Halbordnungsrelation $\underset{F}{\leqq}$ sein; die zugehörige σ-Algebra von Teilmengen von F sei $\mathfrak{N}$. Schließlich sei σ_1 eine Zufallsgröße über $[\Omega, \mathfrak{B}, \mathsf{P}]$, die von allen ε_n stochastisch unabhängig ist. Die $\varphi_n (= \varphi_n(x, y))$ seien meßbare Abbildungen von $E \times F$ in E.

Offenbar ist die Folge $\{\sigma_n\}$ ein MARKOV*scher Prozeß*; falls die ε_n identisch verteilt und die φ_n gleich sind, ist er sogar homogen.

Zur Vereinfachung der Schreibweise setzen wir $\mathbf{y}_n = \{y_1, \dots, y_n\}$ und

$$\Psi_1(x_1, \mathbf{y}_1) = \varphi_1(x_1, y_1),$$
$$\Psi_n(x_1, \mathbf{y}_n) = \varphi_n(\Psi_{n-1}(x_1, \mathbf{y}_{n-1}), y_n); \quad n = 2, 3, \dots$$

und benutzen auf F^l $(l = 1, 2, \dots)$ die Halbordnungsrelation $\leqq_{F^l}$,

$$\mathbf{x} \leqq_{F^l} \mathbf{y} \leftrightarrow x_1 \leqq_F y_1, \dots, x_l \leqq_F y_l; \quad \mathbf{x} = (x_1, \dots, x_l), \mathbf{y} = (y_1, \dots, y_l).$$

Es gilt für die Ψ_n folgender

Satz 2.2.6. a) *Die Ψ_n sind für alle n monoton wachsend in $\mathbf{y}_n$, wenn alle φ_n in x und y monoton wachsend sind.*

b) *Die Ψ_n sind für alle n in $\mathbf{y}_n$ konvex (konkav), wenn alle φ_n in x monoton wachsend und in $\{x, y\}$ konvex (konkav) sind.*

c) *Die Ψ_n sind für alle n in den y_l $(l = 1, \dots, n)$ einzeln konvex, wenn alle φ_n in x monoton wachsend sowie in x und y einzeln konvex sind.*

Beweis. a) *Monotonie.* Wegen der Monotonie von φ_1 in y $(\in F)$ ist $\Psi_1 = \varphi_1(.,.)$ in $\mathbf{y}_1$ monoton. Es sei Ψ_k in $\mathbf{y}_k$ monoton. Wir haben

$$\Psi_{k+1}(x_1, y_1, \dots, y_{k+1}) = \varphi_{k+1}(\Psi_k(x_1, y_1, \dots, y_k), y_{k+1}),$$

woraus wegen der Monotonie von φ_{k+1} in y, der Monotonie in x sowie der vorausgesetzten Monotonie von Ψ_k die Monotonie auch von Ψ_{k+1} folgt.

b) Konvexität in $\mathbf{y}_n$. Wegen der Konvexität von φ_1 in y ist Ψ_1 in $\mathbf{y}_1$ konvex. Es sei Ψ_k in $\mathbf{y}_k$ konvex. Wegen

$$\Psi_{k+1}(\lambda \mathbf{y}_{k+1}^{(1)} + (1-\lambda)\, \mathbf{y}_{k+1}^{(2)})$$
$$= \varphi_{k+1}(\Psi_k(\lambda \mathbf{y}_k^{(1)} + (1-\lambda)\, \mathbf{y}_k^{(2)}), \lambda y_{k+1}^{(1)} + (1-\lambda)\, y_{k+1}^{(2)}),$$

wobei $0 < \lambda < 1$ und $\mathbf{y}_{k+1}^{(l)} \in F^{k+1}$ $(l = 1, 2)$, gilt

$$\Psi_{k+1}(\lambda \mathbf{y}_{k+1}^{(1)} + (1-\lambda) \mathbf{y}_{k+1}^{(2)}) \leqq_E$$
$$= \varphi_{k+1}(\lambda \Psi_k(\mathbf{y}_k^{(1)}) + (1-\lambda)\, \Psi_k(\mathbf{y}_k^{(2)}),\ \lambda y_{k+1}^{(1)} + (1-\lambda)\, y_{k+1}^{(2)})$$

(wegen der Konvexität von Ψ_k und der Monotonie von φ_{k+1} in x)

$$\leqq_E \lambda \varphi_{k+1}(\Psi_k(\mathbf{y}_k^{(1)}), y_{k+1}^{(1)}) + (1-\lambda)\, \varphi_{k+1}(\Psi_k(\mathbf{y}_k^{(2)}), y_{k+1}^{(2)}) =$$

(wegen der Konvexität von φ_{k+1} in $\{x, y\}$)

$$= \lambda \Psi_{k+1}(\mathbf{y}_{k+1}^{(1)}) + (1-\lambda)\, \Psi_{k+1}(\mathbf{y}_{k+1}^{(2)}).$$

Der Teil c) der Behauptung kann ähnlich wie Teil b) bewiesen werden. ●

Aus den vorangegangenen Sätzen folgt

Satz 2.2.7. a) *Für zwei* MARKOV*sche Prozesse* $\{\sigma_{n,1}\}$ *und* $\{\sigma_{n,2}\}$ *der Gestalt* (2.0.2), *die durch jeweils gleiche* φ_n *und Folgen* $\{\varepsilon_{n,1}\}$ *und* $\{\varepsilon_{n,2}\}$ *unabhängiger Zufallsvariabler mit*

$$\varepsilon_{n,1} \overset{(i)}{\leqq} \varepsilon_{n,2}; \quad n = 1, 2, \dots \tag{2.2.12}$$

bestimmt sind, gilt im Fall $\sigma_{1,1} \overset{(i)}{\leqq} \sigma_{1,2}$

$$\sigma_{n,1} \overset{(i)}{\leqq} \sigma_{n,2}; \quad n = 2, 3, \dots \tag{2.2.13}$$

für $i = 1$, *wenn alle* φ_n *in* x *und* y *monoton wachsend sind, für* $i = 2$ $(i = 3)$, *wenn alle* φ_n *monoton wachsend sowie in* x *und* y *einzeln konvex (konkav) sind.*

b) *Für zwei stochastische Prozesse* $\{\sigma_{n,1}\}$ *und* $\{\sigma_{n,2}\}$ *der Gestalt* (2.0.2), *die durch gleiche* φ_n *sowie Folgen* $\{\varepsilon_{n,1}\}$ *und* $\{\varepsilon_{n,2}\}$ *erzeugt werden, deren Glieder untereinander stochastisch abhängig, von* $\sigma_{1,1}$ *und* $\sigma_{1,2}$ *jedoch unabhängig sind und für die*

$$\{\varepsilon_{1,1}, \dots, \varepsilon_{n,1}\} \overset{(i)}{\leqq} \{\varepsilon_{1,2}, \dots, \varepsilon_{n,2}\}; \quad n = 1, 2, \dots \tag{2.2.12'}$$

gilt, ist im Fall $\sigma_{1,1} \overset{(i)}{\leqq} \sigma_{1,2}$ *ebenfalls* (2.2.13) *erfüllt für* $i = 1$, *wenn alle* φ_n *in* x *und* y *monoton wachsend sind, für* $i = 2$ $(i = 3)$, *wenn alle* φ_n *monoton wachsend sowie in* $\{x, y\}$ *konvex (konkav) sind.*

Es gilt dann sogar

$$\{\sigma_{1,1}, \dots, \sigma_{n,1}\} \overset{(i)}{\leqq} \{\sigma_{1,2}, \dots, \sigma_{n,2}\}; \quad n = 1, 2, \dots . \tag{2.2.14}$$

Mit ähnlichen Hilfsmitteln kann auch der folgende Satz bewiesen werden.

Satz 2.2.8. *Es sei* $\{\sigma_n\}$ *ein homogener* MARKOV*scher Prozeß der Gestalt* (2.0.2) *mit stochastisch unabhängigen, identisch verteilten* ε_n *und* $\varphi_n \equiv \varphi$. *Im Fall*

$$\sigma_1 \overset{(i)}{\leqq} \sigma_2$$

gilt

$$\sigma_n \overset{(i)}{\leqq} \sigma_{n+1}; \quad n = 1, 2, \dots; \quad i = 1, 2 \text{ oder } 3\,, \tag{2.2.15}$$

wenn φ *in* x *monoton wachsend und für* $i = 2$ $(i = 3)$ *zusätzlich konvex (konkav) in* x *ist.*

Für stochastisch abhängige ε_n gestattet der folgende Satz wenigstens in bestimmten Spezialfällen Aussagen über „innere Monotonie"; vgl. (5.1.6).

Satz 2.2.9. *Es seien* E *und* F *halbgeordnete Räume mit den* σ-*Algebren* $\mathfrak{M}$ *und* $\mathfrak{N}$ *und* $\varphi(x, y)$ *eine meßbare Abbildung von* $E \times F$ *in* E, *die in* x $(\in E)$ *monoton wachsend sei.* $\{\varepsilon_n\}$ $(n = 0, 1, \dots)$ *sei eine stationäre Folge von Zufallsvariablen mit Werten in* $[F, \mathfrak{N}]$, σ_0 *eine von den* ε_n *stochastisch unabhängige*

Zufallsvariable mit Werten in E. Wenn

$$\sigma_0 \leqq \varphi(\sigma_0, \varepsilon_n); \quad n = 0, 1, \ldots \tag{2.2.16}$$

mit Wahrscheinlichkeit Eins, so gilt für die Folge $\{\sigma_n\}$,

$$\sigma_{n+1} = \varphi(\sigma_n, \varepsilon_n); \quad n = 0, 1, \ldots,$$

die Beziehung

$$\sigma_n \overset{(1)}{\leqq} \sigma_{n+1}; \quad n = 0, 1, \ldots. \tag{2.2.17}$$

Beweis. Wir konstruieren für alle k Folgen $\{\xi_n^k\}$ gemäß

$$\xi_n^k = \sigma_0; \quad n \leqq -k,$$
$$\xi_{n+1}^k = \varphi(\xi_n^k, \varepsilon_n); \quad n \geqq -k.$$

Die ξ_n^k sind für fixiertes n monoton wachsend in k, d. h.

$$\mathsf{P}(\xi_n^{k+1} \geqq \xi_n^k) = 1. \tag{2.2.18}$$

Nach Konstruktion gilt für $k \leqq -n$ nämlich $\xi_n^k = \sigma_0$, also (2.2.18) für $k \leqq -n$. Die Voraussetzung (2.2.16) liefert uns die Gültigkeit von

$$\xi_n^{-n} \leqq \xi_n^{-n+1} \tag{2.2.19}$$

mit Wahrscheinlichkeit Eins für alle n. Wegen der Monotonie von φ folgt aus (2.2.19)

$$\xi_n^{-n+1} = \varphi(\xi_{n-1}^{-n+1}, \varepsilon_{n-1}) \leqq \varphi(\xi_{n-1}^{-n+2}, \varepsilon_{n-1}) = \xi_n^{-n+2},$$

und mittels Induktion ergibt sich analog (2.2.18) für alle k.

Berücksichtigen wir noch, daß wegen der Stationarität von $\{\varepsilon_n\}$ und der Unabhängigkeit von σ_0 die Größen ξ_n^0 und ξ_0^n jeweils identisch verteilt sind, so erhalten wir (2.2.17) für alle n. ●

2.3. Extremalitätsprobleme

2.3.1. Lösung von Extremalitätsproblemen mittels Halbordnungsrelationen

Unter *Extremalitätsproblemen* bei stochastischen Modellen verstehen wir *Variationsprobleme* der folgenden Art: Für eine Systemgröße $c_\Sigma(E_1, E_2, \ldots)$ eines stochastischen Modells Σ ist der Maximal- bzw. Minimalwert[1]) zu bestimmen, wenn gewisse der E_l, etwa $E_{l_1}, \ldots, E_{l_m}$, innerhalb vorgegebener Mengen von Elementverteilungen $\mathcal{M}_{l_n}$ vari-

[1]) Sind die c_Σ reelle Zahlen, so ist der Maximal- bzw. Minimalwert im Sinne der Ordnung der reellen Zahlen gemeint, sonst im Sinne einer geeigneten Halbordnung auf C_Σ.

ieren $(n = 1, \dots, m)$ und die übrigen fixiert sind; symbolisch: Bestimme

$$\sup_{E_{l_n} \in \mathcal{M}_{l_n},\ n=1,\dots,m} c_\Sigma(E_1, E_2, \dots) \quad \text{bzw.} \quad \inf_{E_{l_n} \in \mathcal{M}_{l_n},\ n=1,\dots,m} c_\Sigma(E_1, E_2, \dots)!$$

Wenn c_Σ ein Erwartungswert ist und die $\mathcal{M}_{l_n}$ durch vorgegebene Momente charakterisiert sind, so können die Ergebnisse von Harris (1962), Hartley und David (1954) sowie Hoeffding (1955) von Nutzen sein.

Mit Hilfe von Halbordnungsrelationen sind Extremalitätsprobleme unter folgenden Bedingungen lösbar:

a) *c_Σ sei in den E_{l_n} bezüglich der Halbordnungsrelationen $\prec_{l_n}$ monoton wachsend $(n = 1, \dots, m)$.*

b) *Die $\mathcal{M}_{l_n}$ besitzen bezüglich der $\prec_{l_n}$ extremale Elemente $E_{\sup, l_n}$ bzw. $E_{\inf, l_n}$ $(n = 1, \dots, m)$.*

Dann gilt

$$\sup_{E_{l_n} \in \mathcal{M}_{l_n},\ n=1,\dots,m} c_\Sigma(\dots, E_{l_1}, \dots, E_{l_m}, \dots) = c_\Sigma(\dots, E_{\sup, l_1}, \dots, E_{\sup, l_m}, \dots)$$

bzw.

$$\inf_{E_{l_n} \in \mathcal{M}_{l_n},\ n=1,\dots,m} c_\Sigma(\dots, E_{l_1}, \dots, E_{l_m}, \dots) = c_\Sigma(\dots, E_{\inf, l_1}, \dots, E_{\inf, l_m}, \dots) .$$

Mit Hilfe der in 1.9 angegebenen extremalen Elemente und der in den Kapiteln 5, 6 und 7 bewiesenen äußeren Monotonieeigenschaften können auf die angegebene Art und Weise Extremalitätsprobleme gelöst und Extremalitätseigenschaften bestimmter Verteilungen bewiesen werden.

Am Schluß dieses Abschnitts sei noch die Möglichkeit erwähnt, Extremalitätsaussagen in Aussagen über äußere Monotonie „einzubetten". Manchmal ist nämlich bekannt, daß Systemgrößen durch gewisse besondere Elementverteilungen maximiert bzw. minimiert werden, wenn die Elementverteilungen innerhalb bestimmter Mengen variieren. Kann nun gezeigt werden, daß die Systemgrößen äußere Monotonieeigenschaften bezüglich Halbordnungsrelationen besitzen, für die diese besonderen Elementverteilungen extremale Elemente sind, so ist diese Einbettung vollzogen. Erreicht wird dadurch ein tieferes Verständnis der ursprünglichen Extremalitätsaussagen. Beispiele für derartige Einbettungen sind auf den Seiten 79 und 135 zu finden.

2.3.2. Aufgaben mit unvollständiger Information über Verteilungen

Eine wichtige Anwendung von Extremalitätsaussagen ist die Lösung von *Aufgaben mit unvollständiger Information* über Verteilungsfunktionen oder -gesetze. Unter einer derartigen Aufgabe wollen wir hier die Aufgabe verstehen, eine Systemgröße c_Σ zu bestimmen, wenn gewisse Elementverteilungen E_{l_n} nicht genau bekannt sind, sondern nur Mengen $\mathcal{M}_{l_n}$ gegeben sind, in denen die E_{l_n} liegen ($n = 1, \dots, m$).

Beispiel. Gesucht ist die mittlere stationäre Wartezeit m_W in $GI/GI/1$, wenn die Bedienungszeitverteilungsfunktion B gegeben ist, aber von der Pausenzeitverteilungsfunktion A nur der Erwartungswert m_A bekannt ist. Mit den Bezeichnungen

$\Sigma = GI/GI/1$, $c_\Sigma = m_W$, $E_1 = B$, $E_2 = A$, $\mathcal{M}_2 =$ Menge aller Verteilungsfunktionen auf $[0, \infty)$ mit dem Erwartungswert m_A

ist dies im obigen Sinne eine Aufgabe mit unvollständiger Information.

Derartige Aufgaben sollten als Extremalitätsprobleme interpretiert werden und durch Angabe der Schranken

$$\inf_{E_{l_n} \in \mathcal{M}_{l_n},\, n=1,\dots,m} c_\Sigma(\dots, E_{l_1}, \dots, E_{l_m}, \dots)$$

und

$$\sup_{E_{l_n} \in \mathcal{M}_{l_n},\, n=1,\dots,m} c_\Sigma(\dots, E_{l_1}, \dots, E_{l_m}, \dots)$$

für c_Σ gelöst werden.

Anmerkungen zu 2

2.2

Eine Satz 2.2.2a und 2.2.2b entsprechende Aussage kann auch für andere Halbordnungsrelationen $\prec$ für Verteilungsfunktionen bewiesen werden. Die „Zwischenfunktion" f muß dann neben (2.2.3) und $f \in \mathfrak{R}_<$ noch die Eigenschaft besitzen, daß für alle $g \in \mathfrak{R}_<$ auch die Funktion g_f, $g_f(t) = g(f(t))$, Element von $\mathfrak{R}_<$ ist.

Ebenfalls hätten die Sätze 2.2.3 und 2.2.4 etwas allgemeiner, nämlich für Abbildungen Ψ_1 und Ψ_2 und eine „Zwischenabbildung" Ψ analog zu Satz 2.2.2a formuliert werden können. Zum Nachweis äußerer Monotonie ist aber gerade der Fall einer fixierten Abbildung Ψ interessant, da Modelle gleicher Struktur verglichen werden.

Der Beweis von Satz 2.2.5 wurde dem Buch von Borovkov (1972a) entnommen.

In der Form (2.0.2) mit stochastisch unabhängigen, identisch verteilten ε_n können nach Sätzen aus der Maßtheorie homogene Markovsche Prozesse stets dargestellt werden, wenn der Phasenraum E ein vollständiger, separabler, metrischer Raum und $\mathfrak{M}$ die zugehörige Borelsche σ-Algebra ist; die ε_n können sogar als auf $[0, 1]$ gleichmäßig verteilt angenommen werden. Diese Aussage beruht auf Isomorphiebeziehungen zwischen atomfreien, separablen σ-Algebren und der σ-Algebra aller Borel-Mengen in $[0, 1]$ sowie der Abzählbarkeit der Atome von Wahrscheinlichkeitsmaßen; vgl. Halmos (1958), §§ 39, 40.

Der Beweis von Satz 2.2.9 ist eine nur geringfügige Verallgemeinerung des Beweises der „inneren Monotonie" der Wartezeiten in $G/G/s$; vgl. Borovkov (1972a).

Es sei hier, wie in 2.3 bereits angedeutet, auf die Möglichkeit hingewiesen, für bestimmte Aufgaben jeweils geeignete Halbordnungsrelationen zu konstruieren. Der Autor selbst gelangte, ausgehend von Untersuchungen der Wartezeiten in $GI/GI/1$ auf diesem Wege zu der Relation $\overset{(2)}{\leqq}$.

Offene Probleme. 1. Kann (2.2.17) auch bewiesen werden, wenn (2.2.16) durch eine für Verteilungsgesetze gültige Vergleichbarkeitsbeziehung (z. B. $\sigma_0 \overset{(1)}{\leqq} \varphi(\sigma_0, \varepsilon_n)$) ersetzt wird? 2. Nach Meinung des Autors besteht der größte Mangel der ihm bisher bekannten Methoden zum Nachweis äußerer Monotonie, die nicht wie die Funktionalmethode auf fertigen Formeln beruhen, darin, daß bei rekursiven Modellen die oft vorausgesetzte Identität der Verteilungen der ε_n nicht ausgenutzt wird. Das Ziel weiterer Untersuchungen müßte es sein, Methoden zu entwickeln, die diese wichtige Modelleigenschaft mit ausnutzen; vielleicht ist es dann möglich, die Hypothesen bezüglich der Monotonieeigenschaften mehrliniger Wartesysteme (vgl. S. 119) und tieferliegende Eigenschaften anderer Systeme zu beweisen.

3. Einige Anwendungen der Halbordnungsrelationen $\overset{(i)}{\leqq}$ in der Versuchsplanung

Im folgenden wollen wir ganz kurz zwei Möglichkeiten der Anwendung der in Kapitel 2 dargestellten Methoden auf statistische Probleme behandeln, nämlich

a) die Lösung von *Problemen der Versuchsplanung bei unvollständigen Informationen* über Verteilungen und

b) die Auswahl *optimaler Schätzfunktionen.*

Außerdem werden zuvor noch einige Konvexitätseigenschaften bekannter Stichprobenfunktionen angegeben, die die Grundlage für qualitative Untersuchungen ihrer Verteilungen mittels der Abbildungsmethode bilden können.

3.1. Konvexitätseigenschaften von Stichprobenfunktionen

Verschiedene wichtige Stichprobenfunktionen sind konvexe Funktionen $\eta = \Phi(\xi_1, \dots, \xi_n)$ der Beobachtungsergebnisse oder Meßfehler $\xi_1, \dots, \xi_n$, von denen wir im folgenden voraussetzen werden, daß sie stochastisch unabhängig und identisch verteilt sind. Mittels der Abbildungsmethode (Satz 2.2.4) können wir dann Vergleichssätze für Stichprobenfunktionen des folgenden Typs beweisen: *Es seien F_1 und F_2 Verteilungsfunktionen von Beobachtungswerten oder Meßfehlern $\xi_{1,i}$ und $\xi_{2,i}$ ($i = 1, 2, \dots, n$) mit gleichem Erwartungswert. Dann gilt für die zugehörigen Verteilungsfunktionen G_1 und G_2 der Stichprobenfunktionen η_1 und η_2,*

$$\eta_k = \Phi(\xi_{k,1}, \dots, \xi_{k,n}); \qquad k = 1, 2 \, ,$$

die Beziehung

$$F_1 \overset{(2)}{\leqq} F_2 \to G_1 \overset{(2)}{\leqq} G_2 \, . \tag{3.1.1}$$

Wenn η_1 und η_2 den gleichen Erwartungswert haben, folgt aus (3.1.1)

$$\mathsf{E}f(\eta_1) \leqq \mathsf{E}f(\eta_2) \tag{3.1.2}$$

für alle konvexen f, für die die Erwartungswerte existieren.

Falls Φ konkav in den ξ_i ist, gelten analoge Aussagen für $\overset{(3)}{\leqq}$.

Beispiele

1. Der *Stichprobenmittelwert* $\overline{X} = \frac{1}{n} \sum_{i=1}^{n} \xi_i$ ist linear (also auch konvex) in den ξ_i.
2. Die *Stichprobenstreuung* $S^2 = \frac{1}{n-1} \sum_{i=1}^{n} (\xi_i - \overline{X})^2$ ist konvex in den ξ_i.
3. Die *Stichprobenspannweite* $D = \max_{(i)} \xi_i - \min_{(i)} \xi_i$ ist als Summe zweier konvexer Funktionen ebenfalls konvex.

Bei Schätzproblemen in der mathematischen Statistik treten oft *Verlustfunktionen* R auf, die Differenzen zwischen einem Parameter θ und Schätzwerten $\hat{\theta}$ für θ bewerten. Falls die Stichprobenfunktion $\hat{\theta} = \Phi(\xi_1, ..., \xi_n)$ und R passende Eigenschaften haben, sind Monotonieeigenschaften des Risikos $\mathsf{E}R(\theta, \hat{\theta})$ in Abhängigkeit von den ξ_i nachweisbar.

Schätzen wir beispielsweise einen Erwartungswert m durch den Stichprobenmittelwert $\overline{X}$, so ist der Verlust $R(\overline{X} - m)$ in den ξ_i konvex, wenn R konvex ist. Wir erhalten somit

$$\xi_{1,i} \overset{(2)}{\leqq} \xi_{2,i}; \quad i = 1, \dots, n \rightarrow R(\overline{X}_1 - m) \overset{(2)}{\leqq} R(\overline{X}_2 - m)\,, \tag{3.1.3}$$

falls

$$\mathsf{E}\xi_{1,i} = \mathsf{E}\xi_{2,i} \; (i = 1, \dots, n); \quad \overline{X}_k = \frac{1}{n} \sum_{i=1}^{n} \xi_{k,i} \; (k = 1, 2)\,.$$

Aus (3.1.3) ergibt sich insbesondere für die Risiken

$$\mathsf{E}R(\overline{X}_1 - m) \leqq \mathsf{E}R(\overline{X}_2 - m)\,. \tag{3.1.4}$$

3.2. Lösung von Problemen der Versuchsplanung bei unvollständigen Informationen

Viele Probleme der Versuchsplanung enthalten die Aufgabe, den Parameter θ einer von noch einem weiteren Parameter θ' abhängigen Verteilungsfunktion $F_\xi(x, \theta, \theta')$ zu schätzen, wobei zu berücksichtigen ist, daß die Gewinnung der Realisierungen $x_1, \dots, x_n$ von ξ mit Kosten verbunden ist. Der Stichprobenumfang n ist dabei so zu wählen, daß die Summe der *Probenahmekosten* $K(n)$ und des Risikos minimal ist. Mit dem *Risiko* werden die mittleren Kosten erfaßt, die entstehen, wenn man anstelle des (unbekannten) wahren Parameters θ eine Schätzung $\hat{\theta}(n, \theta')$ verwendet. Die Abweichung der Schätzung $\hat{\theta}(n, \theta')$ von θ werde durch eine Verlustfunktion $R(\hat{\theta}(n, \theta'), \theta)$ bewertet, so daß das Risiko gleich $\mathsf{E}R(\hat{\theta}(n, \theta'), \theta)$ ist.

Zu lösen ist somit das *Optimierungsproblem*:

Bestimme n so, daß

$$K(n) + \mathsf{E}R(\hat{\theta}(n, \theta'), \theta) \to \min! \tag{3.2.1}$$

Wir machen folgende Voraussetzungen:

a) θ, θ' sind reelle Zahlen, die $\hat{\theta}(n, \theta')$ reellwertige Zufallsgrößen;

b) R hängt nur von der Differenz $\hat{\theta}(n, \theta') - \theta$ ab,

$$R(\theta(n, \theta'), \theta) = R(\hat{\theta}(n, \theta') - \theta). \tag{3.2.2}$$

c) Die Verteilungsfunktion $F_{\hat{\theta}}(n, \theta'), .)$ von $\hat{\theta}(n, \theta')$ sei gegeben.

Wenn θ' bekannt ist, können wir das Risiko gemäß

$$\mathsf{E}R(\hat{\theta}(n, \theta'), \theta) = \int_{-\infty}^{\infty} R(x - \theta)\, dF_{\hat{\theta}}(n, \theta', x) \tag{3.2.3}$$

als Funktion von θ berechnen und die Aufgabe (3.2.1) lösen.

Wie soll nun verfahren werden, wenn θ' unbekannt ist?

Üblich ist die Vorgabe einer BAYES*schen a-priori-Verteilung* $F_{\theta'}$, mit der (subjektive) Vermutungen über die Wahrscheinlichkeiten für das Auftreten verschiedener θ'-Werte ausgedrückt werden. Da die Wahl von $F_{\theta'}$ ziemlich problematisch ist — sie erfordert oft mehr Informationen als normalerweise zur Verfügung stehen —, erscheint folgende Vorgehensweise als sinnvoll: Anstelle einer a-priori-Verteilung $F_{\theta'}$ ist eine Menge $\mathcal{M}_{\theta'}$ von Verteilungsfunktionen vorzugeben, aus der die „ungünstigste" Verteilungsfunktion $F^0_{\theta'}$ ausgewählt und als a-priori-Verteilung benutzt wird. $\mathcal{M}_{\theta'}$ kann z.B. durch Schranken für θ', Schranken für die Erwartungswerte der Verteilungsfunktionen usw. bestimmt sein.

Das Optimierungsproblem (3.2.1) wird damit durch die Minimax-Aufgabe

$$K(n) + \sup_{F_{\theta'} \in \mathcal{M}_{\theta'}} \int_{-\infty}^{\infty} \int_{-\infty}^{\infty} R(x - \theta)\, dF_{\hat{\theta}}(n, y, x)\, dF_{\theta'}(y) \to \min! \tag{3.2.4}$$

ersetzt. Wenn wir nun zeigen können, daß

1. die Funktion f, $f(y) = \int_{-\infty}^{\infty} R(x - \theta)\, dF_{\hat{\theta}}(n, y, x)$, passende Monotonie- und/oder Konvexitätseigenschaften besitzt und

2. in $\mathcal{M}_{\theta'}$ ein Maximum $F^0_{\theta'}$ bezüglich einer Halbordnungsrelation $\prec$ für Verteilungsfunktionen existiert, die die Gültigkeit von

$$F_1 \prec F_2 \to \int_{-\infty}^{\infty} f(y)\, dF_1(y) \leqq \int_{-\infty}^{\infty} f(y)\, dF(y)$$

für alle vergleichbaren F_1 und F_2 sichert ($f \in \mathcal{R}_<$), dann vereinfacht sich (3.2.4) zu

$$K(n) + \int_{-\infty}^{\infty} \int_{-\infty}^{\infty} R(x - \theta)\, dF_{\hat{\theta}}(n, y, x)\, dF^0_{\theta'}(y) \to \min! \tag{3.2.5}$$

Das ist das Optimierungsproblem im Falle der a-priori-Verteilung $F^0_{\theta'}$.

Beispiel. Schätzung des Erwartungswertes μ einer normal verteilten Zufallsgröße bei unbekannter Varianz σ^2 $(\theta = \mu, \theta' = \sigma)$.

Als Schätzfunktion wird das Stichprobenmittel $\bar{X}$ benutzt. Das Risiko bei festem σ ist dann nach (3.2.3) gleich

$$\mathsf{E}R(\bar{X}(n, \sigma^2), \mu) = \frac{1}{\sqrt{2\pi}} \int_{-\infty}^{\infty} R(\sigma x n^{-1/2}) \exp\left(-\frac{x^2}{2}\right) dx, \tag{3.2.6}$$

wobei ausgenutzt wird, daß $\bar{X} - \mu$ normal $N(0, \sigma^2/n)$ — verteilt ist.

Wenn nun die Funktionen f_n, $f_n(y) = \frac{1}{\sqrt{2\pi}} \int_{-\infty}^{\infty} R(yxn^{-1/2}) \exp\left(-\frac{x^2}{2}\right) dx$ $(n = 1, 2, \ldots)$ konvex und monoton nicht fallend in y sind, kann man mit der Halbordnungsrelation $\overset{(2)}{\leqq}$ arbeiten. Es gilt dann nämlich

$$F_1 \overset{(2)}{\leqq} F_2 \to \int_{-\infty}^{\infty} f_n(y)\, dF_1(y) \leqq \int_{-\infty}^{\infty} f_n(y)\, dF_2(y).$$

Eine hinreichende Bedingung für die Konvexität der f_n ist die Konvexität von R. Daß die f_n dann auch monoton nicht fallend in y sind, ergibt sich wie folgt:

Es sei ζ_y eine normal $N(0, y^2)$-verteilte Zufallsgröße. Dann können wir schreiben

$$f_n(y) = \mathsf{E}R(y\zeta_1 n^{-1/2}) = \mathsf{E}R(\zeta_{yn^{-1/2}}).$$

Wegen $\mathsf{E}\zeta_{y_1} = \mathsf{E}\zeta_{y_2}$ und

$$y_1 \leqq y_2 \to \zeta_{y_1} \overset{(2)}{\leqq} \zeta_{y_2} \qquad \text{(vgl. (1.5.2))}$$

gilt $\mathsf{E}R(\zeta_{y_1}) \leqq \mathsf{E}R(\zeta_{y_2})$, d. h., $f_n(y)$ ist monoton nicht fallend in y.

Speziell sei $K(n) = n, \quad R(x) = ax^2, \quad a > 0,$

und für σ seien folgende Informationen vorhanden:

1) σ liegt mit Sicherheit im Intervall $[c_1, c_2]$;
2) im Mittel werden für σ Werte zwischen m_1 und m_2 erwartet.

Dementsprechend wird angenommen, daß die möglichen a-priori-Verteilungen für σ in der Menge aller Verteilungsfunktionen F mit

$$F(x) = 0 \text{ für } x \leqq c_1, \quad F(x) = 1 \text{ für } x > c_2, \quad m_1 \leqq \int_{-\infty}^{\infty} x\, dF(x) \leqq m_2$$

liegen. Das maximale Element F_σ^0 dieser Menge ist nach 1.9 die Zwei-Punkt-verteilung mit Sprüngen in c_1 und c_2 mit der Höhe

$$\frac{c_2 - m_2}{c_2 - c_1} \quad \text{und} \quad \frac{m_2 - c_1}{c_2 - c_1}.$$

Das maximale Risiko ist also gleich

$$\frac{1}{\sqrt{2\pi}} \int_{-\infty}^{\infty} \int_{-\infty}^{\infty} R(x-\mu) dF_{\overline{X}}(n, \mu, y, x) \, dF_{\sigma}^{0}(y) = \frac{1}{\sqrt{2\pi}} \frac{a}{n} \left[\frac{c_2 - m_2}{c_2 - c_1} c_1^2 + \frac{m_2 - c_1}{c_2 - c_1} c_2^2 \right],$$

wobei $f_n(y) = ay^2/n$ benutzt wurde.

Zahlenbeispiel: $a = 0{,}31$; $c_1 = 15$, $c_2 = 25$, $m_1 = 16$, $m_2 = 23$
Optimaler Stichprobenumfang: $n = 13$

3.3. Auswahl optimaler Schätzfunktionen

Mit Hilfe von Halbordnungsrelationen können in manchen Fällen optimale Schätzverfahren ermittelt bzw. Optimalitätseigenschaften bekannter Verfahren nachgewiesen werden.

Gegeben sei eine Menge $\mathcal{M}_\theta$ von Stichprobenfunktionen $\hat{\theta}$,

$$\hat{\theta} = \Phi_{\hat{\theta}}(\xi_1, \dots, \xi_n),$$

die als Schätzfunktionen für den unbekannten Parameter θ in der Verteilung der ξ_i benutzt werden. Die Abweichungen der Schätzungen $\hat{\theta}$ von θ sollen durch eine Verlustfunktion $R(\theta, \hat{\theta})$ ökonomisch bewertet werden. G e s u c h t i s t d i e j e n i g e S c h ä t z u n g $\hat{\theta}^* \in \mathcal{M}_\theta$, f ü r d i e d a s R i s i k o m i n i m a l w i r d, d. h.

$$\mathsf{E}R(\theta, \hat{\theta}^*) = \inf_{\hat{\theta} \in \mathcal{M}_\theta} \mathsf{E}R(\theta, \hat{\theta}) \,. \tag{3.3.1}$$

Wenn die Verlustfunktion R in $\hat{\theta}$ konvex ist, alle $\hat{\theta}$ denselben Erwartungswert haben (z.B. erwartungstreu sind) und wenn $\hat{\theta}^*$ die Eigenschaft

$$\hat{\theta}^* \overset{(2)}{\leqq} \hat{\theta}; \qquad \hat{\theta} \in \mathcal{M}_\theta \tag{3.3.2}$$

hat, so gilt (3.3.1).

Zum Nachweis von (3.3.2) kann ähnlich wie bei der Abbildungsmethode vorgegangen werden, indem die Eigenschaften der Abbildungen $\Phi_{\hat{\theta}}$ und der durch sie erzeugten Verteilungsgesetze untersucht werden.

Beispiel (NÄTHER (1975a)). *Nachweis der Optimalität der Methode der kleinsten Quadrate im linearen Modell bei normal verteilten Fehlern und konvexer Verlustfunktion.*

Eine reellwertige Größe y sei in folgender Form von der k-dimensionalen Variablen $\boldsymbol{x}$ abhängig:

$$y(\boldsymbol{x}) = \boldsymbol{f}(\boldsymbol{x})' \, \boldsymbol{\theta} \tag{3.3.3}$$

mit $\boldsymbol{f}(\boldsymbol{x}) \in \mathbf{R}^r$; $\boldsymbol{\theta} \in \mathbf{R}^r$. Dabei sind $\boldsymbol{f}$ eine deterministische, bekannte Abbildung des $\mathbf{R}^k$ in den $\mathbf{R}^r$ und $\boldsymbol{\theta}$ ein konstanter, unbekannter r-dimensionaler Vektor. $\boldsymbol{\theta}$ und damit $y(\boldsymbol{x})$ soll durch Messungen an den Punkten $\boldsymbol{x}_1, \dots, \boldsymbol{x}_n$ erfaßt werden. Dabei treten Meßfehler und ähnliche zufällige Einflüsse ξ_i auf, so daß Größen y_i der Gestalt

$$y_i = \boldsymbol{f}(\boldsymbol{x}_i)' \,\boldsymbol{\theta} + \xi_i\,; \qquad i = 1, \ldots, n \tag{3.3.4}$$

beobachtet werden. Wir setzen voraus, daß die ξ_i identisch normal $\mathrm{N}(0, \sigma^2)$-verteilte, in ihrer Gesamtheit stochastisch unabhängige Zufallsgrößen sind.

Mit

$$\boldsymbol{y} = (y_1, \ldots, y_n)'\,, \quad \boldsymbol{\xi} = (\xi_1, \ldots, \xi_n)' \quad \text{und} \quad \boldsymbol{F} = \big(\boldsymbol{f}(\boldsymbol{x}_1), \ldots, \boldsymbol{f}(\boldsymbol{x}_n)\big)'$$

lautet (3.3.4)

$$\boldsymbol{y} = \boldsymbol{F}\boldsymbol{\theta} + \boldsymbol{\xi}\,. \tag{3.3.5}$$

Ausgehend von den y_i können Schätzungen $\hat{\boldsymbol{\theta}}$ für $\boldsymbol{\theta}$ bzw. $\hat{y}$ für $y(\boldsymbol{x})$ ermittelt werden, wobei wir nur lineare Schätzungen betrachten wollen, d. h. Schätzungen der Form

$$\hat{\boldsymbol{\theta}} = \boldsymbol{C}\boldsymbol{y}\,, \tag{3.3.6}$$

wobei $\boldsymbol{C}$ eine $(r \times n)$-Matrix ist. Damit ergibt sich eine lineare Schätzung für $y(\boldsymbol{x})$ in der Form $\hat{y}(\boldsymbol{x}) = \boldsymbol{f}(\boldsymbol{x})' \,\hat{\boldsymbol{\theta}}$. Außerdem fordern wir, daß $\hat{\boldsymbol{\theta}}$ erwartungstreu ist, d. h., es soll für alle $\boldsymbol{\theta} \in \mathbf{R}^r$ die Beziehung $\mathsf{E}\hat{\boldsymbol{\theta}} = \boldsymbol{\theta}$ erfüllt sein. Eine spezielle lineare, erwartungstreue Schätzung ist die (üblicherweise verwendete) Schätzung nach der *Methode der kleinsten Quadrate* (MKQ-Schätzung). Bei ihr ergibt sich $\hat{\boldsymbol{\theta}}$ durch Lösung der Aufgabe

$$(\boldsymbol{y} - \boldsymbol{F\theta})' \,(\boldsymbol{y} - \boldsymbol{F\theta}) \to \min_{\boldsymbol{\theta} \in \mathbf{R}^r}! \tag{3.3.7}$$

im Fall $R_g(\boldsymbol{F}) = r$ zu

$$\hat{\boldsymbol{\theta}} = (\boldsymbol{F}'\boldsymbol{F})^{-1} \boldsymbol{F}'\boldsymbol{y} \tag{3.3.8}$$

und damit

$$\hat{y} = \boldsymbol{f}(\boldsymbol{x})' \,(\boldsymbol{F}'\boldsymbol{F})^{-1} \boldsymbol{F}'\boldsymbol{y}\,.$$

Die Genauigkeit der Schätzungen soll durch eine Risikofunktion $R\big(y(\boldsymbol{x}), \hat{y}(\boldsymbol{x})\big)$ erfaßt werden, die vom wahren Wert $y(\boldsymbol{x})$ und $\hat{y}(\boldsymbol{x})$ abhängig ist. Im Fall einer bei festem $y(\boldsymbol{x})$ in $\hat{y}(\boldsymbol{x})$ konvexen Verlustfunktion gilt folgender

Satz 3.3.1. *Das Risiko ist bei der* MKQ-*Schätzung kleiner als für alle anderen erwartungstreuen linearen Schätzungen.*

Beweis. Die Größe $\hat{y}(\boldsymbol{x})$ ist als Funktion der ξ_i linear. Also ist sie wie die ξ_i normal verteilt. Ihr Erwartungswert ist für alle erwartungstreuen Schätzungen gleich $y(\boldsymbol{x}) = \boldsymbol{f}(\boldsymbol{x})' \,\boldsymbol{\theta}$. Nach dem Gauss-Markov-Theorem (vgl. Rao (1973)) ist die Varianz von $\hat{y}(\boldsymbol{x})$ unter allen linearen erwartungstreuen Schätzungen am kleinsten, wenn die MKQ-Schätzung benutzt wird. Nach (1.5.2) ergibt sich die Behauptung des Satzes. ●

Anmerkungen zu 3

In Kapitel 3 wird keine erschöpfende Darstellung der Anwendung von Halbordnungsrelationen, nicht einmal der $\overset{(i)}{\leqq}$, in der Statistik gegeben. Wir sind z.B. nicht auf die Ergebnisse von LEHMANN (vgl. die Bücher von LEHMANN (1959) und WITTING (1966)) eingegangen, der $\overset{(1)}{\leqq}$ zum Vergleich statistischer Tests benutzte.

Probleme, die den hier behandelten ähnlich sind, werden ausführlich in der Monographie HUMAK (1977) behandelt. Eine wichtige Rolle spielen Halbordnungsrelationen ferner in dem Buch von BARLOW, R. E., BARTHOLOMEW, D. J., BREMNER, J. M. und BRUNK, H. D. „Statistical Inference under Order Restrictions", J. WILEY, 1972.

3.2

Die Ergebnisse im Abschnitt 3.2 stammen von BANDEMER und STOYAN (1971). Ähnliche Resultate für univariate bzw. multivariate lineare Modelle erhielten NÄTHER (1972, 1975a, 1975b) sowie RUDOLPH (1975). NÄTHER schlug auch die Verwendung einer weiteren Halbordnungsrelation $\overset{t_0}{\prec}$ vor, die zum Vergleich von Funktionalen der Form $\int_{-\infty}^{\infty} f(t)\, dF(t)$ geeignet ist, bei denen die Funktionen f links von t_0 monoton nicht wachsend, rechts von t_0 monoton nicht fallend sind. Als andere Möglichkeit der Auswahl „ungünstiger" a-priori-Verteilungen erwähnen wir die Wahl von Verteilungen maximaler Entropie; vgl. z.B. CHAN (1971). Die so erhaltenen Verteilungen liefern i. a. aber nicht die Minimax-Lösung von (3.2.4).

3.3

Der Inhalt des Abschnittes 3.3 beruht auf den Resultaten von NÄTHER (1972, 1975a, 1975b). Natürlich spielt dabei die Linearität der Schätzfunktionen eine entscheidende Rolle.

Offenes Problem: Kann man auf ähnliche Art und Weise auch die Optimalität anderer komplizierterer Schätzfunktionen nachweisen? Gilt z.B. $\bar{X} \overset{(2)}{\leqq} \tilde{X}$ für Stichprobenmittelwert und -median?

4. Monotone und vergleichbare stochastische Prozesse

4.1. Grundbegriffe

Wir betrachten im folgenden stochastische Prozesse $\{\xi_n\}$ bzw. $\{\xi_t\}$ mit diskreter $(n = 1, 2, \ldots)$ bzw. kontinuierlicher $(0 \leqq t < \infty)$ Zeit und dem Phasenraum $[E, \mathfrak{M}]$. $\prec$ sei eine Halbordnungsrelation auf $P_{\mathfrak{M}}$, und analog zu $\overset{(i)}{\leqq}$ bezeichnen wir mit $\prec$ auch die entsprechende Relation für Zufallsvariable mit Werten in $[E, \mathfrak{M}]$.

Definition. Ein stochastischer Prozeß $\{\xi_n\}$ bzw. $\{\xi_t\}$ heiße *bezüglich* $\prec$ *monoton wachsend* (*fallend*), wenn für alle n bzw. t und $\tau > 0$ die Beziehung

$$\xi_n \prec (\succ)\, \xi_{n+1} \tag{4.1.1'}$$

bzw.

$$\xi_t \prec (\succ)\, \xi_{t+\tau} \tag{4.1.1''}$$

erfüllt ist.

Der Prozeß $\{\xi_n\}$ bzw. $\{\xi_t\}$ heiße *bezüglich* $\overset{(i)}{\leqq}$ *streng monoton wachsend* (*fallend*), wenn für alle m und alle $n_1', \ldots, n_m'$ und $n_1'', \ldots, n_m''$ bzw. $t_1', \ldots, t_m'$ und $t_1'', \ldots, t_m''$ aus $n_1' \leqq n_1'', \ldots, n_m' \leqq n_m''$ bzw. $t_1' \leqq t_1'', \ldots, t_m' \leqq t_m''$ die Gültigkeit von

$$\{\xi_{n_1'}, \ldots, \xi_{n_m'}\} \overset{(i)}{\leqq} \{\xi_{n_1''}, \ldots, \xi_{n_m''}\} \tag{4.1.2'}$$

bzw.

$$\{\xi_{t_1'}, \ldots, \xi_{t_m'}\} \overset{(i)}{\leqq} \{\xi_{t_1''}, \ldots, \xi_{t_m''}\} \tag{4.1.2''}$$

folgt; $i = 1, 2, 3$.

Wir werden uns im vorliegenden Buch hauptsächlich mit homogenen Markovschen Prozessen befassen (vgl. die Kapitel 4.2, 5 und 6). Natürlich sind Monotonieaussagen auch für andere Prozeßklassen angebbar und interessant; so sei z.B. erwähnt, daß jedes Submartingal bezüglich $\overset{(2)}{\leqq}$ monoton wachsend und jedes Supermartingal bezüglich $\overset{(3)}{\leqq}$ monoton fallend ist; vgl. S. 69.

Definition. Es seien $\{\xi_{n,1}\}$ und $\{\xi_{n,2}\}$ bzw. $\{\xi_{t,1}\}$ und $\{\xi_{t,2}\}$ stochastische Prozesse mit dem Phasenraum $[E, \mathfrak{M}]$. Der Prozeß $\{\xi_{n,2}\}$ bzw. $\{\xi_{t,2}\}$ heiße *bezüglich* $\preccurlyeq$ *größer als* $\{\xi_{n,1}\}$ bzw. $\{\xi_{t,1}\}$, falls für alle n bzw. t die Beziehung

$$\xi_{n,1} \preccurlyeq \xi_{n,2} \tag{4.1.3'}$$

bzw.

$$\xi_{t,1} \preccurlyeq \xi_{t,2} \tag{4.1.3''}$$

erfüllt ist; symbolisch: $\{\xi_{n,1}\} \preccurlyeq \{\xi_{n,2}\}$ bzw. $\{\xi_{t,1}\} \preccurlyeq \{\xi_{t,2}\}$.

Der Prozeß $\{\xi_{n,2}\}$ bzw. $\{\xi_{t,2}\}$ heiße *bezüglich* $\overset{(i)}{\leqq}$ *streng größer als* $\{\xi_{n,1}\}$ bzw. $\{\xi_{t,1}\}$, falls für beliebige m und $n_1, \ldots, n_m$ bzw. $t_1, \ldots, t_m$

$$\{\xi_{n_1,1}, \ldots, \xi_{n_m,1}\} \overset{(i)}{\leqq} \{\xi_{n_1,2}, \ldots, \xi_{n_m,2}\} \tag{4.1.4'}$$

bzw.

$$\{\xi_{t_1,1}, \ldots, \xi_{t_m,1}\} \overset{(i)}{\leqq} \{\xi_{t_1,2}, \ldots, \xi_{t_m,2}\} \tag{4.1.4''}$$

gilt; symbolisch: $\{\xi_{n,1}\} \overset{(i)}{\leqq} \overset{(i)}{\leqq} \{\xi_{n,2}\}$ bzw. $\{\xi_{t,1}\} \overset{(i)}{\leqq} \overset{(i)}{\leqq} \{\xi_{t,2}\}$.

Wir werden in 4.2 Methoden zum Nachweis der Vergleichbarkeit und strengen Vergleichbarkeit homogener Markovscher Prozesse behandeln. Hier wollen wir noch kurz den Zusammenhang der strengen Vergleichbarkeit reellwertiger Prozesse mit einer noch schärferen Form der Vergleichbarkeit diskutieren. Man könnte nämlich sagen, ein Prozeß $\{\xi_{t,1}\}$ sei kleiner als ein Prozeß $\{\xi_{t,2}\}$, wenn die durch die Prozesse auf $E^{\mathbf{R}_+}$ erzeugten Verteilungsgesetze vergleichbar sind (*Vergleichbarkeit der Trajektorien der Prozesse*). Der folgende Satz zeigt uns, daß aus

$$\{\xi_{t,1}\} \overset{(i)}{\leqq} \overset{(i)}{\leqq} \{\xi_{t,2}\} \tag{4.1.5}$$

wenigstens für gewisse Funktionale f aus $\mathfrak{K}_i(E^{\mathbf{R}_+})$[1] die Gültigkeit von

$$f(\{\xi_{t,1}\}) \overset{(i)}{\leqq} f(\{\xi_{t,2}\}) \tag{4.1.6}$$

folgt.

Wir bezeichnen für $n = 1, 2, \ldots$ mit $\mathfrak{Z}_n$ Folgen nicht negativer reeller Zahlen $\{t_{n,1}, \ldots, t_{n,k_n}\}$ mit $t_{n,1} \leqq t_{n,2} \leqq \cdots$ und

$$\lim_{n\to\infty} t_{n,k_n} = \infty\,, \quad \liminf_{n\to\infty\,(j)} (t_{n,j} - t_{n,j+1}) = 0\,.$$

Ferner seien $\{\xi_{t,k}^{(n)}\}$ stochastische Prozesse der Form

$$\xi_{t,k}^{(n)} = \begin{cases} \xi_{t_{n,j},k}\,; & t_{n,j} \leqq t < t_{n,j+1} \\ \xi_{t_{n,k_n},k}\,; & t \geqq t_{n,k_n} \end{cases}; \qquad n = 1, 2, \ldots; \qquad k = 1, 2\,.$$

Die Verteilungsfunktionen der Zufallsgrößen $f(\{\xi_{t,k}\})$ und $f(\{\xi_{t,k}^{(n)}\})$ bezeichnen wir mit F_k und $F_{n,k}$; $k = 1, 2$; $n = 1, 2, \ldots$.

---

[1] Wir benutzen auf $E^{\mathbf{R}_+}$ die Halbordnungsrelation $x \leqq y \leftrightarrow x(t) \leqq y(t)$ für alle $t \geqq 0$.

Satz 4.1.1. *Es sei* $f \in \mathfrak{K}_i(E^{\mathbf{R}_+})$. *Aus* (4.1.5) *folgt* (4.1.6), *wenn die Folgen* $\{F_{n,k}\}$ *für beliebige* $\{\mathfrak{Z}_n\}$ *schwach gegen die* F_k *konvergieren* ($i = 1$) *und wenn zusätzlich* $\lim\limits_{n\to\infty} \int\limits_0^\infty \overline{F}_{n,k}(t)\,dt = \int\limits_0^\infty \overline{F}_k(t)\,dt$ ($i = 2$) *bzw.* $\lim\limits_{n\to\infty} \int\limits_{-\infty}^0 F_{n,k}(t)\,dt = \int\limits_{-\infty}^0 F_k(t)\,dt$ ($i = 3$); $k = 1, 2$.

Beweis. Wegen der strengen Vergleichbarkeit der Prozesse gilt für alle n und $\mathfrak{Z}_n$ die Beziehung $\{\xi_{t_{n,1},1}, \dots, \xi_{t_{n,k_n},1}\} \overset{(i)}{\leqq} \{\xi_{t_{n,1},2} \dots, \xi_{t_{n,k_n},2}\}$. Nach Satz 2.2.2b folgt hieraus $f(\{\xi_{t,1}^{(n)}\}) \overset{(i)}{\leqq} f(\{\xi_{t,2}^{(n)}\})$, d. h. $F_{n,1} \overset{(i)}{\leqq} F_{n,2}$ für alle n. Die Sätze 1.2.3, 1.3.2 und 1.4.2 sichern sodann die Gültigkeit von (4.1.6). ●

Die Bedingung des Satzes wird im Fall reellwertiger Prozesse mit Realisierungen in $D[0, \infty)$ von allen bezüglich der Skorochod-Metrik stetigen Funktionalen auf $D[0, \infty)$ erfüllt; es gibt darüber hinaus weitere Funktionale f mit dieser Eigenschaft, z.B.

$$f(\{x(t)\}) = \inf\{t\colon x(t) < a\}; \qquad a \text{ reell}.$$

Gilt $\mathsf{P}(\xi_0 > a) = 1$, so kann $f(\{\xi_t\})$ als *Zeitpunkt des ersten Durchgangs durch das Niveau a von oben interpretiert werden.*

4.2. Vergleichbarkeit und Monotonie homogener Markovscher Prozesse

4.2.1. Monotone und vergleichbare Operatoren

Es seien $\boldsymbol{T}, \boldsymbol{T}_1, \boldsymbol{T}_2$ *Operatoren* auf $P_{\mathfrak{M}}$, d. h. Abbildungen von $P_{\mathfrak{M}}$ in sich, und $\prec$ eine Halbordnungsrelation auf $P_{\mathfrak{M}}$.

Definition. Ein Operator $\boldsymbol{T}$ heiße *monoton bezüglich* $\prec$, falls für alle $P_1, P_2 \in P_{\mathfrak{M}}$ mit $P_1 \prec P_2$ auch $\boldsymbol{T}P_1 \prec \boldsymbol{T}P_2$ gilt. Der Operator $\boldsymbol{T}_1$ heiße *bezüglich* $\prec$ *kleiner als* $\boldsymbol{T}_2$, wenn für alle $P \in P_{\mathfrak{M}}$ gilt $\boldsymbol{T}_1 P \prec \boldsymbol{T}_2 P$; symbolisch: $\boldsymbol{T}_1 \prec \boldsymbol{T}_2$.

Für die Anwendung auf homogene Markovsche Prozesse benötigen wir Aussagen über die Vergleichbarkeit der Verteilungsgesetze $P_{n,1}$ und $P_{n,2}$,

$$P_{n,k} = \boldsymbol{T}_k^n P_k; \qquad k = 1, 2; \qquad n = 1, 2, \dots$$

für zwei Anfangsverteilungen P_k und Operatoren $\boldsymbol{T}_k$. Es gilt folgender

Satz 4.2.1. *Es seien* $\boldsymbol{T}_1$ und $\boldsymbol{T}_2$ *Operatoren auf* $P_{\mathfrak{M}}$. *Aus*

$$P_1 \prec P_2; \qquad P_1, P_2 \in P_{\mathfrak{M}} \tag{4.2.1}$$

folgt

$$P_{n,1} \prec P_{n,2} \tag{4.2.2}$$

für alle $n = 1, 2, \dots$, *wenn es einen monotonen Operator* $\boldsymbol{T}$ *auf* $P_{\mathfrak{M}}$ *gibt mit*

$$\boldsymbol{T}_1 \prec \boldsymbol{T} \prec \boldsymbol{T}_2 . \tag{4.2.3}$$

Beweis. (4.2.2) gilt für $n = 1$, und wir nehmen an, (4.2.2) sei auch für $m \geqq 1$ erfüllt. Dann haben wir

$$P_{m+1,1} = \boldsymbol{T}_1 P_{m,1} \prec \boldsymbol{T} P_{m,1} \prec \boldsymbol{T} P_{m,2} \prec \boldsymbol{T}_2 P_{m,2} = P_{m+1,2} ,$$

d. h., (4.2.2) gilt auch für $m + 1$ und damit für alle n. ●

Bemerkung. *Eine zu Satz* 4.2.1 *analoge Aussage gilt allgemein für Operatoren auf halbgeordneten Räumen.*

Wir betrachten nun *Übergangsoperatoren* homogener MARKOVscher Prozesse mit diskreter Zeit $\{\xi_n\}$ und dem Phasenraum $[E, \mathfrak{M}]$. Die Übergangsoperatoren werden durch ihre *Übergangsfunktionen* $p(x, B)$,

$$p(x, B) = \mathsf{P}(\xi_{n+1} \in B \mid \xi_n = x) \; ; \quad x \in E \, , \quad B \in \mathfrak{M} \; ;$$

bzw. im Fall reellwertiger Prozesse durch ihre *Übergangsverteilungsfunktionen* $p(x, y)$,

$$p(x, y) = \mathsf{P}(\xi_{n+1} < y \mid \xi_n = x); \qquad x, y \in E, E \subseteqq \mathbf{R} ,$$

charakterisiert.

$\prec$ sei eine Halbordnungsrelation auf $P_{\mathfrak{M}}$, die gemäß (1.10.1) definiert ist, wobei f die Elemente einer Menge $\mathcal{R}_<$ von Funktionalen sind, die die folgende Eigenschaft hat: Wenn für ein Funktional f die Ungleichung (1.10.1) für alle $P_1, P_2 \in P_{\mathfrak{M}}$ mit $P_1 \prec P_2$ erfüllt ist, so ist $f \in \mathcal{R}_<$. (Es sei daran erinnert, daß die $\overset{(i)}{\leqq}$ diese Eigenschaft besitzen.)

Im folgenden werden Bedingungen an die Übergangsfunktionen angegeben, die die Monotonie oder Vergleichbarkeit der Operatoren sichern.

Satz 4.2.2. *Ein Übergangsoperator* $\boldsymbol{T}$ *auf* $P_{\mathfrak{M}}$ *ist genau dann monoton bezüglich* $\prec$, *wenn für alle* $f \in \mathcal{R}_<$ *die Funktionale* f_T,

$$f_T(x) = \int_E f(t) \, p(x, dt); \qquad x \in E \, ,$$

für alle x *endlich und Element von* $\mathcal{R}_<$ *sind.*

Beweis. Es seien $P_1, P_2 \in P_{\mathfrak{M}}$ und $f \in \mathcal{R}_<$, und die Integrale $\int_E f(t) \, \boldsymbol{T} P_k(dt)$ $(k = 1, 2)$ mögen existieren. Dann gilt, sofern $f_T \in R_<$,

$$\int_E f(t) \, \boldsymbol{T} P_1(dt) = \int_E f_T(t) \, P_1(dt) \leqq \int_E f_T(t) \, P_2(dt) = \int_E f(t) \, \boldsymbol{T} P_2(dt) \, ,$$

d. h., $\boldsymbol{T} P_1 \overset{(i)}{\leqq} \boldsymbol{T} P_2$.

Wenn $\boldsymbol{T}$ monoton ist, haben wir

$$\int_E f_T(t) \, P_1(dt) \leqq \int_E f_T(t) \, P_2(dt)$$

für alle $P_1, P_2 \in P_{\mathfrak{M}}$ mit $P_1 \prec P_2$, und wegen der geforderten Eigenschaft von $\prec$ ist $f_T \in \mathcal{R}_<$. ●

Satz 4.2.3. *Zwei Übergangsoperatoren $\boldsymbol{T}_1$ und $\boldsymbol{T}_2$ sind genau dann bezüglich $\prec$ vergleichbar, wenn ihre Übergangsfunktionen p_1 und p_2 für alle $x \in E$ der Bedingung*

$$p_1(x, .) \prec p_2(x, .) \tag{4.2.4}$$

genügen; $i = 1, 2$ *oder* 3.

Beweis. Es seien P ein Verteilungsgesetz auf $\mathfrak{M}$ und f ein beliebiges Element aus $\mathcal{R}_<$, für das die Integrale $\int\limits_E f(x)\, \boldsymbol{T}_k P(dx)$ $(k = 1, 2)$ existieren. Dann gilt

$$\int\limits_E f(x)\, \boldsymbol{T}_1 P(dx) \leqq \int\limits_E f(x)\, \boldsymbol{T}_2 P(dx)$$

wegen

$$\int\limits_E f(x)\, \boldsymbol{T}_k P(dx) = \int\limits_E f_{T_k}(x)\, P(dx) \qquad \text{und} \qquad f_{T_1}(x) \leqq f_{T_2}(x) \text{ für alle } x,$$

was sich aus (4.2.4) ergibt.

Die Notwendigkeit der Bedingung (4.2.4) wird mit Hilfe von Ein-Punktverteilungen $P_x = P_x(\{x\}) = 1$ bewiesen. ●

Bemerkung. Mit Hilfe der Sätze 2.2.2a und 2.2.2b ist es möglich zu zeigen, daß (4.2.3) eine *notwendige Bedingung* dafür ist, daß für *alle* P_1, P_2 mit (4.2.1) die Beziehung (4.2.2) für beliebiges E und $\overset{(1)}{\leqq}$ sowie für $E = \mathbf{R}$ und $\overset{(i)}{\leqq}$ $(i = 1, 2, 3)$ gültig ist.

Im Fall reellwertiger Prozesse erhalten wir für die Übergangsverteilungsfunktionen $p(x, y)$ folgende Bedingungen, bei deren Herleitung wir jeweils nur die Mengen $\mathcal{F}_i$ (vgl. S. 5 $(i = 1)$, S. 8 $(i = 2)$ und S. 12 $(i = 3)$) zu berücksichtigen brauchen:

Monotonie:

$i = 1$: $p(x_1, y) \leqq p(x_2, y)$ *für alle* y *und alle* x_1, x_2 *mit* $x_1 \geqq x_2$;

$i = 2$: $P_y^{(2)}(x) = \int\limits_y^\infty \big(1 - p(x, t)\big)\, dt$ *ist für alle* y *in* x *monoton nicht fallend und konvex:*

$i = 3$: $P_y^{(3)}(x) = \int\limits_{-\infty}^y p(x, t)\, dt$ *ist für alle* y *in* x *monoton nicht fallend und konkav.*

Vergleichbarkeit:

$i = 1$: $p_1(x, y) \geqq p_2(x, y)$;

$i = 2$: $\int\limits_y^\infty \big(1 - p_1(x, t)\big)\, dt \leqq \int\limits_y^\infty \big(1 - p_2(x, t)\big)\, dt$;

$i = 3$: $\int\limits_{-\infty}^y p_1(x, t)\, dt \geqq \int\limits_{-\infty}^y p_2(x, t)\, dt$;

jeweils für alle x *und* y.

4.2.2. Vergleichbarkeits- und Monotoniebedingungen

Ausgehend von den Ergebnissen des Abschnitts 4.2.1 können wir jetzt folgende Sätze über die Monotonie und Vergleichbarkeit homogener MARKOVscher Prozesse mit diskreter und kontinuierlicher Zeit formulieren, die wichtige Hilfsmittel zum Beweis innerer und äußerer Monotonieeigenschaften stochastischer Modelle sind.

Monotonie, diskrete Zeit:

Satz 4.2.4a. *Ein homogener* MARKOV*scher Prozeß* $\{\xi_n\}$ *mit diskreter Zeit und der Übergangsfunktion p ist bezüglich* $\preccurlyeq$ *monoton wachsend (fallend), wenn*

$$\xi_1 \preccurlyeq \xi_2 \quad (\xi_2 \preccurlyeq \xi_1) \tag{4.2.5a}$$

und wenn p der Bedingung von Satz 4.2.2 *genügt.*

Konvergieren die Verteilungsfunktionen P_n der ξ_n in geeigneter Weise gegen eine (oder die) stationäre Verteilungsfunktion P, so daß für alle n $P_n \preccurlyeq P_{n+1} \preccurlyeq P$ oder $P \preccurlyeq P_{n+1} \preccurlyeq P_n$, dann sind $P_1, P_2, \ldots$ Abschätzungen für P. Für praktische Zwecke kommt es vor allem darauf an, durch geschickte Wahl von P_1 eine gute Genauigkeit zu erreichen. Diese Methode – ROSSBERG und SIEGEL (1974b) nannten sie „Methode der Integralungleichungen" – wenden wir in 5.3 auf das Warteschlangenmodell $GI/GI/1$ an. In der numerischen Mathematik gibt es noch leistungsfähigere Verfahren zur Ausnutzung von Monotonieeigenschaften von Operatoren, vgl. COLLATZ (1964) und BOHL (1974), die auch für MARKOVsche Prozesse nützlich sein dürften.

Monotonie, kontinuierliche Zeit:

Satz 4.2.4b. *Ein homogener* MARKOV*scher Prozeß* $\{\xi_t\}$ *mit kontinuierlicher Zeit mit den Übergangsfunktionen* p^t, $p^t(x, B) = \mathsf{P}(\xi_t \in B \mid \xi_0 = x)$, *ist bezüglich* $\preccurlyeq$ *monoton wachsend (fallend), wenn es positive Zahlen* τ und ϑ *gibt, so daß*

$$\xi_0 \preccurlyeq \xi_t \quad (\xi_t \preccurlyeq \xi_0); \qquad 0 \leqq t \leqq \tau \tag{4.2.5b}$$

und die p^t *mit* $0 < t < \vartheta$ *der Bedingung von Satz* 4.2.2 *genügen.*

Vergleichbarkeit, diskrete Zeit:

Satz 4.2.5a. *Für zwei homogene* MARKOV*sche Prozesse* $\{\xi_{n,1}\}$ *und* $\{\xi_{n,2}\}$ *mit diskreter Zeit und den Übergangsfunktionen* p_1 *und* p_2 *gilt*

$$\{\xi_{n,1}\} \preccurlyeq \{\xi_{n,2}\}\,, \tag{4.2.6a}$$

wenn

$$\xi_{1,1} \preccurlyeq \xi_{1,2} \tag{4.2.7a}$$

und wenn es eine Übergangsfunktion p gibt, die der Bedingung des Satzes 4.2.2 *genügt und für die die Beziehung*

$$p_1(x,.) \preccurlyeq p(x,.) \preccurlyeq p_2(x,.) \tag{4.2.8a}$$

für alle $x \in E$ *gültig ist.*

Für reellwertige Prozesse mit den stationären Anfangsverteilungsfunktionen P_1 *und* P_2 *gilt*

$$P_1 \overset{(i)}{\leqq} P_2; \quad i = 1, 2 \text{ oder } 3\,, \tag{4.2.9}$$

wenn es ein p *mit der genannten Eigenschaft und Anfangsverteilungsfunktionen* $P_{1,1}$ *und* $P_{1,2}$ *gibt mit* $P_{1,1} \overset{(i)}{\leqq} P_{1,2}$ *und* $P_{n,k} \Rightarrow P_k$ $(i = 1)$ *und zusätzlich*

$$\lim_{n\to\infty} \int_0^\infty \overline{P}_{n,k}(t)\,dt = \int_0^\infty \overline{P}_k(t)\,dt \qquad (i = 2)$$

bzw.

$$\lim_{n\to\infty} \int_{-\infty}^0 P_{n,k}(t)\,dt = \int_{-\infty}^0 P_k(t)\,dt \qquad (i = 3)\,.$$

Im Fall $i = 1$ ist die Bedingung (4.2.8a) mit

$$x_1 \leqq x_2 \to p_1(x_1, .) \overset{(1)}{\leqq} p_2(x_2, .) \tag{4.2.10}$$

für alle vergleichbaren x_1, x_2 äquivalent.

Als noch etwas günstiger erscheint die gleichwertige Bedingung

$$p_1(x, .) \overset{(1)}{\leqq} p_2(x + d, .) \quad \text{für alle } x \text{ und alle } d \geqq 0\,, \tag{4.2.11}$$

wobei die p_k die Übergangsfunktionen zu den $\boldsymbol{T}_k$ sind; $k = 1, 2$. Wir können nämlich p, $p(x, B) = \inf\limits_{d\geqq 0} p_2(x + d, B)$, als Übergangsfunktion zu einem Operator $\boldsymbol{T}$ deuten, der offensichtlich (4.2.3) erfüllt und monoton ist.

Vergleichbarkeit, kontinuierliche Zeit:

Satz 4.2.5b. *Für zwei homogene* MARKOV*sche Prozesse* $\{\xi_{t,1}\}$ *und* $\{\xi_{t,2}\}$ *mit kontinuierlicher Zeit und den Übergangsfunktionen* p_1^t *und* p_2^t *gilt*

$$\{\xi_{t,1}\} \prec \{\xi_{t,2}\}\,, \tag{4.2.6b}$$

wenn

$$\xi_{0,1} \prec \xi_{0,2} \tag{4.2.7b}$$

und wenn es eine Familie $\{p^t\}$ *von Übergangsfunktionen gibt, die der Bedingung des Satzes* 4.2.2 *genügen und für die*

$$p_1^t(x, .) \prec p^t(x, .) \prec p_2^t(x, .) \tag{4.2.8b}$$

für alle x *und* t *erfüllt ist.*

Für die Vergleichbarkeit stationärer Anfangsverteilungen gilt Entsprechendes wie bei diskreter Zeit.

Im Fall reellwertiger Prozesse ist für alle i und bei allgemeinem Phasenraum E für $i = 1$ die Bedingung an die Übergangsfunktionen auch *notwendig* dafür, daß für *alle* vergleichbaren Anfangsverteilungen die Prozesse vergleichbar sind, wie mit Hilfe der Sätze 2.2.2a und 2.2.2b gezeigt werden kann.

Für die Relation $\overset{(1)}{\leqq}$ ist es möglich, die Aussage der Sätze 4.2.5a und 4.2.5b wesentlich zu verschärfen und die *Vergleichbarkeit mehrdimensionaler Verteilungen*, mit anderen Worten die *strenge Monotonie* und *Vergleichbarkeit* der Prozesse, beweisen.

Satz 4.2.6. *Ein homogener* MARKOV*scher Prozeß* $\{\xi_n\}$ *bzw.* $\{\xi_t\}$ *mit diskreter bzw. kontinuierlicher Zeit ist unter den Bedingungen des Satzes* 4.2.4a *bzw.* 4.2.4b *für* $\overset{(1)}{\leqq}$ *streng monoton bezüglich* $\overset{(1)}{\leqq}$.

Der Beweis des Satzes 4.2.6 kann ähnlich wie der des folgenden Satzes geführt werden.

Satz 4.2.7. *Die homogenen* MARKOV*schen Prozesse* $\{\xi_{n,1}\}$ *und* $\{\xi_{n,2}\}$ *bzw.* $\{\xi_{t,1}\}$ *und* $\{\xi_{t,2}\}$ *sind unter den Bedingungen des Satzes* 4.2.5a *bzw.* 4.2.5b *für* $\overset{(1)}{\leqq}$ *streng vergleichbar bezüglich* $\overset{(1)}{\leqq}$.

Beweis (diskrete Zeit). Wir zeigen die Gültigkeit von

$$\{\xi_{1,1}, \dots, \xi_{n,1}\} \overset{(1)}{\leqq} \{\xi_{1,2}, \dots, \xi_{n,2}\}\,. \tag{4.2.12}$$

Offenbar gilt (4.2.12) für $n = 1$. Wir nehmen an, daß (4.2.12) für $m - 1 \geqq 1$ richtig sei, und zeigen die Gültigkeit für m. Es sei f ein beliebiges Element von $\mathfrak{K}_1(E^m)$, für das die folgenden Integrale existieren. Wir haben

$$\int\limits_{E^m} f(x_1, \dots, x_m)\, P_k^{(m)}(dx_1, \dots, dx_m)$$
$$= \int\limits_{E^{m-1}} \int\limits_E f(x_1, \dots, x_m)\, p_k(x_{m-1}, dx_m)\, P_k^{(m-1)}(dx_1, \dots, dx_{m-1}),$$

wobei $P_k^{(l)}$ das Verteilungsgesetz von $\{\xi_{1,k}, \dots, \xi_{l,k}\}$ ist; $k = 1, 2$; $l = 1, 2, \dots$. Es seien $f_k^{(m)}$ $(k = 1, 2)$ und $f^{(m)}$ folgende Funktionale

$$f_k^{(m)}(x_1, \dots, x_{m-1}) = \int\limits_E f(x_1, \dots, x_m)\, p_k(x_{m-1}, dx_m); \qquad k = 1, 2\,,$$

$$f^{(m)}(x_1, \dots, x_{m-1}) = \int\limits_E f(x_1, \dots, x_m)\, p(x_{m-1}, dx_m)\,.$$

Wegen der Voraussetzung an p ist $f^{(m)} \in \mathfrak{K}_1(E^{m-1})$, und es gilt wegen (4.2.8a) für alle x_l $(l = 1, 2, \dots)$

$$f_1^{(m)}(x_1, \dots, x_{m-1}) \leqq f^{(m)}(x_1, \dots, x_{m-1}) \leqq f_2^{(m)}(x_1, \dots, x_{m-1})\,.$$

Hieraus folgt wegen der Induktionsannahme

$$\int\limits_{E^m} f(x_1, \dots, x_m)\, P_1^{(m)}(dx_1, \dots, dx_m) \leqq \int\limits_{E^m} f(x_1, \dots, x_m)\, P_2^{(m)}(dx_1, \dots, dx_m)\,,$$

d. h. (4.2.12) für $n = m$. Also gilt (4.2.12) für alle n. ●

4.2.3. Homogene MARKOVsche Ketten mit kontinuierlicher Zeit

Die Bedingungen der Sätze 4.2.4b und 4.2.5b sind oft schwer nachweisbar, weil sie nicht nur eine Übergangsfunktion oder -verteilungsfunktion, sondern ganze Familien betreffen und weil die Übergangsfunktionen von MARKOVschen Prozessen mit kontinuierlicher Zeit bei praktischen Problemen nur selten angebbar sind. Es ist daher wünschenswert, Bedingungen an die *infinitesimalen Operatoren* der Prozesse zu haben, die die Monotonie und Vergleichbarkeit sichern.

Für den Fall homogener MARKOVscher Ketten (d. h. $E = \{0, 1, \ldots\}$) existieren derartige Bedingungen, also Bedingungen an die *Intensitäten*.

Es seien $p_{rs}(t)$ die Übergangswahrscheinlichkeiten der Kette,

$$p_{rs}(t) = \mathsf{P}(\xi_{\tau+t} = s \mid \xi_\tau = r); \qquad 0 \leqq t, \tau < \infty; \qquad r, s = 0, 1, \ldots,$$

wobei $p_{rr}(0) = 1$ für alle r und $p_{rs}(0) = 0$ für alle $r \neq s$. Durch

$$q_{rr} = \lim_{t \to 0} \frac{p_{rr}(t) - 1}{t} \tag{4.2.13}$$

und

$$q_{rs} = \lim_{t \to 0} \frac{p_{rs}(t)}{t} \tag{4.2.14}$$

sind die Intensitäten definiert.

Wir fordern, daß der Prozeß *konservativ* ist, d. h.

$$q_{rr} < \infty \qquad \text{und} \qquad -q_{rr} = \sum_{r \neq s} q_{rs} \tag{4.2.15}$$

für alle r. Dann genügen die Übergangswahrscheinlichkeiten $p_{rs}(t)$ den bekannten *Rückwärtsgleichungen* von KOLMOGOROV (vgl. CHUNG (1960)), einem linearen Differentialgleichungssystem für die $p_{rs}(t)$, in dem die q_{rs} als Koeffizienten auftreten. Wir fordern außerdem, daß die Lösung des Systems bei den Anfangsbedingungen $p_{rr}(0) = 1$, $p_{rs}(0) = 0$ $(r \neq s)$ eindeutig ist.

Entsprechend zu Satz 4.2.5b haben wir

Satz 4.2.8. *Es seien $\{\xi_{t,1}\}$ und $\{\xi_{t,2}\}$ zwei homogene MARKOVsche Ketten mit kontinuierlicher Zeit und den Intensitäten $q_{rs,1}$ und $q_{rs,2}$. Aus $\xi_{0,1} \overset{(i)}{\leqq} \xi_{0,2}$ folgt die Gültigkeit von*

$$\{\xi_{t,1}\} \overset{(i)}{\leqq} \{\xi_{t,2}\} \tag{4.2.6b}$$

und für $i = 1$ sogar

$$\{\xi_{t,1}\} \overset{(1)}{\leqq} \overset{(1)}{\leqq} \{\xi_{t,2}\}, \tag{4.2.6c}$$

wenn

$$\left.\begin{array}{l} i = 1\colon \sum\limits_{s\geqq u} q_{rs,1} \leqq \sum\limits_{s\geqq u} q_{ts,2} \text{ für alle } r,\ t \text{ mit } r \leqq t \text{ und alle} \\ \qquad u \leqq r \text{ und } u > t; \end{array}\right\} \tag{4.2.16}$$

$$\left.\begin{array}{l} i = 2\colon f_{2,1}(r, u) \leqq f_{2,1}(s, u) \text{ für alle } u \geqq s \geqq r \text{ und } u < r = s \\ \qquad \text{und} \\ \qquad f_{2,1}(s, u) \leqq \dfrac{s-r}{v-r} f_{2,2}(v, u) + \dfrac{v-s}{v-r} f_{2,2}(r, u) \\ \qquad \text{für alle } r, s, v \text{ mit } r < s < v \text{ und alle } u \leqq r,\ u \geqq v; \end{array}\right\} \tag{4.2.17}$$

$$\left.\begin{array}{l} i = 3\colon f_{3,1}(r, u) \leqq f_{3,2}(s, u) \text{ für alle } u \leqq r \leqq s \text{ und } u < s = r \\ \qquad \text{und} \\ \qquad f_{3,2}(s, u) \geqq \dfrac{s-r}{v-r} f_{3,1}(v, u) + \dfrac{v-s}{v-r} f_{3,1}(r, u) \\ \qquad \text{für alle } r, s, v \text{ mit } r < s < v \text{ und alle } u \leqq r,\ u \geqq v. \end{array}\right\} \tag{4.2.18}$$

mit $f_{2,k}(r, u) = \sum\limits_{s\geqq 1} s q_{rs+u,k}$ $f_{3,k}(r, u) = \sum\limits_{s<u} (s-u)\, q_{rs,k}$; $k = 1, 2$.

Dabei ist für $i = 2$ *und* $i = 3$ *noch*

$$\sup_{(r)} (-q_{rr}) \leqq \lambda < \infty \tag{4.2.19}$$

zu fordern.

Der Beweis des Satzes 4.2.8 beruht auf folgender Konstruktionsvorschrift („*Auslösungsprinzip*") für homogene MARKOVsche Ketten mit kontinuierlicher Zeit, die der Bedingung (4.2.19) genügen.

Es sei $\{\xi_t\}$ eine derartige MARKOVsche Kette mit den Intensitäten q_{rs}.

Wir betrachten einen POISSON-Prozeß der Intensität λ. Seine Sprungzeitpunkte seien t_n; $0 < t_1 < t_2 < \cdots$. $\{\xi_t^*\}$ sei ein stochastischer Prozeß, dessen Verteilung folgendermaßen gegeben ist:

$$\mathsf{P}(\xi_t^* = r) = \mathsf{P}(\xi_0 = r); \quad t \leqq t_1; \quad r = 0, 1, \dots;$$

$$\mathsf{P}(\xi_t^* = s) = \sum_{(r)} \mathsf{P}(\xi_{t_n}^* = r)\, p_{rs}; \quad t_n < t \leqq t_{n+1}; \quad n = 1, 2, \dots;$$

$$s = 0, 1, \dots,$$

wobei

$$p_{rs} = \begin{cases} q_{sr}/\lambda; & r \neq s \\ (q_{rr} + \lambda)/\lambda; & r = s \end{cases}.$$

$\{\xi_t^*\}$ ist ein homogener MARKOVscher Prozeß mit kontinuierlicher Zeit, dessen Intensitäten gleich denen von $\{\xi_t\}$ sind, denn es gilt

$$\mathsf{P}(\xi_{t+\Delta t}^* = s \mid \xi_t^* = r) = p_{rs}\lambda\, \Delta t + o(\Delta t); \quad r \neq s,$$

$$\mathsf{P}(\xi_{t+\Delta t}^* = r \mid \xi_t^* = r) = 1 - \lambda\, \Delta t + p_{rr}\lambda\, \Delta t + o(\Delta t).$$

Da auch die Anfangsverteilungen der Prozesse gleich sind, haben sie gleiche Verteilungen, und wir können Aussagen über die Verteilungen von $\{\xi_t\}$ mit Hilfe der Formeln für $\{\xi_t^*\}$ machen.

Beweis von Satz 4.2.8. Wir fordern zunächst die Gültigkeit von (4.2.19) auch im Fall $i = 1$. Von dieser Forderung können wir uns durch ein Approximationsverfahren befreien, siehe unten.

Nach der obigen Konstruktionsvorschrift ist

$$\mathsf{P}(\xi_{t,k} = s) = \sum_{n=0}^{\infty} \sum_{r=0}^{\infty} \mathsf{P}(\xi_{0,k} = r)\, p_{rs,k}^{(n)} \frac{(\lambda t)^n}{n!} \exp(-\lambda t)\,,$$

wobei

$$p_{rs,k}^{(n)} = \sum_{q=0}^{\infty} p_{rq,k}^{(n-1)} p_{qs,k}\,, \quad p_{rs,k}^{(1)} = p_{rs,k}\,,$$

$$p_{rs,k}^{(0)} = \begin{cases} 1; & r = s \\ 0; & r \neq s \end{cases}, \quad p_{rs,k} = \begin{cases} q_{rs,k}/\lambda; & r \neq s \\ (q_{rr,k} + \lambda)/\lambda; & r = s \end{cases}; \quad k = 1, 2\,.$$

Es gilt also (4.2.6b), wenn die Übergangsmatrizen $((p_{rs,k}))$ den Bedingungen des Satzes 4.2.1 genügen. Im Fall $i = 1$ ist entsprechend (4.2.11) zu zeigen, daß

$$\sum_{s \geqq u} p_{qs,1} \leqq \sum_{s \geqq u} p_{rs,2} \tag{4.2.20}$$

für alle q, r mit $q \leqq r$ und alle u. Beachten wir die Formeln für die $p_{rs,k}$, so erkennen wir, daß (4.2.20) erfüllt ist, wenn (4.2.16) gültig ist. (Wegen (4.2.15) genügen in (4.2.16) Bedingungen an die $u \leqq r$ und $u > t$.) Daß aus (4.2.17) und (4.2.18) die Beziehung (4.2.8b) folgt, ergibt sich auf ähnliche Art und Weise, wobei die Monotonie- und Vergleichbarkeitsbedingungen für reellwertige Prozesse mit diskreter Zeit ausgenutzt werden.

Das zu Beginn des Beweises erwähnte Approximationsverfahren funktioniert wie folgt: Zu der Markovschen Kette $\{\xi_{t,k}\}$ werden homogene Markovsche Ketten $\{\xi_{t,k}^c\}$ mit den Zuständen $0, \ldots, c$ konstruiert, die die folgenden Intensitäten $q_{rs,k}^c$ besitzen,

$$q_{rs,k}^c = \begin{cases} q_{rs,k}\,; & r, s < c \\ \sum_{t \geqq c} q_{rt,k}\,; & r < c, s = c; \qquad k = 1, 2\,. \\ 0; & r = c, s \leqq c \end{cases}$$

Die Ketten $\{\xi_{t,k}^c\}$ verhalten sich unterhalb von c wie $\{\xi_{t,k}\}$ und haben c als Absorptionspunkt. Bei gleichen Anfangsverteilungen konvergieren bei $c \to \infty$ die absoluten Verteilungen zur Zeit t $(0 < t < \infty)$ der $\{\xi_{t,k}^c\}$ schwach gegen die von $\{\xi_{t,k}\}$. Da im Fall der Gültigkeit von (4.2.16) für alle c $\xi_{t,1}^c \overset{(1)}{\leqq} \xi_{t,2}^c$ folgt, haben wir nach Satz 1.1.3 auch (4.2.6b).

Der Beweis von (4.2.6c) kann ähnlich wie der von Satz 4.2.7 erfolgen. ●

Wir bemerken noch, daß die Bedingungen (4.2.16) bis (4.2.18) *notwendig* dafür sind, daß (4.2.6b) für *alle* vergleichbaren Anfangsverteilungen erfüllt ist; vgl. Kirstein (1976).

Für $q_{rs,1} = q_{rs,2}$ erhalten wir ausgehend von Satz 4.2.8 *Monotoniebedingungen* für die Operatoren $\boldsymbol{T}_t$, die durch die Übergangsmatrizen $((p_{rs}(t)))$ gegeben sind. Speziell für $i = 1$ gilt

Satz 4.2.9. *Sämtliche Übergangsoperatoren $\boldsymbol{T}_t$ einer homogenen* Markov*schen Kette mit stetiger Zeit und den Intensitäten q_{rs} sind dann und nur dann monoton, wenn*

$$\sum_{s \geqq u} q_{rs} \leqq \sum_{s \geqq u} q_{ts} \tag{4.2.21}$$

für alle r, t mit $r \leqq t$ und alle $u \leqq r$ und $u > t$.

Als praktisch wichtigen Spezialfall wollen wir *homogene Geburts- und Todesprozesse* betrachten. Hier sind die Intensitäten gleich

$$q_{rs} = \begin{cases} \lambda_r\,; & s = r + 1 \\ \mu_r\,; & s = r - 1 \\ -(\lambda_r + \mu_r)\,; & r = s \\ 0\,; & \text{sonst} \end{cases}.$$

Dabei vereinbaren wir $\mu_0 = 0$ und, falls der Zustandsraum endlich ist $(E = \{0, \dots, n\})$, $\lambda_n = 0$.

Es gilt, wie leicht nachzurechnen ist, folgender

Satz 4.2.10. 1) *Jeder homogene Geburts- und Todesprozeß erfüllt* (4.2.21), *seine Übergangsoperatoren sind also monoton bezüglich* $\overset{(1)}{\leqq}$.

2) *Für zwei homogene Geburts- und Todesprozesse $\{\xi_{t,1}\}$ und $\{\xi_{t,2}\}$ mit den Intensitäten $\lambda_{r,1}$, $\lambda_{r,2}$ und $\mu_{r,1}$, $\mu_{r,2}$ folgt aus* (4.2.7b) *die Gültigkeit von* (4.2.6b) *und* (4.2.6c), wenn $\mu_{r,1} \geqq \mu_{r,2}$ *und* $\lambda_{r,1} \leqq \lambda_{r,2}$; $r = 0, 1, \dots$.

Anmerkungen zu 4

4.1.

Bisher wurden überwiegend homogene Markovsche Prozesse bezüglich ihrer Monotonie- und Vergleichbarkeitseigenschaften untersucht; wegen einer Übersicht zu Arbeiten über Vergleichbarkeit und Monotonie vgl. die Anmerkungen zu 4.2.

Die strenge Vergleichbarkeit stochastischer Prozesse definierten Pledger und Proschan (1973), die sich für Beziehungen der Form (4.1.6) interessierten, um für Zuverlässigkeitssysteme Abschätzungen für Verweilzeiten in bestimmten Zustandsmengen zu beweisen. Während sie sich auf stetige f beschränkten, haben Franken und KIRSTEIN (1976) den Satz 4.1.1 in der vorliegenden Form bewiesen. FRANKEN und KIRSTEIN (1976) erhielten ferner Satz 4.2.6 und gelangten mit seiner Hilfe zu Monotoniesaussagen für die Erstüberschreitungszeiten bei homogenen MARKOVschen Prozessen, die schon früher mit komplizierteren Hilfsmitteln KALMYKOV (1969) bewies. Mit der strengen Monotonie bezüglich $\overset{(1)}{\leqq}$ arbeiteten wohl erstmals BARLOW und PROSCHAN (1975b).

Daß Submartingale bezüglich $\overset{(2)}{\leqq}$ wachsend sind, ergibt sich daraus, daß mit $\{\xi_t\}$ auch $f(\xi_t)$ ein Submartingal ist, falls $f \in \mathfrak{K}_2(\mathbf{R})$ und daß $\mathsf{E}\xi_t \leqq \mathsf{E}\xi_{t+\tau}$, vgl. GICHMAN/SKOROCHOD (1971), S. 74. Es gilt also $\mathsf{E}\max\{c, \xi_t\} \leqq \mathsf{E}\max\{c, \xi_{t+\tau}\}$, d. h. $\xi_t \overset{(2)}{\leqq} \xi_{t+\tau}$ Für Supermartingale ist die Schlußweise analog.

CHONG (1975) betrachtete für Martingale das auch für andere Prozesse $\{\xi_t\}$ interessante Problem des Vergleichs von Zufallsvariablen der Gestalt ξ_{ν_1} und ξ_{ν_2} mit vergleichbaren ν_1, ν_2, wobei die ν_k $(k = 1, 2)$ Zufallsvariable mit Werten im Parameterbereich des Prozesses sind.

4.2.

Vergleichbarkeitseigenschaften homogener MARKOVscher Prozesse wurden zuerst von KALMYKOV (1962) für $i = 1$ und $E = \mathbf{R}^1$ untersucht. Er benutzte die Bedingung (4.2.11).

Ebenfalls reellwertige Prozesse im Fall $i = 1$ behandelte DALEY (1968), der mit monotonen Operatoren arbeitete und die Sätze 4.2.4a und 4.2.5a unter der Voraussetzung bewies, daß einer der Übergangsoperatoren monoton ist. Besonders bemerkenswert in der Arbeit von DALEY (1968) ist sein Ergebnis, daß bei stationären, reellwertigen, homogenen MARKOVschen Prozessen $\{\xi_n\}$ mit diskreter Zeit die *Kovarianzen* $\operatorname{cov}(f(\xi_n), f(\xi_{n+m}))$ in m monoton nicht wachsend sind, wenn die Übergangsoperatoren bezüglich $\overset{(1)}{\leqq}$ isoton und f monoton nicht fallend sind (Theorem 4). Ein etwas einfacherer Beweis hierfür wurde von BERGMANN/STOYAN (1977) angegeben; für das Modell $GI/GI/1$ erhielt auch BLOMQUIST (1970) mit einer anderen Methode das DALEYsche Resultat. BERGMANN (1977) zeigte ferner, wie für stochastische Prozesse mit diskreter Zeit Vergleichssätze für Kovarianzen und gemischte Momente erhalten werden können.

Die Hinlänglichkeit der Bedingung (4.2.3) bei $i = 1$ für den Vergleich reellwertiger MARKOVscher Prozesse wurde zuerst von GAEDE (1973) nachgewiesen. DERMAN und IGNALL (1975) fanden für MARKOVsche Ketten eine nicht ganz so allgemeine Bedingung.

Monotone und vergleichbare Operatoren für $i = 2, 3$ und allgemeine Phasenräume wurden von STOYAN (1972a, 1972b) untersucht, die Vergleichbarkeitsbedingungen von KALMYKOV in FRANKEN/STOYAN (1975) verallgemeinert. Die strenge Vergleichbarkeit reellwertiger, homogener MARKOVscher Prozesse mit diskreter Zeit für $i = 1$ wurde zuerst in STOYAN (1972b) bewiesen, FRANKEN und STOYAN (1975) behandelten allgemeine Phasenräume $[E, \mathfrak{M}]$, und von FRANKEN und KIRSTEIN (1976) wurde die Äquivalenz der Vergleichbarkeit und der strengen Vergleichbarkeit bezüglich $\overset{(1)}{\leqq}$ nachgewiesen.

O'BRIEN (1975) verallgemeinerte die Resultate von DALEY und KALMYKOV in anderer Richtung; er bewies Beziehungen der Form

$$\mathsf{P}(\xi_{n,1} \leqq T_n(\xi_{0,2}, \ldots, \xi_{n,2}, \xi_{0,1});\quad n = 1, 2, \ldots) = 1$$

für bestimmte Abbildungen $T_n\colon \mathbf{R}^{n+2} \to \mathbf{R}^n$.

Eine zu Satz 4.2.7 analoge Aussage gilt bezüglich $i = 2$ oder $i = 3$ nicht; in STOYAN (1972b) findet man ein Gegenbeispiel.

Eine andere Variante der Vergleichbarkeit homogener MARKOVscher Prozesse studierten DALEY (1968) und SPATARU (1974). Dabei wurde eine Vollordnung der Elemente des Grundraumes benutzt und die Vergleichbarkeit von Verteilungsgesetzen ausgehend von Mengenfamilien definiert, die mit dieser Vollordnung ähnlich zusammenhängen wie die Intervalle $(-\infty, x)$ mit der Vollordnung der reellen Zahlen.

Eine weitere Vergleichbarkeitsdefinition für zweidimensionale MARKOVsche Prozesse benutzte GITTINS (1971), um Abschätzungen für ein $GI/GI/1$-Wartesystem mit periodischen Unterbrechungen der Möglichkeit für ankommende Forderungen, die Warteschlange zu verlassen, anzugeben.

Einen Vergleichssatz für MARKOVsche Ketten mit kontinuierlicher Zeit bewies zuerst GAEDE (1965). Er arbeitete mit Hilfsmitteln aus der Theorie der Differentialgleichungen und erhielt für inhomogene Geburts- und Todesprozesse eine Satz 4.2.8 entsprechende Aussage. Die Ergebnisse in 4.2.3 erhielt KIRSTEIN (1976); die beim Beweis entscheidende konstruktive Beschreibung homogener MARKOVscher Ketten mit kontinuierlicher Zeit ist schon seit längerer Zeit bekannt. Mit derselben Methode kann man auch für andere MARKOVsche Prozesse Vergleichsbarkeitssätze beweisen, z.B. für die *virtuellen Wartezeiten* in $M/GI/1$.

Offene Probleme: 1) Kann die Monotonieaussage für die Kovarianzen cov $(f(\xi_n), f(\xi_{n+m}))$ von DALEY auf homogene MARKOVsche Prozesse $\{\xi_n\}$ mit allgemeineren Phasenräumen $[E, \mathfrak{M}]$ übertragen werden, wobei f ein Funktional auf E ist? Besonders interessant wären die Wartezeiten in $GI/GI/s$ $(s > 1)$, die durch einen homogenen MARKOVschen Prozeß mit Werten in $\mathbf{R}^s$ und einen bezüglich $\overset{(1)}{\leqq}$ monotonen Übergangsoperator beschrieben werden.

Können Monotonieaussagen für die Kovarianzen auch für Prozesse mit einem bezüglich $\overset{(2)}{\leqq}$ monotonen Übergangsoperator bewiesen werden? Sind Abschätzungen für die Kovarianzen verschiedener MARKOVscher Prozesse mit vergleichbaren Übergangsoperatoren möglich?

2) Wie kann man die Hinlänglichkeit der Bedingungen (4.2.17) und (4.2.18) dann beweisen, wenn (4.2.19) nicht erfüllt ist? Kann man entsprechende Aussagen auch für MARKOVsche Prozesse mit allgemeineren Phasenräumen beweisen?

3) Für welche Funktionale f des E_n gilt eine Satz 4.2.6 entsprechende Aussage auch für $i = 2$ und $i = 3$? Bisher ist das nur für Funktionale f der Form

$$f(x_1, \ldots, x_n) = \sum_{m=1}^{n} f_m(x_m); \quad f_m \in \mathfrak{R}_i(E); \quad i = 2, 3$$

bekannt; vgl. STOYAN (1972b) und FRANKEN/STOYAN (1975).

5. Monotonieeigenschaften und Abschätzungen für die Wartesysteme $GI/GI/1$ und $G/G/1$

5.0. Wichtige Formeln und Sätze für $GI/GI/1$ und $G/G/1$

Mit $GI/GI/1$ wird ein Bedienungssystem bezeichnet, das folgendermaßen charakterisiert ist: Bei einem Bedienungsapparat treffen in den Zeitpunkten t_n Forderungen ein,

$$t_1 = 0 , \quad t_n = \alpha_1 + \cdots + \alpha_{n-1} ; \quad n = 2, 3, \ldots .$$

Die zur Zeit t_n ankommende Forderung heißt n-te Forderung, die Zeit α_n zwischen n-ter und $(n+1)$-ter Ankunft *n-te Pausenzeit*. Zur *Bedienung* der n-ten Forderung ist die Zeit β_n erforderlich. Die α_n und β_n sind in ihrer Gesamtheit stochastisch unabhängig und jeweils identisch verteilt. Ihre Verteilungsfunktionen und -parameter werden durch folgende Symbole gekennzeichnet:

$$A(t) = \mathsf{P}(\alpha_n < t) = \text{Verteilungsfunktion von } \alpha_n, \; m_A = \mathsf{E}\alpha_n, \; \sigma_A^2 = \mathsf{D}\alpha_n ,$$
$$B(t) = \mathsf{P}(\beta_n < t) = \text{Verteilungsfunktion von } \beta_n, \; m_B = \mathsf{E}\beta_n, \; \sigma_B^2 = \mathsf{D}\beta_n ,$$
$$K(t) = \mathsf{P}(\delta_n < t) = \text{Verteilungsfunktion von } \delta_n = \beta_n - \alpha_n ,$$
$$p = \mathsf{P}(\alpha_n > \beta_n) = \int_0^\infty \overline{A}(t) \, dB(t) = K(0) , \quad \varrho = \frac{m_B}{m_A} .$$

Die Bedienung der Forderungen erfolgt in der Reihenfolge ihres Eintreffens („FIFO-Schlangendisziplin"), und es sind beliebig viele Warteplätze im System vorhanden.

Wenn Abhängigkeiten zwischen den Pausenzeiten vorliegen, die Bedienungszeiten aber wie bei $GI/GI/1$ untereinander und von den Pausenzeiten stochastisch unabhängig sind, so bezeichnen wir das Modell mit $G/GI/1$; sind auch die Bedienungszeiten stochastisch abhängig, so benutzen wir das Symbol $G/G/1$.

Das Modell $GI/GI/1$ wird in der Literatur sehr ausführlich behandelt; für gründlichere Studien seien die Bücher von Gnedenko und Kovalenko (1971), Cohen (1969) und Borovkov (1972a) empfohlen. Hier sollen nur die Grundtatsachen zusammengestellt werden, soweit sie für unsere Untersuchungen notwendig sind.

Es gilt folgende *Rekursionsformel für die Wartezeiten* der Forderungen:

$$w_{n+1} = \max \{0, w_n + \delta_n\} ; \quad n = 1, 2, \ldots , \tag{5.0.1}$$

w_n = Wartezeit der n-ten Forderung.

w_1 ist eine von den α_n und β_n stochastisch unabhängige Zufallsgröße; ihre Verteilungsfunktion sei W_1.

Der Formel (5.0.1) entspricht die folgende Rekursionsformel für die Verteilungsfunktionen W_n der w_n:

$$W_{n+1}(t) = \int_{0-}^{\infty} K(t-x)\, dW_n(x) = \int_{-\infty}^{\infty} W_n(t-x)\, dK(x); \quad t \geqq 0\,. \quad (5.0.2)$$

Nach LINDLEY (1952) konvergieren im Fall $\varrho < 1$[1]) die W_n bei beliebiger Anfangsverteilung W_1 im Sinne der schwachen Konvergenz gegen eine eindeutig bestimmte Verteilungsfunktion W, die *stationäre Wartezeitverteilungsfunktion*. Diese genügt der Integralgleichung

$$W(t) = \int_{0-}^{\infty} K(t-x)\, dW(x); \quad t \geqq 0\,. \quad (5.0.3)$$

Das *n-te Moment* von W ist genau dann endlich, wenn das $(n+1)$-te Moment von B endlich ist (vgl. KIEFER/WOLFOWITZ (1955)).

Wir bezeichnen das erste Moment, die *mittlere stationäre Wartezeit*, mit m_W,

$$m_W = \int_0^{\infty} t\, dW(t)\,,$$

und die Größe $\overline{W}(0+)$ mit p_W; sie ist, sofern die Funktion

$$w(t) = \int_{0-}^{\infty} K(t-x)\, dW(x) \qquad (-\infty < t < \infty)$$

in Null keinen Sprung hat[1]) gleich der *Wahrscheinlichkeit* dafür, daß eine im stationären Fall eintreffende Forderung zu *warten* hat, vgl. MARSHALL (1968a).

Nach SPITZER (1956) gilt für die LAPLACE-STIELTJES-*Transformierte* $W^*(s)$ von $W(t)$ die Formel

$$W^*(s) = \int_{0-}^{\infty} \exp(-st)\, dW(t) = \exp\left[\sum_{k=1}^{\infty} \frac{1}{k} \int_0^{\infty} (1-\exp(-sx))\, dK^{*(k)}(x)\right] \quad (5.0.4)$$

und für die mittlere Wartezeit

$$m_W = \sum_{k=1}^{\infty} \frac{1}{k} \int_0^{\infty} x\, dK^{*(k)}(x)\,. \quad (5.0.4')$$

In dem Fall, wenn die 1. Forderung nicht zu warten braucht, $w_1 = 0$, sind die Erwartungswerte $m_{W,n}$ der Wartezeiten w_n gleich

$$m_{W,n} = \sum_{k=1}^{n-1} \frac{1}{k} \int_0^{\infty} x\, dK^{*(k)}(x); \qquad n = 2, 3, \ldots\,. \quad (5.0.4'')$$

---

[1]) Dies setzen wir im folgenden voraus.

Die *Semiinvarianten* n-ter Ordnung s_n der stationären Wartezeit sind nach BOROVKOV (1970), vgl. auch BERGMANN (1974), gleich

$$s_n = \sum_{k=1}^{\infty} \frac{1}{k} \int_0^{\infty} x^n \, dK^{*(k)}(x); \qquad n = 1, 2, \dots . \tag{5.0.5}$$

(Es gilt $s_1 = m_W$, $s_2 = \sigma_W^2$ = Varianz der Wartezeit im stationären Fall.)

MARSHALL (1968a) gab folgende Formeln für p_W und m_W an:

$$1 - p_W = \frac{m_A - m_B}{m_L}, \tag{5.0.6}$$

$$m_W = \frac{(m_A - m_B)^2 + \sigma_A^2 + \sigma_B^2}{2(m_A - m_B)} - \frac{m_L^2 + \sigma_L^2}{2m_L}. \tag{5.0.7}$$

Dabei sind m_L und σ_L^2 der Erwartungswert und die Varianz der *Untätigkeitszeit* des Apparates im stationären Fall, d. h. der Zeit, in der zwischen Ende einer Bedienung und Beginn der darauffolgenden Bedienung keine Forderung im System ist.

Beweis (MARSHALL (1968a)). Wir gehen von der Rekursionsbeziehung (5.0.1) aus, die mit $\xi_n = -\min\{0, w_n + \delta_n\}$ die Gestalt

$$w_{n+1} - \xi_n = w_n + \delta_n \tag{5.0.8}$$

annimmt. Dabei setzen wir im folgenden voraus, daß das System bereits im stationären Zustand ist, wo w_n und w_{n+1} dieselbe Verteilung W haben. Wenn $\xi_n > 0$, so ist ξ_n gleich der Untätigkeitszeit.

Bilden wir in (5.0.8) auf beiden Seiten Erwartungswerte, so erhalten wir

$$\mathsf{E}\xi_n = -\mathsf{E}\delta_n = m_A - m_B,$$

und wegen $\mathsf{E}\xi_n = (1 - p_W)\, m_L$ ergibt sich (5.0.6).

Quadrieren wir beide Seiten von (5.0.8) und beachten $w_{n+1}\xi_n = 0$, so gelangen wir zu

$$w_{n+1}^2 + \xi_n^2 = w_n^2 + 2w_n\,\delta_n + \delta_n^2.$$

Hieraus ergibt sich, indem wir Erwartungswerte bilden[1]), die Unabhängigkeit von w_n und δ_n sowie

$\mathsf{E}\xi_n^2 = (1 - p_W) \cdot 2.$ Moment der Untätigkeitszeit $= (1 - p_W)\,(m_L^2 + \sigma_L^2)$ beachten, die Beziehung

$$(1 - p_W)\,(m_L^2 + \sigma_L^2) = 2\mathsf{E}\delta_n \mathsf{E}w_n + \mathsf{E}\delta_n^2$$

und mit Hilfe von (5.0.6) die Gültigkeit von (5.0.7). ●

---

[1]) Bei diesem Beweis wird die Endlichkeit von $\mathsf{E}w_n^2$ vorausgesetzt, die nur dann gesichert ist, wenn $\mathsf{E}\beta_n^3 < \infty$. Der Beweis von ROSSBERG (1970a) hat diesen Nachteil nicht. Wegen der Übertragbarkeit auf $G/G/1$ folgen wir hier dennoch MARSHALL.

Für Systeme des Typs $M/GI/1$, d. h. für Systeme mit POISSONschen Forderungenströmen, wo die α_n exponentiell verteilt sind (Parameter: $\lambda = m_A^{-1}$), haben wir die Formeln

$$W(t) = (1-\varrho) \sum_{k=0}^{\infty} \varrho^k \left\{ \frac{1}{m_B} \int_0^t \overline{B}(x)\,dx \right\}^{*(k)}; \quad 0 \leqq t < \infty\,, \quad \varrho = \lambda m_B \tag{5.0.9}$$

(vgl. S. 116 oder COHEN (1969), S. 255),

$$m_W = \frac{\lambda(\sigma_B^2 + m_B^2)}{2(1-\varrho)} \quad (\textit{Formel von } \text{POLLACZEK/CHINČIN})\,. \tag{5.0.10}$$

Bei Systemen vom Typ $GI/M/1$, wo die β_n exponentiell verteilt sind (Parameter: $\mu = m_B^{-1}$), gilt (vgl. PRABHU (1965), S. 42),

$$W(t) = 1 - \zeta \exp\left(-\mu(1-\zeta)\,t\right); \quad 0 \leqq t < \infty\,, \tag{5.0.11}$$

$$m_W = \frac{\zeta m_B}{(1-\zeta)}\,, \tag{5.0.12}$$

wobei ζ die Wurzel der Gleichung

$$z = \int_0^\infty \exp\left(-\mu(1-z)\,t\right) dA(t) \tag{5.0.13}$$

mit $0 < z < 1$ ist.

Eine zu p_W ähnliche Größe ist die *Wahrscheinlichkeit P_{bes} dafür, daß das System im stationären Zustand nicht leer ist*, d. h.

$$P_{\text{bes}} = \lim_{t\to\infty} \mathsf{P}\,(\nu_t \geqq 1)\,,$$

wobei ν_t die Anzahl der Forderungen im System zur Zeit t ist. Es gilt allgemein (vgl. z.B. FRANKEN (1976))

$$P_{\text{bes}} = \varrho\,. \tag{5.0.14}$$

Nur im Fall von $M/GI/1$-Systemen sind beide Wahrscheinlichkeiten p_W und P_{bes} gleich.

Ausgehend von der stationären Wahrscheinlichkeitsverteilungsfunktion W können wir auch die *stationäre Verteilung der Anzahl der wartenden Forderungen* ermitteln. Es sei P_k^0 die Wahrscheinlichkeit dafür, daß eine im stationären Fall eintreffende Forderung mindestens k wartende Forderungen im System vorfindet, und

$$P_k = \lim_{t\to\infty} \mathsf{P}(\omega_t \geqq k); \quad k = 1, 2, \ldots\,,$$

wobei ω_t die Anzahl der zur Zeit t im System wartenden Forderungen ist. Dann gilt

$$P_k^0 = \int_0^\infty A^{*(k)}(t)\, dW(t)\,, \tag{5.0.15}$$

$$P_k = \int_0^\infty A^{*(k-1)} * A_R(t)\, dW(t)\,, \qquad k = 1, 2, \ldots \tag{5.0.16}$$

mit

$$A_R(t) = \frac{1}{m_A} \int_0^t \bar{A}(x)\, dx\,.$$

Beweis. Wir betrachten das System im stationären Zustand zur Zeit t und numerieren die wartenden Forderungen in der Reihenfolge ihres Eintreffens. Offensichtlich gilt $\omega_t \geqq k$, wenn seit Eintreffen der ersten Forderung mindestens noch $k-1$ weitere ankamen. Das ist dann der Fall, wenn die Wartezeit w_1 der Forderung 1 größer als die Summe der folgenden $k-1$ Pausenzeiten $\alpha_1, \ldots, \alpha_{k-1}$ und der folgenden stationären Restpausenzeit α_R ist:

$$w_1 > \alpha_1 + \cdots + \alpha_{k-1} + \alpha_R\,. \tag{5.0.17}$$

Alle Zufallsgrößen in (5.0.17) sind stochastisch unabhängig, die α_i, α_R und w_1 haben die Verteilungsfunktionen A, A_R und W. Aus

$$P_k = \mathsf{P}(w_1 > \alpha_1 + \cdots + \alpha_{k-1} + \alpha_R)$$

folgt (5.0.16). (5.0.15) wird analog bewiesen; an die Stelle von α_R tritt α_k. ●

Aus (5.0.15) und (5.0.16) ergeben sich für die *mittleren Warteschlangenlängen* L_W (zu $\{P_k\}$) und L_W^0 (zu $\{P_k^0\}$) die Formeln

$$L_W = \frac{m_W}{m_A} \tag{5.0.18}$$

und

$$L_W^0 = \int_0^\infty H_A(t)\, dW(t)\,, \tag{5.0.19}$$

$$H_A(t) = \sum_{k=1}^\infty A^{*(k)}(t) = \text{Erneuerungsfunktion zu } A\ ;\ 0 \leqq t < \infty\,.$$

Zum Beweis werden die Formeln

$$L_W = \sum_{k=1}^\infty P_k\,, \quad L_W^0 = \sum_{k=1}^\infty P_k^0 \quad \text{und} \quad \sum_{k=0}^\infty A^{*(k)} * A_R(t) = \frac{t}{m_A}$$

benutzt. (5.0.18) ist der Spezialfall einer allgemeineren Beziehung, der LITTLE-*schen Formel* „$L = \lambda W$“, vgl. S. 120.

Mit Hilfe der Verweilzeitverteilungsfunktion[1]) kann in analoger Art und Weise die Verteilung der Anzahl der insgesamt im System befindlichen Forderungen ermittelt werden.

Im Fall stochastisch abhängiger Bedienungs- und Pausenzeiten, also für $G/G/1$, gelten u. a. folgende Aussagen:

Wenn die Folge der Bedienungs- und Pausenzeiten $\{\alpha_n, \beta_n\}$ $(n = 0, \pm 1, \pm 2, \dots)$ *metrisch transitiv*[2]) ist und wenn

$$\varrho = \frac{m_B}{m_A} = \frac{\mathsf{E}\beta_0}{\mathsf{E}\alpha_0} < 1\,,$$

existiert eine stationäre Folge $\{w_n\}$ von Wartezeiten mit

$$w_{n+1} = \max\{0, w_n + \beta_n - \alpha_n\}\,; \qquad n = 0, 1, \dots\,. \tag{5.0.20}$$

Diese Aussage wurde von LOYNES (1962) bewiesen; vgl. SCHASSBERGER (1973), BOROVKOV (1972a).

Die Beziehung (5.0.6) gilt auch für $G/G/1$, (5.0.7) nimmt die allgemeinere Form

$$m_W = -\frac{2\,\mathrm{cov}\,(w_0, \delta_0) + \mathsf{E}\delta_0^2}{2\mathsf{E}\delta_0} - \frac{m_L^2 + \sigma_L^2}{2m_L}\,; \quad \delta_0 = \beta_0 - \alpha_0 \tag{5.0.21}$$

an.[3]) Der Beweis von (5.0.21) ist praktisch derselbe wie der von (5.0.7), nur ist jetzt

$$\mathsf{E}w_n\delta_n = \mathsf{E}w_n\mathsf{E}\delta_n + \mathrm{cov}\,(w_n, \delta_n) = \mathsf{E}w_0\delta_0 + \mathrm{cov}\,(w_0, \delta_0)$$

zu berücksichtigen.

Schließlich sei erwähnt, daß auch (5.0.14) und (5.0.18) für $G/G/1$ gültig sind, wie FRANKEN (1976) mit Hilfe der Theorie der stationären Punktprozesse bewies.

---

[1]) *Verweilzeit* = Wartezeit + Bedienungszeit.

[2]) Es sei $\{\xi_n\}$ eine stationäre Folge von Zufallsvektoren über $[\Omega, \mathfrak{B}, \mathsf{P}]$, $\xi_n = \{\xi_n^{(1)}, \dots, \xi_n^{(k)}\}$, $\mathfrak{A}$ sei die durch die $\xi_n^{(l)}$ erzeugte σ-Algebra. Auf $\mathfrak{A}$ kann eine Folge von Verschiebungsoperatoren $\boldsymbol{T}_\nu$ $(\nu = 1, 2, \dots)$ durch

$$\boldsymbol{T}_\nu\left[\bigcap_{i=1}^{m}\{\omega \in \Omega\colon \xi_{n_i}^{(k_i)}(\omega) \in B_i\}\right] = \bigcap_{i=1}^{m}\{\omega \in \Omega\colon \xi_{n_i-\nu}^{(k_i)}(\omega) \in B_i\}$$

für alle $m, n_1, n_2, \dots$ und $B_1, B_2, \dots \in \mathfrak{B}$ definiert werden. Eine Menge $A \in \mathfrak{A}$ heißt *invariant*, wenn $\boldsymbol{T}_\nu A = A$ für alle ν gilt (bis auf P-Nullmengen). Die Folge $\{\xi_n\}$ heißt *metrisch transitiv*, falls für jede invariante Menge A gilt $P(A) = 0$ oder $P(A) = 1$. Eine Folge ist genau dann metrisch transitiv, wenn sie *ergodisch* ist.

Beispiele metrisch transitiver Folgen sind Folgen unabhängiger Zufallsgrößen oder schwach abhängige Folgen. Die Differenzen zwischen den Punkten einer ergodischen zufälligen Punktfolge bilden eine metrisch transitive Folge.

[3]) $\mathrm{cov}\,(\xi, \eta) = \mathsf{E}\xi\eta - \mathsf{E}\xi\mathsf{E}\eta$.

5.1. Innere Monotonieeigenschaften der Wartezeiten in *GI/GI/*1

Der Übergangsoperator des durch die Formel

$$w_{n+1} = \max\{0, w_n + \delta_n\}; \quad n = 1, 2, \ldots$$

gegebenen homogenen MARKOVschen Prozesses $\{w_n\}$ der *Wartezeiten* ist, wie leicht mittels der Kriterien auf den Seiten 45 und 61 gezeigt werden kann, monoton bezüglich $\overset{(1)}{\leqq}$ und $\overset{(2)}{\leqq}$. Daher gilt folgender

Satz 5.1.1. *Wenn die Anfangsverteilungsfunktion W_1 des Prozesses $\{w_n\}$ so gewählt wird, daß*

$$W_1 \overset{(i)}{\leqq} W_2 \quad (W_2 \overset{(i)}{\leqq} W_1); \quad i = 1 \text{ oder } i = 2\,, \tag{5.1.1}$$

dann folgt für alle $n = 1, 2, \ldots$ die Gültigkeit von

$$W_n \overset{(i)}{\leqq} W_{n+1} \quad (W_{n+1} \overset{(i)}{\leqq} W_n); \quad i = 1 \text{ oder } i = 2 \tag{5.1.2}$$

und — sofern sie existiert — für die stationäre Wartezeitverteilungsfunktion W

$$W_n \overset{(i)}{\leqq} W \quad (W \overset{(i)}{\leqq} W_n); \quad i = 1 \text{ oder } i = 2^{1)} \tag{5.1.3}$$

für alle $n = 1, 2, \ldots$.

Ähnlich allgemeine Aussagen für die *Schlangenlängen* gelten nur für $i = 1$, vgl. Satz 6.1.2, sowie für $i = 2$ in den folgenden Spezialfällen.

*M/GI/*1. Es sei ν_n^* die Anzahl der Forderungen im System unmittelbar nach Abgang der n-ten Forderung. Dann haben wir

$$\nu_{n+1}^* = \max\{0, \nu_n^* - 1 + \xi_n\}\,, \quad n = 1, 2, \ldots \tag{5.1.4}$$

ξ_n = Anzahl der Forderungen, die während der Bedienung der n-ten Forderung eintreffen (wegen der Eigenschaft des POISSON-Stromes sind die ξ_n identisch verteilt und in ihrer Gesamtheit stochastisch unabhängig).

*GI/M/*1. Es sei ν_n^0 die Anzahl der Forderungen im System unmittelbar vor Ankunft der n-ten Forderung. Dann gilt

$$\nu_{n+1}^0 = \max\{0, \nu_n^0 + 1 - \eta_n\}\,, \quad n = 1, 2, \ldots \tag{5.1.5}$$

η_n = Anzahl der Forderungen, die während der n-ten Pausenzeit bedient werden können (wegen der Eigenschaft der Exponentialverteilung sind die η_n identisch verteilt und in ihrer Gesamtheit stochastisch unabhängig).

Die Prozesse $\{\nu_n^*\}$ und $\{\nu_n^0\}$ haben bezüglich $\overset{(1)}{\leqq}$ und $\overset{(2)}{\leqq}$ monotone Übergangsoperatoren, und es gelten demzufolge Satz 5.1.1 entsprechende Aussagen.

---

[1]) Im Fall $i = 2$ ist noch die Endlichkeit von m_W zu fordern.

Im Fall stochastisch abhängiger Bedienungs- und Pausenzeiten können wir mit Hilfe von Satz 2.2.9 zeigen, daß dann, wenn die Folge $\{\alpha_n, \beta_n\}$ metrisch transitiv ist, im Fall $w_0 = 0$ die Beziehung

$$w_n \overset{(1)}{\leqq} w_{n+1}; \quad n = 1, 2, \ldots \tag{5.1.6}$$

erfüllt ist, d. h. (5.1.2) für $i = 1$. (Setzen wir nämlich $\varepsilon_n = \delta_n = \beta_n - \alpha_n$, $\varphi(x, y) = \max\{0, x + y\}$ und $\sigma_n = w_n$, so sind mit $w_0 = 0$ die Voraussetzungen des Satzes erfüllt.)

5.2. Äußere Monotonieeigenschaften von $GI/GI/1$ und $G/G/1$

Dank der einfachen Gestalt der Rekursionsformel (5.0.1)

$$w_{n+1} = \max\{0, w_n + \delta_n\}; \quad n = 1, 2, \ldots$$

ist es leicht möglich, den Einfluß der Verteilungsfunktion K der Differenzen δ_n auf die Verteilungsfunktionen W_n der *Wartezeiten* w_n und die stationäre Wartezeitverteilungsfunktion W mittels der Abbildungsmethode zu untersuchen. Da nämlich $\varphi\colon \mathbf{R}^2 \to \mathbf{R}$,

$$\varphi(x, y) = \max\{0, x + y\},$$

als Funktion von $\{x, y\}$ konvex und monoton nicht fallend ist, sind die w_n nach Satz 2.2.6 als konvexe und monotone Funktionen der δ_i und von w_1 darstellbar,

$$w_{n+1} = \Psi_n(w_1, \delta_1, \ldots, \delta_n), \quad n = 1, 2, \ldots .$$

Also gilt folgender

Satz 5.2.1. *Es seien Σ_1 und Σ_2 zwei $GI/GI/1$-Systeme mit den Verteilungsfunktionen K_1 und K_2 und mit den Wartezeitverteilungsfunktionen der n-ten Forderungen $W_{n,1}$ und $W_{n,2}$. Aus*

$$K_1 \overset{(i)}{\leqq} K_2 \tag{5.2.1}$$

und

$$W_{1,1} \overset{(i)}{\leqq} W_{1,2} \tag{5.2.2}$$

ergibt sich für alle n die Gültigkeit von

$$W_{n,1} \overset{(i)}{\leqq} W_{n,2}; \quad i = 1 \text{ oder } i = 2\,. \tag{5.2.3}$$

Wenn die zugehörigen stationären Wartezeitverteilungsfunktionen W_1 und W_2 existieren ($i = 1$) und im Fall $i = 2$ endliche Erwartungswerte $m_{W,1}$ und $m_{W,2}$ haben, folgt aus (5.2.1) *allein*

$$W_1 \overset{(i)}{\leqq} W_2 \tag{5.2.4}$$

und speziell

$$m_{W,1} \leqq m_{W,2} \,. \tag{5.2.5}$$

Beweis von (5.2.4). Wir setzen $W_{1,1} = W_{1,2} = \Theta_0$. In diesem Fall gilt

$$W_{n,k} \leqq W_{n+1,k} \text{ für alle } n = 1, 2, \ldots \quad \text{und} \quad W_{n,k} \Rightarrow W_k; \quad k = 1, 2 \,.$$

Nach Satz 1.2.3 folgt hieraus (5.2.4) für $i = 1$. Wegen der monotonen Konvergenz der $W_{n,k}$ sind auch die zugehörigen Erwartungswerte monoton konvergent, und wir erhalten (5.2.4) mittels Satz 1.3.2. ●

Bemerkungen

1. Eine hinreichende Bedingung für (5.2.1), $i = 2$, ist

$$A_1 \overset{(3)}{\leqq} A_1 \quad \text{und} \quad B_1 \overset{(2)}{\leqq} B_2 \,. \tag{5.2.1'}$$

Es sei daran erinnert, daß nach (1.4.7) im Fall gleicher Erwartungswerte von A_1 und A_2 die Beziehung $A_2 \overset{(3)}{\leqq} A_1$ mit $A_1 \overset{(2)}{\leqq} A_2$ äquivalent ist.

2. Da die Ψ_n in den Vektoren $\{w_1, \delta_1, \ldots, \delta_n\}$ monoton wachsend und konvex sind, ist (5.2.3) auch im Fall beliebig abhängiger Bedienungs- und Pausenzeiten erfüllt, sofern für alle n

$$\{w_{1,1}, \delta_{1,1}, \ldots, \delta_{n,1}\} \overset{(i)}{\leqq} \{w_{1,2}, \delta_{1,2}, \ldots, \delta_{n,2}\}; \; i = 1 \text{ oder } i = 2 \,. \tag{5.2.1''}$$

Wenn die Folgen $\{\alpha_{n,k}, \beta_{n,k}\}$ $(k = 1, 2)$ metrisch transitiv sind und stationäre Wartezeitverteilungsfunktionen W_1 und W_2 existieren, so gilt auch (5.2.4), was ausgehend von (5.2.3) unter Ausnutzung der inneren Monotonieeigenschaft (5.1.6) bewiesen werden kann. (Im Fall $i = 2$ müssen wir noch die Endlichkeit der mittleren stationären Wartezeiten fordern.)

3. Satz 5.2.1 liefert die auch anschaulich klare Aussage, daß bei „großen" Bedienungs- und „kleinen" Pausenzeiten die Wartezeiten „groß" sind. Die schon früher bekannte Extremalitätsaussage, daß bei konstanten Bedienungs- oder Pausenzeiten die mittleren stationären Wartezeiten kleiner als bei anderen Verteilungen mit denselben Erwartungswerten sind (vgl. ROGOZIN (1966), ROSSBERG (1968)), kann in die Monotonieaussage für $i = 2$ eingebettet werden. Nach 1.9 sind nämlich konstante Bedienungszeiten bezüglich $\overset{(2)}{\leqq}$ besonders kurz und konstante Pausenzeiten bezüglich $\overset{(3)}{\leqq}$ besonders lang.

Aus Satz 5.2.1 folgt u. a. die Vergleichbarkeit aller Momente der stationären Wartezeit in Σ_1 und Σ_2, sofern (5.2.1) für $i = 1$ oder $i = 2$ erfüllt ist. Daß unter derselben Voraussetzung auch die Semiinvarianten vergleichbar sind, zeigt uns

Satz 5.2.2. *Es seien $s_{n,1}$ und $s_{n,2}$ die Semiinvarianten n-ter Ordnung der stationären Wartezeiten in Σ_1 und Σ_2, und es sei* (5.2.1) *für $i = 1$ oder $i = 2$ erfüllt. Dann gilt für alle $n = 1, 2, \ldots$*

$$s_{n,1} \leqq s_{n,2} . \tag{5.2.6}$$

Beweis. Aus $K_1 \overset{(i)}{\leqq} K_2$ folgt für alle k die Gültigkeit von

$$K_1^{*(k)} \overset{(i)}{\leqq} K_2^{*(k)} \quad \text{und} \quad \int_0^\infty t^n \, dK_1^{*(k)}(t) \leqq \int_0^\infty t^n \, dK_2^{*(k)}(t)$$

wegen $\max\{0, t^n\} \in \mathfrak{K}_2(\mathbf{R})$. Mittels Formel (5.0.5) erhalten wir dann sofort (5.2.6). ●

Ebenfalls mit Hilfe der Abbildungsmethode sind für die *Schlangenlängen* zu (5.2.3) und (5.2.4) analoge Aussagen für $i = 1$ beweisbar. Interessiert der stationäre Fall, können dazu auch die Formeln (5.0.15) und (5.0.16) benutzt werden. Bei den Modellen $M/GI/1$ und $GI/M/1$ ist es mit Hilfe der zu (5.0.1) analogen Rekursionsformeln (5.1.4) und (5.1.5) möglich, auch den Fall $i = 2$ zu erfassen; entsprechendes gilt nach Rolski (1975b) auch für Systeme mit Gruppenankünften oder -bedienung.

Die Formeln (5.0.9) und (5.0.11) ermöglichen es, die folgende, gegenüber Satz 5.2.1 wesentlich schärfere Aussage zu beweisen.[1])

Satz 5.2.3. a) *Für zwei $M/GI/1$-Systeme mit den Intensitäten λ_1 und λ_2 des Forderungenstromes und den Bedienungszeitverteilungsfunktionen B_1 und B_2 mit dem gleichen Erwartungswert m_B gelte $\lambda_1 \leqq \lambda_2$, $B_1 \overset{(2)}{\leqq} B_2$ und $\varrho_k = \lambda_k m_B < 1$; $k = 1,2$. Dann folgt für die zugehörigen stationären Wartezeitverteilungsfunktionen W_1 und W_2*

$$W_1 \overset{(1)}{\leqq} W_2 . \tag{5.2.7}$$

b) *Für zwei $GI/M/1$-Systeme mit den mittleren Bedienungszeiten $m_{B,k} = \mu_k^{-1}$ $(k = 1, 2)$ und den Pausenzeitverteilungsfunktionen A_1 und A_2 (zugehörige Erwartungswerte: $m_{A,1}$ und $m_{A,2}$) gelte*

$$\mu_1 \geqq \mu_2 , \; A_2 \leqq_L A_1 ; \quad \mu_1 m_{A,1} , \; \mu_2 m_{A,2} > 1 .$$

Dann folgt für die zugehörigen stationären Wartezeitverteilungsfunktionen W_1 und W_2 ebenfalls (5.2.7).

---

[1]) Mittels (5.0.15) und (5.0.16) ergibt sich unter den Voraussetzungen des Satzes 5.2.3 für die Schlangenlängen ebenfalls die Vergleichbarkeit bezüglich $\overset{(1)}{\leqq}$.

Beweis. a) $B_1 \overset{(2)}{\leqq} B_2$ ist im Fall gleicher Erwartungswerte äquivalent mit $\int_0^t \bar{B}_1(x)\, dx \geqq \int_0^t \bar{B}_2(x)\, dx$ für alle $t \geqq 0$. Also gilt für die Verteilungsfunktionen $B_{R,k}, B_{R,k}(t) = 1/m_B \int_0^t \bar{B}_k(x)\, dx$ $(k = 1, 2)$, die Beziehung $B_{R,1} \overset{(1)}{\leqq} B_{R,2}$.

Hieraus folgt für alle n $B_{R,1}^{*(n)} \overset{(1)}{\leqq} B_{R,2}^{*(n)}$, und mittels (5.0.9) sowie Satz 5.2.1 für $i = 1$ erhalten wir die Beziehung (5.2.7).

b) Aus $A_2 \leqq_L A_1$ ergibt sich nach Definition von $\leqq_L$ die Ungleichung

$$\int_0^\infty \exp\left(-\mu_2(1-z)\, t\right) dA_2(t) \geqq \int_0^\infty \exp\left(-\mu_1(1-z)\, t\right) dA_1(t)\,,$$

also für die zugehörigen Wurzeln ζ_1 und ζ_2 von (5.0.13) die Ungleichung $\zeta_1 \leqq \zeta_2$ und unter Berücksichtigung von (5.0.11) sofort (5.2.7). ●

5.3. Abschätzungen durch Ausnutzung innerer Monotonieeigenschaften von *GI/GI/1*

Mit Satz 5.1.1 ist uns die Möglichkeit gegeben, Abschätzungen für W auf folgende Art und Weise zu erhalten:

a) Wahl geeigneter Anfangsverteilungsfunktionen W_1 mit der Eigenschaft (5.1.1) als Abschätzungen,

b) iterative Verbesserung derartiger Näherungen und Verwendung von $W_2, W_3, \ldots$ als Abschätzungen.

Wir geben hier zwei Beispiele, je eines für die Relationen $\overset{(1)}{\leqq}$ und $\overset{(2)}{\leqq}$.

Satz 5.3.1. (Marshall (1968a), Stoyan (1974)). *Die mittlere stationäre Wartezeit m_W genügt der Ungleichung*

$$m_W \geqq c; \quad c = \int_{-c}^\infty \bar{K}(t)\, dt\,. \tag{5.3.1}$$

Beweis. Wir suchen eine Anfangsverteilungsfunktion W_1 mit

$$W_1 \overset{(2)}{\leqq} W_2\,. \tag{5.3.2}$$

Bezeichnen wir den Erwartungswert zu W_1 mit c, so gilt nach (1.3.14) die Ungleichung $c \leqq m_W$. Wir setzen $W_1 = \Theta_c$ und wählen c so, daß

$$c = \int_0^\infty t\, dW_2(t) \tag{5.3.3}$$

erfüllt ist. Wegen (1.3.5) gilt dann (5.3.2).

(5.3.3) lautet in anderer Form

$$c = \int_0^\infty \overline{K}(t-c)\,dt = \int_{-c}^\infty \overline{K}(t)\,dt$$

wegen $W_2(t) = K(t-c);\ t \geqq 0$. ●

Satz 5.3.2. (Kingman (1970), Ross (1974)). *Wenn es ein $C > 0$ gibt mit $\int_0^\infty \exp(Cx)\,dK(x) < \infty$, so gilt für die stationäre Wartezeitverteilungsfunktion W in $GI/GI/1$ die Ungleichung*

$$1 - a_1 \exp(-\theta t) \leqq W(t) \leqq 1 - a_2 \exp(-\theta t);\quad 0 \leqq t < \infty\,. \tag{5.3.4}$$

Dabei ist θ die Lösung der Gleichung

$$\int_{-\infty}^\infty \exp(\theta x)\,dK(x) = 1 \tag{5.3.5}$$

und

$$a_1 = \sup_{t>0} f(t)\,,\quad a_2 = \inf_{t>0} f(t);\quad 0 \leqq a_1\,,\ a_2 \leqq 1\,, \tag{5.3.6}$$

$$f(t) = \frac{\overline{K}(t)}{\int_t^\infty \exp\big(\theta(y-t)\big)\,dK(y)}\,,\qquad 0 \leqq t < \infty\,. \tag{5.3.7}$$

m_W und p_W genügen den Ungleichungen

$$\frac{a_2}{\theta} \leqq m_W \leqq \frac{a_1}{\theta}\,, \tag{5.3.8}$$

$$a_2 \leqq p_W \leqq a_1\,. \tag{5.3.9}$$

Beweis. Wir beweisen nur die linke Seite von (5.3.4); der Beweis der rechten Seite kann analog geführt werden. Der Einfachheit halber arbeiten wir dabei mit $\overline{W}$ usw. und beweisen die Ungleichung

$$\overline{W}(t) \leqq a_1 \exp(-\theta t);\qquad 0 \leqq t < \infty\,.$$

Wir wählen als Anfangsverteilungsfunktion $\overline{W}_1$ eine Funktion der Form

$$\overline{W}_1(t) = a \exp(-\vartheta t);\qquad 0 \leqq t < \infty \tag{5.3.10}$$

und bestimmen a und ϑ so, daß

$$\overline{W}_1(t) \geqq \overline{W}_2(t) \quad\text{bzw.}\quad W_2 \overset{(1)}{\leqq} W_1\,. \tag{5.3.11}$$

Es gilt nach (5.0.2) $\overline{W}_2(t) = \int_{-\infty}^t \overline{W}_1(t-x)\,dK(x) + \overline{K}(t)$, mit dem Ansatz (5.3.10) ergibt sich also

$$\overline{W}_2(t) = \overline{K}(t) + a\exp(-\vartheta t)\int_{-\infty}^t \exp(\vartheta x)\,dK(x);\qquad 0 \leqq t < \infty\,.$$

Setzen wir $a = a_1$, $\vartheta = \theta$, so erhalten wir leicht (5.3.11). (5.3.8) und (5.3.9) folgen unmittelbar aus (5.3.4). ●

Die Berechnung von θ nach (5.3.5) ist oft sehr kompliziert. Daher erscheint es als praktisch nützlich zu bemerken, daß θ monoton von K abhängt, d. h.

$$K_1 \overset{(i)}{\leqq} K_2 \to \theta_2 \leqq \theta_1; \qquad i = 1 \text{ oder } i = 2\,. \tag{5.3.12}$$

Gilt speziell $A \overset{(2)}{\leqq} \operatorname{Exp}\left(\frac{1}{m_A}\right)$, $B \overset{(2)}{\leqq} \operatorname{Exp}\left(\frac{1}{m_B}\right)$, *so erhalten wir*

$$\theta \geqq \frac{1}{m_B} - \frac{1}{m_A} \tag{5.3.13}$$

und

$$W(t) \geqq 1 - \exp\left(-\left(\frac{1}{m_B} - \frac{1}{m_A}\right)t\right); \qquad 0 \leqq t < \infty\,. \tag{5.3.14}$$

Für $GI/M/1$-Systeme, speziell also für $M/M/1$, liefert nämlich der Ansatz (5.3.10) die exakte Wartezeitverteilungsfunktion, da sie nach (5.0.11) selbst diese Gestalt besitzt. $\theta = m_B^{-1} - m_A^{-1}$ ist gerade der Exponent in der Wartezeitverteilungsfunktion von $M/M/1$.

Auf der Abschätzung (5.3.4) beruht die folgende *Konvergenzabschätzung* für die Wartezeitverteilungen in $GI/GI/1$ nach Borovkov (1972a).

Satz 5.3.3. *Es seien W_n die Verteilungsfunktion der n-ten Wartezeit und W die stationäre Wartezeitverteilungsfunktion in $GI/GI/1$ mit der Differenzzeitverteilungsfunktion K. Für alle $C \geqq 0$ mit*

$$\mathrm{e}(C) = \int_0^\infty \exp(Ct)\, dK(t) \leqq 1$$

gilt im Fall $W_1(t) = \Theta_0(t)$

$$W_{n+1}(t) - W(t) \leqq \exp(-Ct)\, \mathrm{e}^n(C); \qquad 0 \leqq t < \infty\,, \quad n = 1, 2, \ldots\,. \tag{5.3.15}$$

Beweis. Es sei $\{\delta_n\}$ eine Folge stochastisch unabhängiger, identisch gemäß K verteilter Zufallsgrößen. Dann ist die Wartezeit w_{n+1} der $(n+1)$-ten Forderung genauso verteilt wie γ_{n+1},

$$\gamma_{n+1} = \max\{0, \delta_1, \ldots, \delta_1 + \cdots + \delta_n\}; \qquad n = 1, 2, \ldots,$$

und W kann als die Verteilungsfunktion der Zufallsgröße γ gedeutet werden,

$$\gamma = \sup_{(n)} Y_n; \qquad Y_n = \sum_{k=1}^n \delta_k\,.$$

Also haben wir

$$W_{n+1}(t) - W(t) = \mathsf{P}(\gamma \geqq t) - \mathsf{P}(\gamma_{n+1} \geqq t) = \mathsf{P}(\gamma_{n+1} < t, \gamma \geqq t)$$
$$\leqq \mathsf{P}(Y_n < t, \gamma \geqq t) \leqq \int_0^t \mathsf{P}(\gamma \geqq t - x)\, d\mathsf{P}(Y_n < x)$$
$$\leqq \int_0^t \exp\left(-C(t-x)\right) d\mathsf{P}(Y_n < x) \leqq \exp(-Ct)\, \mathrm{e}^n(C)\,. \bullet$$

5.4. Abschätzungen durch Ausnutzung äußerer Monotonieeigenschaften von *GI*/*GI*/1

Für ein gegebenes $GI/GI/1$-System Σ können wir mit Hilfe von Systemen Σ_1 und Σ_2 mit

$$K_1 \overset{(i)}{\leqq} K \overset{(i)}{\leqq} K_2$$

leicht Abschätzungen für die stationäre Wartezeitverteilungsfunktion W erhalten, indem die Sätze 5.2.1 oder 5.2.2 angewendet werden. Dabei ist die Relation $\overset{(2)}{\leqq}$ von besonderem Interesse, ermöglicht sie doch Abschätzungen durch Systeme mit gleicher Belastung ϱ wie Σ.

Zu praktisch brauchbaren Abschätzungsformeln für m_W gelangen wir mit Hilfe der Formeln (5.0.10) und (5.0.12) für $M/GI/1$ und $GI/M/1$.

a) *Wenn*

$$A \overset{(2)}{\leqq} \operatorname{Exp}\left(\frac{1}{m_A}\right), \tag{5.4.1}$$

so gilt

$$m_W \leqq \frac{\sigma_B^2 + m_B^2}{2m_A(1-\varrho)}. \tag{5.4.2}$$

Kriterien für (5.4.1) sind in Kapitel 1.5 und 1.6 angegeben. Insbesondere ist (5.4.1) erfüllt, wenn A eine nicht fallende Fehlerrate hat, d. h. wenn A IFR ist. Für diesen Fall ist durch (5.6.5) eine untere Schranke gegeben, so daß hier m_W ziemlich gut eingrenzbar ist.

b) *Wenn*

$$B \overset{(2)}{\leqq} \operatorname{Exp}\left(\frac{1}{m_B}\right), \tag{5.4.3}$$

so gilt

$$m_W \leqq \frac{\zeta m_B}{1-\zeta}. \tag{5.4.4}$$

Dabei ist ζ die Wurzel der Gleichung $z = \int_0^\infty \exp\left(-\frac{(1-z)\,t}{m_B}\right) dA(t)$ mit $0 < z < 1$. Diese Schranke ist oft wesentlich genauer als (5.4.2). Im Fall von $E_s/GI/1$-Systemen kann die Tafel 4 benutzt werden.

Zu einer allgemeingültigen unteren Schranke für m_W kommen wir, indem wir die Extremalitätseigenschaften konstanter Pausenzeiten ausnutzen: *Es gilt*

$$m_W \geqq \frac{\sigma_B^2}{2m_A(1-\varrho)} - \frac{m_B}{2} \tag{5.4.5}$$

und — falls eine positive Zahl b existiert mit $b < m_A^{-1}$ *und* $B(b) = 0$ —

$$m_W \geqq \frac{\sigma_B^2}{2m_A(1-\varrho)} - \frac{m_B - b}{2}. \tag{5.4.6}$$

Beweis. Nach Marshall (1968a) gilt für Pausenzeitverteilungsfunktionen A mit wachsender Fehlerrate die Abschätzung (5.6.5). Diese Abschätzung kann auch auf $D/GI/1$-Systeme angewendet werden, da natürlich Θ_{m_A} eine wachsende Fehlerrate hat. Somit erhalten wir folgende Ungleichungen

$$m_W \geqq \left\{\begin{array}{l}\text{mittlere Wartezeit in } D/GI/1 \text{ mit Pausenzeitverteilungs-}\\ \text{funktion } \Theta_{m_A} \text{ und Bedienungszeitverteilungsfunktion } B\end{array}\right\}$$

$$\geqq \frac{\sigma_B^2}{2m_A(1-\varrho)} - \frac{m_B}{2}.$$

Die Schranke (5.4.6) ergibt sich analog, indem man die Schranke (5.4.5) auf ein $D/GI/1$-System mit der Bedienungszeitverteilungsfunktion $B(t-b)$ und den Pausenzeiten $m_A - b$ anwendet. (Für dieses System haben die δ_n dieselben Verteilungen wie in dem obigen $D/GI/1$-System, also bleiben auch die Wartezeitverteilungen unverändert.) ●

5.5. Abschätzungen für die mittlere Belegungs- und Untätigkeitszeit

Zeiten, in denen nach Beendigung einer Bedienung der Bedienungsapparat untätig ist, weil keine Forderungen im System sind, heißen *Untätigkeitszeiten*, und entsprechend nennt man die Zeiten zwischen zwei aufeinanderfolgenden Untätigkeitszeiten *Belegungszeiten.*

Beim Modell $GI/GI/1$ bilden die Belegungs- und Untätigkeitszeiten jeweils eine Folge stochastisch unabhängiger, identisch verteilter Zufallsgrößen. Zwischen aufeinanderfolgenden Belegungs- und Untätigkeitszeiten bestehen Abhängigkeiten. Die zugehörigen Erwartungswerte bezeichnen wir mit m_L (Untätigkeitszeiten) und m_F (Belegungszeiten).

Die Wahrscheinlichkeit P_{bes} dafür, daß der Apparat im stationären Zustand besetzt ist, kann in der Form

$$P_{\text{bes}} = \frac{m_F}{m_L + m_F} \tag{5.5.1}$$

geschrieben werden. Wegen (5.0.14) gilt also

$$m_L = \frac{1-\varrho}{\varrho} m_F . \tag{5.5.2}$$

Somit können wir zugleich mit m_F auch m_L abschätzen, was deswegen interessant ist, da m_F anscheinend einfacher erfaßbar ist.

Offensichtlich gilt

$$m_F \geqq m_B \tag{5.5.3}$$

und folglich

$$m_L \geqq \frac{1-\varrho}{\varrho} m_B , \tag{5.5.4}$$

weil in jeder Belegungszeit mindestens eine Forderung bedient wird.

Eine etwas genauere Abschätzung erhalten wir durch Ausnutzung der inneren Monotonie von $GI/GI/1$:
Ausgehend von der Anfangsverteilungsfunktion $W_1 = \Theta_0$ ergibt sich

$$1 - p_W \leqq p = \int_0^\infty \bar{A}(t)\, dB(t) ,$$

und mit (5.0.6) und (5.5.2)

$$m_F \geqq \frac{m_B}{\int_0^\infty \bar{A}(t)\, dB(t)} . \tag{5.5.5}$$

Ferner haben wir folgenden

Satz 5.5.1. *Wenn die Pausenzeitverteilungsfunktion A vom Typ* NBU (NWU) *ist, gilt die Ungleichung*

$$m_F \geqq (\leqq) \frac{m_B}{1 - \int_0^\infty H_A(t)\, dB(t)} .\text{[1]} \tag{5.5.6}$$

Beweis. Wir benutzen folgende Systemapproximation. Zur Zeit $t = 0$ möge die Forderung 1 eintreffen und ein leeres System vorfinden. Die während

[1]) Wegen Abschätzungen für die Erneuerungsfunktion H_A vgl. 7.2.2.

ihrer Bedienung (Dauer: β_1) eintreffenden Forderungen nennen wir Forderung 2, ..., ν. Nach Beendigung der Bedienung der Forderung 1 werden die Forderung 2 und alle die Forderungen bedient, die während ihrer Bedienung eintreffen usw. Dabei nehmen wir an, daß die Restpausenzeit α_ν' zwischen dem Zeitpunkt $t = \beta_1$ und dem Eintreffen der $(\nu + 1)$-ten Forderung durch eine Zufallsgröße α_ν^* ersetzt wird, die die Verteilungsfunktion A besitzt, also wie α_ν verteilt ist. Ist A NBU, so gilt $\alpha_\nu' \overset{(1)}{\leqq} \alpha_\nu^*$, und die Belegungszeit wird verkürzt. (Dieselbe Prozedur führt im Fall NWU, wo $\alpha_\nu^* \overset{(1)}{\leqq} \alpha_\nu'$, zu einer Verlängerung der Belegungszeit.) Führen wir dieselbe Abänderung auch für alle anderen Pausenzeiten durch, die über das Ende von Bedienungszeiten der Forderungen 2, 3, ..., $\nu - 1$ hinausgehen, so ist die Belegungszeit χ in dem approximierenden System gleich

$$\chi = \beta_1 + \sigma_1 + \cdots + \sigma_\nu \,, \tag{5.5.7}$$

wobei die σ_i untereinander und von β_1 unabhängige Zufallsgrößen mit derselben Verteilung wie χ sind. Aus (5.5.7) folgt nach dem WALD*schen Satz* (vgl. JOHNSON 1959)) für $\mathsf{E}\chi$ die Beziehung $\mathsf{E}\chi = m_B + \mathsf{E}\nu\mathsf{E}\chi$. $\mathsf{E}\nu$ ist gleich

$$\mathsf{E}\nu = \int_0^\infty H_A(t)\, dB(t) \,,$$

wobei H_A die Erneuerungsfunktion zu A ist. Somit erhalten wir

$$\mathsf{E}\chi = \frac{m_B}{1 - \int_0^\infty H_A(t)\, dB(t)} \,.$$

Aus $\mathsf{E}\chi \leqq m_F (\mathsf{E}\chi \geqq m_F)$ folgt (5.5.6). ●

Ein Gegenstück zu Satz 5.5.1 ist der

Satz 5.5.2. *Wenn die Pausenzeitverteilungsfunktion A vom Typ* NBU (NWU) *ist, gilt für die Verteilungsfunktion L der Untätigkeitszeit*

$$L \overset{(1)}{\leqq} \left(\overset{(1)}{\geqq}\right) A \,, \tag{5.5.8}$$

und wenn A vom Typ NUBE (NWUE) *ist,*

$$m_L \leqq (\geqq)\, m_A \,. \tag{5.5.9}$$

Beweis. Die Untätigkeitszeit ist eine „Restpausenzeit“, und ihre Verteilungsfunktion L hat die Gestalt

$$L(t) = \int_0^\infty \mathsf{P}(\alpha_1 < t + x \mid \alpha_1 > x)\, dF(x); \quad 0 \leqq t < \infty \,,$$

wobei F die Verteilungsfunktion der Summe aus stationärer Wartezeit und Bedienungszeit (= Verweilzeit) ist. Wegen

$$\mathsf{P}(\alpha_1 > t + x \mid \alpha_1 > x) \leqq \mathsf{P}(\alpha_1 > t) \qquad (\text{NBU})$$

$$\big(\mathsf{P}(\alpha_1 > t + x \mid \alpha_1 > x) \geqq \mathsf{P}(\alpha_1 > t) \qquad (\text{NWU})\big)$$

folgt $\overline{L}(t) \leqq (\geqq)\, \overline{A}(t)$.

Entsprechend ergibt sich (5.5.9) ausgehend von der Deutung (1.6.9) der Eigenschaft NBUE (NWUE). ●

5.6. Abschätzungen der mittleren Wartezeit und Wartewahrscheinlichkeit über Abschätzungen der Untätigkeitszeit

Wie MARSHALL (1968a) zeigte, können Abschätzungen für m_W erhalten werden, indem die Intentität

$$m_W = \frac{(m_A - m_B)^2 + \sigma_A^2 + \sigma_B^2}{2\,(m_A - m_B)} - \frac{m_L^2 + \sigma_L^2}{2m_L} \tag{5.0.7}$$

ausgenutzt wird, wobei der Minuend geeignet abgeschätzt wird. Obere Schranken für m_W ergeben sich mittels

$$\frac{m_L^2 + \sigma_L^2}{2m_L} \geqq \frac{m_L}{2} \tag{5.6.1}$$

und unterer Schranken für m_L, wie sie in 5.5 gegeben werden. So erhalten wir ausgehend von (5.5.4) und (5.5.5)

$$m_W \leqq \frac{\sigma_A^2 + \sigma_B^2}{2m_A(1 - \varrho)} \tag{5.6.2}$$

und

$$m_W \leqq \frac{\sigma_A^2 + \sigma_B^2}{2m_A(1 - \varrho)} - \frac{(1 - p)\,(1 - \varrho)\, m_A}{2p}, \tag{5.6.3}$$

wobei

$$p = \int_0^\infty \dot{\overline{A}}(x)\, dB(x)\,.$$

Mit Hilfe von Satz 1.6.1 kann der Quotient $\dfrac{m_L^2 + \sigma_L^2}{2m_L}$ wesentlich besser als nach (5.6.1) abgeschätzt werden. Identifiziert man die Untätigkeitsverteilungsfunktion mit F' und die Pausenzeitverteilungsfunktion A mit F, so ergibt sich, falls A IFR (DFR)

$$\frac{m_L^2 + \sigma_L^2}{2m_L} \leqq (\geqq)\, \frac{m_A^2 + \sigma_A^2}{2m_A}\,. \tag{5.6.4}$$

Somit erhalten wir, vgl. MARSHALL (1968a),

$$m_W \geqq (\leqq) \frac{\sigma_A^2 + \sigma_B^2}{2m_A(1-\varrho)} - \frac{m_A}{2}\left(\frac{\sigma_A^2}{m_A^2} + \varrho\right), \text{ falls } A \text{ IFR (DFR)}. \qquad (5.6.5)$$

Weitere Abschätzungen gab MARSHALL für Pausenzeitverteilungen vom Typ γ-MRLA (γ-MRLB) an.

Eine Verteilungsfunktion F auf $[0, \infty]$ heißt *vom Typ* γ-MRLA (= γ-*mean residual life bounded above*) bzw. γ-MRLB (= γ- ... *below*), falls für alle $\tau > 0$

$$\int_\tau^\infty \frac{\overline{F}(x)}{\overline{F}(\tau)} dx \leqq \gamma \quad \text{bzw.} \geqq \gamma ,$$

d. h., die Erwartungswerte der Restzeiten sind gleichmäßig beschränkt.

Eine Verteilungsfunktion vom Typ NBUE (NWUE) mit dem Erwartungswert m ist m-MRLA (m-MRLB). Ferner sind ERLANG-Verteilungen mit den Parametern s und λ für alle s $1/\lambda$-MRLB.

Wie in Satz 5.5.2 erhalten wir

$$m_L \leqq (\geqq) \gamma . \qquad (5.6.6)$$

Außerdem gilt nach MARSHALL für Pausenzeitverteilungen vom Typ γ-MRLA (γ-MRLB)

$$(m_L^2 + \sigma_L^2)/2m_L \leqq (\geqq) \gamma . \qquad (5.6.7)$$

Das kann z. B. bewiesen werden, indem der linksstehende Quotient als Erwartungswert der stationären Rekurrenzzeitverteilung eines Erneuerungsprozesses aufgefaßt wird, dessen Erneuerungszeiten wie die Untätigkeitszeit verteilt sind.

(5.6.7) und (5.0.7) liefern für γ-MRLA (γ-MRLB)-Pausenzeiten

$$m_W \geqq (\leqq) \frac{\sigma_A^2 + \sigma_B^2}{2m_A(1-\varrho)} + \frac{m_A(1-\varrho)}{2} - \gamma \qquad (5.6.8)$$

sowie

$$m_W \geqq (\leqq) \frac{\sigma_A^2 + \sigma_B^2}{2m_A(1-\varrho)} - \frac{m_A(1+\varrho)}{2}, \text{ falls } A \text{ NBUE (NWUE)}. \qquad (5.6.9)$$

Im Fall von Systemen vom Typ $E_s/GI/1$ folgt aus (5.6.8)

$$m_W \leqq \frac{m_A^2/s + \sigma_B^2}{2m_A(1-\varrho)} + \frac{m_A(1-\varrho)}{2} - \frac{m_A}{s}, \qquad (5.6.10)$$

eine Schranke, die auf anderem Wege auch FAINBERG (1976) erhielt.

Für die stationäre Wartewahrscheinlichkeit p_W kommen wir zu Abschätzungen, indem wir von (5.0.6) ausgehen und m_L gemäß (5.5.9) oder (5.6.6) abschätzen:

$$p_W \leqq (\geqq) \varrho, \text{ falls } A \text{ NBUE (NWUE)}. \qquad (5.6.11)$$

Für ERLANG-verteilte Pausenzeiten, $A = Erl\,(1/sm_A, s)$, gilt schließlich

$$1 - (1 - \varrho)^s \leqq p_W \leqq \varrho\,. \tag{5.6.12}$$

DALEY (1977) zeigte, daß (5.6.2) zu

$$m_W \leqq \frac{\varrho(2 - \varrho)\,\sigma_A^2 + \sigma_B^2}{2m_A(1 - \varrho)} \tag{5.6.13}$$

verschärft werden kann. Beim Beweis ging er von der Identität

$$\mathsf{E}\xi_n^2 = 2\mathsf{E}w_n\delta_n + \mathsf{E}\delta_n^2, \text{ vgl. S. 73,}$$

aus und schätzte $\mathsf{E}\xi_n^2$ nach unten ab. Hierfür benutzte er die Ungleichung

$$\mathsf{E}(\max\{0, \xi - x\})^2 \geqq \nu \cdot (\mathsf{E}\max\{0, \xi - x\})^2$$

für beliebige nichtnegative Zufallsgrößen ξ mit $\mathsf{E}\xi^2 < \infty$ und beliebige reelle $x \geqq 0$, wobei $\nu = \mathsf{E}\xi^2/(\mathsf{E}\xi)^2$.

5.7. Abschätzungen bei nicht-rekurrentem Forderungenstrom

Mit ähnlichen Methoden wie im Fall rekurrenter Forderungenströme und unabhängiger Bedienungszeiten können wir in einigen Fällen auch dann Abschätzungen erhalten, wenn stochastische Abhängigkeiten zwischen Pausen- und Bedienungszeiten bestehen. So können äußere Monotonieeigenschaften bezüglich $\overset{(2)}{\leqq}$ ausgenutzt werden oder Abschätzungen mit Hilfe der (5.0.7) entsprechenden Formel (5.0.21) bestimmt werden.

Wir nehmen im folgenden an, daß die Folge $\{\alpha_n, \beta_n\}$ metrisch transitiv ist und daß die mittlere stationäre Wartezeit m_W endlich ist.

5.7.1. Ausnutzung äußerer und innerer Monotonieeigenschaften für $G/GI/1$

Wir fordern in diesem Abschnitt, daß die Bedienungszeiten in ihrer Gesamtheit und von den Pausenzeiten stochastisch unabhängig sind. Dann gilt analog zu (5.4.5) und (5.4.6)

$$m_W \geqq \frac{\sigma_B^2}{2m_A(1 - \varrho)} - \frac{m_B}{2} \tag{5.7.1}$$

und

$$m_W \geqq \frac{\sigma_B^2}{2m_A(1 - \varrho)} - \frac{m_B - b}{2}, \tag{5.7.2}$$

falls $B(b) = 0$ und $b < m_A^{-1}$. Der Beweis dieser Formeln ist derselbe wie im Fall eines rekurrenten Forderungenstromes. Er beruht darauf, daß m_W nicht kleiner als die mittlere stationäre Wartezeit in $D/GI/1$ ist.

Wenn der Forderungenstrom bezüglich $\overset{(2)}{\leqq}$ dünner als ein POISSON-Strom ist (vgl. 1.10), so erhalten wir analog zu (5.4.2)

$$m_W \leqq \frac{\sigma_B^2 + m_B^2}{2m_A(1-\varrho)}. \tag{5.7.3}$$

Aus (5.1.6) folgen die i. a. nur sehr groben Abschätzungen für $G/G/1$,

$$p_W \geqq 1 - p = \overline{K}(0)\,, \tag{5.7.4}$$

$$m_W \geqq \int_0^\infty t\, dK(t)\,, \tag{5.7.5}$$

wobei K die Verteilungsfunktion von $\delta_0 = \beta_0 - \alpha_0$ ist.

5.7.2. Abschätzungen der mittleren Wartezeit über Abschätzungen der mittleren Untätigkeitszeit

Da im stationären Fall unter unseren Voraussetzungen die Formeln (5.5.1) und (5.5.2) auch für $G/G/1$ gelten, erhalten wir für die mittlere Belegungszeit m_F die Abschätzungen

$$m_F \geqq m_B \qquad \text{und} \qquad m_F \geqq \frac{m_B}{p}.$$

Mit ihrer Hilfe können wir ähnlich wie im Fall unabhängiger Bedienungs- und Pausenzeiten Abschätzungen für m_W in $G/G/1$ ausgehend von der Identität

$$m_W = -\frac{2\operatorname{cov}(w_0, \delta_0) + \mathsf{E}\delta_0^2}{2\mathsf{E}\delta_0} - \frac{m_L^2 + \sigma_L^2}{2m_L} \tag{5.0.21}$$

erhalten. Ist $\operatorname{cov}(w_0, \delta_0) \leqq 0$ (vgl. (5.7.15)), so gelangen wir zu

$$m_W \leqq -\frac{\mathsf{D}\delta_0}{2\mathsf{E}\delta_0} = \frac{\sigma_A^2 + \sigma_B^2 - 2\operatorname{cov}(\alpha_0, \beta_0)}{2m_A(1-\varrho)} \tag{5.7.6}$$

und

$$m_W \leqq -\frac{\mathsf{D}\delta_0}{2\mathsf{E}\delta_0} - \frac{(1-p)(1-\varrho)\,m_A}{2p}. \tag{5.7.7}$$

Für $G/GI/1$ erhalten wir die Formeln (5.6.2) und (5.6.3).

5.7.3. Einlinige Seriensysteme

Als Anwendung der Ergebnisse in den vorangegangenen Abschnitten wollen wir Abschätzungen der stationären mittleren Wartezeiten in *einlinigen Seriensystemen* beweisen.

Ein rekurrenter Forderungenstrom (mittlere Pausenzeit: m_A, Varianz der Pausenzeiten: σ_A^2) wird durch s in Reihe geschaltete Apparate (Bedienungszeitverteilungsfunktion des k-ten Apparates: B_k, mittlere Bedienungszeit: $m_{B,k}$, Varianz: $\sigma_{B,k}^2$) bedient, wobei jede Forderung zuerst zu Apparat 1, dann zu Apparat 2, ... geht und zwischen den Apparaten jeweils unbegrenzter Warteraum vorhanden ist. Die Bedienungszeiten seien in ihrer Gesamtheit stochastisch unabhängig.

Nach SACKS (1960) konvergiert bei beliebiger Anfangsverteilung die Folge der Verteilungen der Vektoren $\{w_{1,n}, \ldots, w_{s,n}\}$ der Wartezeiten der n-ten Forderungen vor dem 1., ..., s-ten Apparat schwach gegen eine eindeutig bestimmte stationäre Verteilung, sofern für alle $k = 1, \ldots, s$

$$\varrho_k = \frac{m_{B,k}}{m_A} < 1 . \tag{5.7.8}$$

Satz 5.7.1. *Für die stationären mittleren Wartezeiten der Forderungen vor dem k-ten Apparat* $w_{W,k}$ *(ihre Existenz sei gesichert;* $k = 1, 2, \ldots$*) gelten folgende Abschätzungen*

$$m_{W,1} \leqq \frac{\sigma_A^2 + \sigma_{B,1}^2}{2(m_A - m_{B,1})}, \tag{5.7.9}$$

$$m_{W,k} \leqq \frac{\sigma_A^2 + \sigma_{B,k}^2 + 2\sum_{i=1}^{k-1} \sigma_{B,i}^2}{2m_A(1-\varrho_k)} - \frac{\sum_{i=1}^{k-1} (1-\varrho_i)\, m_{W,i}}{1-\varrho_k}; \quad k = 2, 3, \ldots \tag{5.7.10}$$

und

$$m_{W,k} \geqq \frac{\sigma_{B,k}^2}{2m_A(1-\varrho_k)} - \frac{m_{B,k}}{2}; \; k = 1, \ldots, s . \tag{5.7.11}$$

Durch Kombination von (5.7.10) *und* (5.7.11) *erhalten wir*

$$m_{W,k} \leqq \frac{\sigma_A^2 + \sigma_{B,k}^2 + \sum_{i=1}^{k-1} \sigma_{B,i}^2}{2m_A(1-\varrho_k)} + \frac{\sum_{i=1}^{k-1} (1-\varrho_i)\, m_{B,i}}{2(1-\varrho_k)}; \quad k = 1, \ldots, s . \tag{5.7.12}$$

Während (5.7.11) für alle k größenordnungsmäßig dieselbe Ungenauigkeit hat, werden die Schranken (5.7.10) und (5.7.12) mit wachsendem k immer gröber.

Beweis. Die Formel (5.7.11) ist eine Folgerung aus (5.7.1). (5.7.10) wird mit Hilfe von (5.0.21) bewiesen, wozu die Kovarianz $\operatorname{cov}(w_0, \delta_0)$ sowie σ_A^2 in $\mathsf{E}\delta_0^2 = \sigma_B^2 + \sigma_A^2 + (m_A - m_B)^2$ abzuschätzen sind, worin wir SUZUKI und MARUTA (1970) folgen. Es seien $\alpha_n^{(k)}$ die Pausenzeit zwischen der

Ankunft der n-ten und $(n+1)$-ten Forderung beim k-ten Apparat und $\beta_n^{(k)}$ die Bedienungszeit der n-ten Forderung auf dem k-ten Apparat und $\delta_n^{(k)}$ die zugehörige Differenz, $\delta_n^{(k)} = \beta_n^{(k)} - \alpha_n^{(k)}$; $k = 1, \dots, s$; $n = 0, 1, \dots$.

$w_n^{(k)}$ sei die Wartezeit der n-ten Forderung vor dem k-ten Apparat. Dann gilt analog (5.0.1)

$$w_{n+1}^{(k)} = \max\{0, w_n^{(k)} + \delta_n^{(k)}\}$$

und mit

$$\xi_n^{(k)} = -\min\{0, w_n^{(k)} + \delta_n^{(k)}\}$$

$$w_{n+1}^{(k)} - \xi_n^{(k)} = w_n^{(k)} + \delta_n^{(k)}; \qquad n = 0, 1, \dots \tag{5.7.13}$$

Außerdem haben wir

$$\alpha_n^{(k+1)} = \alpha_n^{(k)} + w_{n+1}^{(k)} + \beta_{n+1}^{(k)} - \beta_n^{(k)} - w_n^{(k)} = \beta_{n+1}^{(k)} + \xi_n^{(k)} . \tag{5.7.14}$$

Wir nehmen jetzt an, daß sich das System im stationären Zustand befindet, d. h. daß die Folgen $\{\alpha_n^{(k)}\}$, $\{\beta_n^{(k)}\}$, $\{\delta_n^{(k)}\}$, $\{w_n^{(k)}\}$ und $\{\xi_n^{(k)}\}$ stationär sind.

1. Abschätzung der Kovarianzen $\operatorname{cov}(w_n^{(k)}, \delta_n^{(k)}) = \operatorname{cov}(w_0^{(k)}, \delta_0^{(k)})$:

$$\operatorname{cov}(w_n^{(k)}, \delta_n^{(k)}) \leqq 0; \qquad k = 1, \dots, s, \qquad n = 0, 1, \dots . \tag{5.7.15}$$

Wegen der Unabhängigkeitseigenschaften der Bedienungszeiten, der Definition der $\delta_n^{(k)}$ und (5.7.14) gilt nämlich

$$\operatorname{cov}(w_n^{(k)}, \delta_n^{(k)}) = -\operatorname{cov}(w_n^{(k)}, \alpha_n^{(k)}) = -\operatorname{cov}(w_n^{(k)}, \xi_n^{(k-1)}) . \tag{5.7.16}$$

$\operatorname{cov}(w_n^{(k)}, \xi_n^{(k-1)})$ kann mit Hilfe des folgenden Lemmas von GURLAND (1967) abgeschätzt werden.

Es seien ξ eine beliebige Zufallsgröße sowie f und g reelle, stetige Funktionen, für die die folgenden Erwartungswerte existieren. Wenn f und g beide monoton nicht fallend bzw. wachsend sind, gilt

$$\mathsf{E}f(\xi)\,\mathsf{E}g(\xi) \leqq \mathsf{E}f(\xi)\,g(\xi) ,$$

und wenn f monoton nicht fallend und g monoton nicht wachsend (oder umgekehrt) sind

$$\mathsf{E}f(\xi)\,\mathsf{E}g(\xi) \geqq \mathsf{E}f(\xi)\,g(\xi) .$$

Wir drücken nun $w_n^{(k)}$ und $\xi_n^{(k-1)}$ als Funktion von $\beta_n^{(k-1)}$ aus. Nach den obigen Beziehungen gilt

$$\xi_n^{(k-1)} = \max\{0, \alpha_n^{(k-1)} - w_n^{(k-1)} - \beta_n^{(k-1)}\} ,$$

$$w_n^{(k)} = \max\{0, w_{n-1}^{(k)} + \beta_{n-1}^{(k)} - (\alpha_{n-1}^{(k-1)} + w_n^{(k-1)} - w_{n-1}^{(k-1)} + \beta_n^{(k-1)} - \beta_{n-1}^{(k-1)})\}.$$

Bei fixierten $\alpha_n^{(k-1)}$, $w_n^{(k-1)}$, ... sind $\xi_n^{(k-1)}$ und $w_n^{(k)}$ beides monoton nicht wachsende Funktionen in $\beta_n^{(k-1)}$, und das Lemma liefert uns

$$\mathsf{E}(w_n^{(k)} \xi_n^{(k-1)} \mid \alpha_n^{(k-1)}, w_n^{(k-1)}, \dots)$$
$$\geqq \mathsf{E}(w_n^{(k)} \mid \alpha_n^{(k-1)}, w_n^{(k-1)}, \dots)\, \mathsf{E}(\xi_n^{(k-1)} \mid \alpha_n^{(k-1)}, w_n^{(k-1)}, \dots)$$

mit Wahrscheinlichkeit 1. Bilden wir auf beiden Seiten Erwartungswerte, so erhalten wir $\mathsf{E}(w_n^{(k)}\xi_n^{(k-1)}) \geqq \mathsf{E}w_n^{(k)}\mathsf{E}\xi_n^{(k-1)}$, d. h. $\operatorname{cov}(w_n^{(k)}, \xi_n^{(k-1)}) \geqq 0$, also wegen (5.7.16) die Ungleichung (5.7.15).

2. Abschätzung der Varianzen $\sigma_{A,k}^2$ der Pausenzeiten $\alpha_n^{(k)}$:

$$\sigma_{A,k}^2 \leqq \sigma_{A,k-1}^2 + 2\sigma_{B,k-1}^2 - 2m_A(1-\varrho_{k-1})\, m_{W,k-1}\,, \quad k = 2, 3, \ldots, s\,. \tag{5.7.17}$$

Ausgehend von (5.7.14) ergibt sich nämlich

$$\sigma_{A,k+1}^2 = \sigma_{B,k}^2 + \mathsf{D}\xi_n^{(k)}$$

und mittels (5.7.13)

$$\mathsf{D}\xi_n^{(k)} = \sigma_{A,k}^2 + \sigma_{B,k}^2 + 2\operatorname{cov}(w_n^{(k)}, \delta_n^{(k)}) + 2\operatorname{cov}(w_{n+1}^{(k)}, \xi_n^{(k)})$$

und wegen $w_{n+1}^{(k)}\xi_n^{(k)} = 0$

$$\mathsf{D}\xi_n^{(k)} = \sigma_{A,k}^2 + \sigma_{B,k}^2 + 2\operatorname{cov}(w_n^{(k)}, \delta_n^{(k)}) - 2m_A(1-\varrho_k)\, m_{W,k}\,.$$

Unter Beachtung von (5.7.15) folgt dann (5.7.17).

Die Abschätzung (5.7.6) liefert uns

$$m_{W,k} \leqq \frac{\sigma_{A,k-1}^2 + \sigma_{B,k}^2 + 2\sigma_{B,k-1}^2}{2m_A(1-\varrho_k)} - \frac{1-\varrho_{k-1}}{1-\varrho_k}\, m_{W,k-1}\,,$$

woraus wir mittels (5.7.17) die $\sigma_{A,i}^2$ $(i = 2, \ldots, k-1)$ eliminieren können und so (5.7.10) erhalten. ●

Anmerkungen zu 5

5.1

Die innere Monotonie von $GI/GI/1$ ist für $i = 1$, zumindest für $W_1 = \Theta_0$, schon lange bekannt und spielt beim Beweis der Existenz einer stationären Wartezeitverteilungsfunktion W eine wesentliche Rolle. In der hier gegebenen allgemeinen Form wurde Satz 5.1.1 von Daley (1968) bewiesen, vgl. auch Kingman (1970); für $i = 2$ vgl. Stoyan (1972a).

Die Monotonieeigenschaft (5.1.6) fand Loynes (1962), der sie zum Nachweis stationärer Wartezeitverteilungen in $G/G/1$ benutzte.

Offenes Problem: Kann die innere Monotonie von $G/G/1$, d. h. (5.1.6), auch für andere Anfangszustände als $w_1 = 0$ und auch für $i = 2$ bewiesen werden?

5.2

Die äußere Monotonie von $GI/GI/1$ wurde für $i = 1$ zuerst von Gaede (1965), später von Daley und Moran (1968) nachgewiesen. Die Optimalität konstanter Bedienungs- oder

Pausenzeiten fand zuerst ROGOZIN (1966), der die Formel (5.0.4') für m_W und die JENSENsche Ungleichung als Hilfsmittel benutzte. Ähnlich ging ROSSBERG (1968, 1970b) vor, der auch andere Kenngrößen (p_W, Verweilzeiten) untersuchte und außerdem nachwies, daß m_W ein echtes Minimum für $A = \Theta_{m_A}$ annimmt. Satz 5.2.1 wurde im Fall $i = 2$ zuerst von D. und H. STOYAN (1969) bewiesen (das Ziel der Autoren war es, die Aussagen von ROGOZIN und ROSSBERG zu verallgemeinern), kurz danach von BOROVKOV (1970). BOROVKOV (1970) fand die Aussage des Satzes 5.2.2 zusammen mit der Formel (5.0.5) für die Semiinvarianten der stationären Wartezeit in $GI/GI/1$. Zu gleichen Resultaten kam auch BERGMANN (1974) und konnte mit einer Methode, die der Abbildungsmethode entspricht, äußere Monotonieeigenschaften von $GI/GI/1$ mit Hilfe von Halbordnungsrelationen beweisen, die $\leqq_{2,n}$ ähneln und den Vergleich von Semiinvarianten unter schwächeren Voraussetzungen als in Satz 5.2.2 erlauben.

Der $GI/M/1$ betreffende Teil des Satzes 5.2.3 stammt von ROLSKI (1972).

Mit Hilfe der Formel (5.0.9) kann man zeigen, daß für $M/GI/1$ im Fall $B \overset{(2)}{\leqq} \operatorname{Exp}(1/m_B)$ die Ungleichung $W \overset{(2)}{\leqq} W'$ erfüllt ist, wobei $W'(t) = 1 - \varrho \cdot \exp(-\varrho t/m_W)$. W' wurde von VOLODIN/KOLIN (1972) als (erfahrungsmäßig gute) Näherung für W vorgeschlagen.

Mit Hilfe der Abbildungsmethode können auch äußere Monotonieeigenschaften der *virtuellen Wartezeiten* in $GI/GI/1$ bezüglich $\overset{(1)}{\leqq}$ und $\overset{(2)}{\leqq}$ bewiesen werden; vgl. Abschnitt 6.2. Für die stationäre Verteilungsfunktion W_v der virtuellen Wartezeit kann das auch direkt mittels der Formel

$$W_v(t) = 1 - \varrho + \varrho W^* B_R(t); \qquad 0 \leqq t < \infty,$$

vgl. COHEN (1969), getan werden.

Offene Probleme: 1. Unter welchen Bedingungen sind die Warteschlangenlängenverteilungen (im stationären und instationären Fall) vergleichbar bezüglich $\overset{(2)}{\leqq}$? Speziell: Ist dies für die stationären Verteilungen der Fall, wenn (5.2.1) für $i = 2$ gültig ist?
2. Wann gilt noch, wie für $GI/M/1$ und $M/GI/1$, die Beziehung $K_1 \overset{(2)}{\leqq} K_2 \rightarrow W_1 \overset{(1)}{\leqq} W_2$?
3. Unter welchen Bedingungen ist $W_1 \leqq_L W_2$ gültig?

5.3

Der angegebene Beweis des Satzes 5.3.1 wurde von D. und H. STOYAN (1974) gefunden, MARSHALL (1968a) beschritt einen anderen Weg. Obere Schranken für W und m_W auf der Grundlage innerer Monotonie bezüglich $\overset{(2)}{\leqq}$ gaben D. und H. STOYAN (1974) an; als Anfangsverteilung wurde im Fall der Gültigkeit von (5.4.1) und (5.4.3) die stationäre Wartezeitverteilung in $M/M/1$ gewählt.

KINGMAN (1970) bewies die rechte Seite von (5.3.4) durch Ausnutzung innerer Monotonie, ROSSBERG und SIEGEL (1974) stellten in ihrer Arbeit das Allgemeine seiner Methode heraus und wendeten sie auch auf $GI/GI/1$-Systeme mit Besonderheiten beim Bedienungsbeginn an. Die linke Seite von (5.3.4) bewies ROSS (1974), wobei er, wie übrigens auch KINGMAN (1964) beim Beweis der rechten Seite, Hilfsmittel aus der Martingal-Theorie zu Hilfe nahm. (Die Folge der $Z_n = \exp\left\{\theta \sum_{i=1}^{n} \delta_i\right\}$ ist ein Martingal, was zusammen mit $\overline{W}(t) = \mathsf{P}\left(\sum_{i=1}^{n} \delta_i > t \text{ für irgendein } n = 1, 2, \ldots\right)$ den Beweis ermöglichte.) Die Beziehung (5.3.12), die wie $\zeta_1 \leqq \zeta_2$ in Satz 5.2.3 bewiesen werden kann, gaben Bergmann und Stoyan (1976) an. Sie zeigten auch, wie die Koeffizienten a_1 und a_2 durch einfacher berechenbare Größen approximiert werden können.

Exponentielle Schranken für W behandelte ferner Delbrouck (1975) und untersuchte Beziehungen von W zur Wartezeitverteilungsfunktion in $M/GI/1$ im Fall konkaver Bedienungszeitverteilungsfunktionen.

Eine Konvergenzabschätzung für $GI/GI/1$ von sehr ähnlicher Art wie (5.3.15) fand auch Bartfai (1973); er bewies außerdem Sätze über „große" Wartezeiten, z.B. über den *Limes superior* der Folge $\{w_n\}$. Weitere Konvergenzabschätzungen wurden von C. R. Heatcote, Complete exponential convergence and some related topics. J. Appl. Prob. 4 (1967), 217–256, und N. Veraverbeke und J. L. Teugels, The exponential rate of convergence of the distribution of the maximum of a random walk. J. Appl. Prob. 12 (1975), 279–288, angegeben. Interessante Konvergenzeigenschaften der mittleren Warteeigenschaften bewies M. Mori, Transient behaviour of the mean waiting time and its exact form in $M/M/1$ and $M/D/1$. J. Operations Res. Japan 19 (1976), 14–31.

Offene Probleme: 1. Gibt es auch andere Anfangsverteilungsfunktionen W_1, für die man durch Ausnutzung innerer Monotonie zu brauchbaren Abschätzungen kommt? (Dieselbe Frage stellte schon Kingman (1970).)

2. Ist in dem Fall, wenn A und B NBUE sind, die stationäre Wartezeitverteilungsfunktion W bezüglich $\overset{(1)}{\leqq}$ kleiner als die in $M/M/1$ mit derselben mittleren Bedienungs- und Pausenzeit? Kombiniert man (5.3.13) und (5.6.11), so liegt diese Frage nahe; vgl. auch Bergmann Stoyan (1976). Für die Schlangenlängen erhielt Miyazawa (1976) das entsprechende Resultat.

3. Kann man mittels der inneren Monotonie der Warteschlangenlängen Abschätzungen gewinnen?

5.4

Gaede (1965) sowie Daley und Moran (1968) schlugen zugleich mit dem Nachweis äußerer Monotonie auch ihre Ausnutzung für Abschätzungen vor; da sie aber nur mit $\overset{(1)}{\leqq}$ arbeiteten, waren die Abschätzungen ziemlich grob.

Die Abschätzungen für m_W in 5.4 wurden im wesentlichen vom Autor gefunden; vgl. Stoyan (1974a), D. und H. Stoyan (1974).

In Stoyan (1972e) wurde die von Kingman (1966) gegebene Anregung, mit Hilfe von *Normalverteilungen* Abschätzungen für $GI/GI/1$ zu erhalten, aufgegriffen. Wenn K bezüglich $\overset{(2)}{\leqq}$ kleiner als die Normalverteilungsfunktion mit den Parametern $m < 0$ und σ ist, so gilt

$$m_W \leqq \sum_{n=1}^{\infty} \sigma \cdot n^{-1/2} \left[\varphi(z_n) + z_n \Phi(z_n)\right]; \quad z_n = n^{-1/2} m/\sigma; \quad n = 1, 2, \ldots .$$

φ bezeichnet die Dichte-, Φ die Verteilungsfunktion der normierten Normalverteilung.) Die unendliche Summe ist näherungsweise gleich $\sigma\,(1/2\alpha - c + 0(\alpha))$; $\alpha = -m/\sigma$; $c = 0{,}58$; vgl. Kingman (1966).

Ähnlich wie m_W in (5.4.2) und (5.4.4) kann die *Varianz* σ_W^2 *der Wartezeit* im stationären Fall abgeschätzt werden, Hilfsmittel sind dafür Satz 5.2.2 und die Formeln für σ_W^2 in $M/GI/1$ und $GI/M/1$, vgl. auch Mori (1975).

Wir weisen noch auf die Möglichkeit hin, Schranken für W durch Ausnutzung innerer Monotonie iterativ zu verbessern.

5.5

Die Abschätzungen in 5.6 sind im wesentlichen Resultate von MARSHALL (1968a). Ähnliche Methoden führten auch zu Schranken für $GI/GI/1$-Systemen mit Gruppenankünften, vgl. MARSHALL (1968b), und für Kostengrößen in gesteuerten $GI/GI/1$-Systemen, vgl. HEYMAN/MARSHALL (1968). KARPEVIČ und KREININ gelangten in ihrer Arbeit Ф. И. КАРПЕВИЧ, А. Я. КРЕЙНИН, Оценки среднего времени ожидания.... Изв. АН СССР, Техн. Киб. (1976) 3, 105–107 auf einem anderen Wege ebenfalls zu den Ergebnissen von MARSHALL. (5.6.3) wurde von D. und H. STOYAN (1976) angegeben.

FAINBERG (1976) bewies Formel (5.6.10) mit Hilfe der ERLANGschen Phasenmethode (in der Fassung von SCHASSBERGER (1973)), indem er sie zuerst für Systeme mit Bedienungszeitverteilungen nachwies, die Mischungen von ERLANG-Verteilungen sind, und dann unter Zuhilfenahme von Stabilitätseigenschaften von $GI/GI/1$ auf den allgemeinen Fall übertrug. Diese Methode dürfte auch in anderen Fällen anwendbar und nützlich sein.

Abschätzungen für W und m_W, bei denen ebenfalls Eigenschaften von Verteilungen vom Typ IFR, NBU und NBUE ausgenutzt wurden, fand auch SIEGEL (1974). Ausgangspunkt seiner Untersuchungen ist die Formel

$$W(t) = \sum_{n=0}^{\infty} \hat{H}^{(n)}(t)\, p_n; \quad p_n = (1 - p_W)\, p_W^n; \quad n = 0, 1, \ldots,$$

wobei $\hat{H}(t) = H(t)/H(\infty)$ und $H(t) = \underset{(1)}{\mathsf{P}}\left(\sum_{i=1}^{\tau} \delta_i < t\right)$; $\tau = \min\left\{n\colon \sum_{i=1}^{n} \delta_i \geqq 0\right\}$. Er gab Bedingungen an, unter denen $H \leqq B$. Wenn K_+ die Verteilungsfunktion $K_+(t) = P(\delta_1 < t/\delta \geqq 0)$ und m_{K^+} den zugehörigen Erwartungswert bezeichnen, so zeigte SIEGEL (1974) die Gültigkeit von $m_W \leqq (\geqq)\, p_W m_{K_+}$, falls K_+ vom Typ NBUE (NWUE) ist. Diese Bedingung ist z.B. erfüllt, wenn B vom Typ IFR und A vom Typ DFR ist.

5.6

Die bisher vorliegenden Abschätzungen für $G/G/1$ sind noch recht unbefriedigend und grob; doch entsprechend der allgemeinen Tendenz in der Bedienungstheorie, stärker Modelle mit Abhängigkeiten zu untersuchen, wird sich diese Situation in nächster Zeit sicherlich wesentlich verändern.

Die Idee, (5.0.21) zu Abschätzungen zu benutzen, stammt von BRUMELLE (1971a). Abschätzungen vom Typ (5.3.4) und (5.6.2) für $G/GI/1$ für eine spezielle Klasse nicht rekurrenter Forderungenströmen erhielten D. und F. GRANOT und LEMOINE (1975).

SUZUKI und MARUTA (1970) gaben (5.7.10) an, ohne allerdings zu sagen, woher man die $m_{W,i}$ bekommt, sofern $s > 2$.

Offene Probleme: 1. Können brauchbare Kriterien zum Vergleich nicht rekurrenter Forderungenströme mit POISSON-Strömen gleicher Intensität aufgestellt werden? Speziell: Für welche Output-Prozesse von Bedienungssystemen[1]) ist das möglich? Überhaupt interessieren allgemein qualitative Eigenschaften von Outputprozessen, da ihre Verteilungen in den meisten Fällen außerordentlich schwer bestimmbar sind.

2. Wann gilt cov $(w_0, \delta_0) \leqq 0$?

---

[1]) Zur Orientierung über Output-Prozesse seien die Arbeiten von DALEY (1976) und DISNEY und CHERRY (1974) empfohlen.

6. Monotonieeigenschaften und Abschätzungen für Wartesysteme $GI/GI/s$

6.0. Wichtige Sätze und Resultate

Das Wartesystem $GI/GI/s$ ist eine Verallgemeinerung des Modells $GI/GI/1$ und unterscheidet sich von diesem nur dadurch, daß anstelle eines Apparates s gleichartige vorhanden sind. Die Forderungen werden mit gleicher Wahrscheinlichkeit zu den freien Apparaten geschickt (sofern vorhanden), oder sie warten, wenn alle besetzt sind, in einer gemeinsamen Warteschlange. Aus dieser werden sie zur Bedienung in der Reihenfolge ihres Eintreffens ausgewählt (FIFO-Schlangendisziplin). Die stochastischen Kenngrößen des Modells bezeichnen wir wie im Fall des Modells $GI/GI/1$ in 5.0.

$GI/GI/s$-Wartesysteme sind natürlich viel komplizierter als $GI/GI/1$-Systeme. Beispielsweise ist es zur Untersuchung der Wartezeiten notwendig, s-dimensionale Vektoren zu betrachten; dementsprechend gibt es keine so einfache Integralgleichung für die Wartezeitverteilung wie die von LINDLEY (deren Auflösung allerdings oft auch erhebliche Mühe macht). Zur Information über die Ergebnisse für $GI/GI/s$ seien das Buch von GNEDENKO und KOVALENKO (1971) und die Originalarbeiten von KIEFER und WOLFOWITZ (1955, 1956) empfohlen.

Formal kann $GI/GI/s$ nach KIEFER und WOLFOWITZ (1955) folgendermaßen beschrieben werden: Zur Zeit t wird jedem der Apparate k ($k = 1, \dots, s$) eine Zahl $w_k'(t)$ zugeordnet, die gleich der Summe aus der Restbedienungszeit der von diesem Apparat gerade bedienten Forderung und derjenigen Bedienungszeiten ist, die zu Forderungen gehören, die bereits in der Warteschlange warten und später vom Apparat k bedient werden. (Falls ein Apparat frei ist, wird $w_k'(t) = 0$ gesetzt.) $w_k'(t)$ ist also die Gesamtarbeitszeit, die vom Apparat k für die Bedienung der zur Zeit t im System befindlichen Forderungen noch zu leisten ist. Mit $\boldsymbol{w}(t)$ wird der Vektor mit den Komponenten $w_k'(t)$ bezeichnet, wobei die $w_k'(t)$ der Größe nach geordnet werden, d. h.

$$\boldsymbol{w}(t) = \{w_1(t), \dots, w_s(t)\}$$

mit $w_1(t) \leqq w_2(t) \leqq \dots \leqq w_s(t)$.

Wenn t_n der Ankunftszeitpunkt der n-ten Forderung ist, bezeichnen wir mit $\boldsymbol{w}_n$, $\boldsymbol{w}_n = \{w_{1,n}, \dots, w_{s,n}\}$, den Vektor $\boldsymbol{w}(t_n - 0)$. $w_{1,n}$ ist gleich der Wartezeit der n-ten Forderung.

Für die $\boldsymbol{w}_n$ gilt die (5.0.1) entsprechende Rekursionsformel

$$\boldsymbol{w}_{n+1} = [\boldsymbol{R}(\boldsymbol{w}_n + \beta_n \boldsymbol{e}) - \alpha_n \boldsymbol{i}]^+; \quad n = 1, 2, \dots, \tag{6.0.1}$$

wobei $\boldsymbol{e} = \{1, 0, \dots, 0\}$, $\boldsymbol{i} = \{1, 1, \dots, 1\}$ und zu einem Vektor $\boldsymbol{x} = \{x_1, \dots, x_s\}$ $\boldsymbol{x}^+$ den Vektor $\boldsymbol{x}^+ = \{\max\{0, x_1\}, \dots, \max\{0, x_s\}\}$ und $\boldsymbol{Rx}$ den durch Ordnen der Komponenten von $\boldsymbol{x}$ entstehenden Vektor $\boldsymbol{Rx} = \{\min\{x_1, \dots, x_s\}, \dots, \max\{x_1, \dots, x_s\}\}$ bezeichnen. Es sei W_n die Verteilungsfunktion von $w_{1,n}$, $\boldsymbol{W}_n$ die von $\boldsymbol{w}_n$.

Nach KIEFER und WOLFOWITZ (1955) gibt es im Fall

$$s\, m_A > m_B \quad \text{bzw.} \quad \varrho/s < 1; \quad \varrho = \frac{m_B}{m_A} \tag{6.0.2}$$

eine eindeutig bestimmte, *stationäre Anfangsverteilungsfunktion* $\boldsymbol{W}$ des Prozesses $\{\boldsymbol{w}_n\}$, so daß für eine beliebige Anfangsverteilungsfunktion $\boldsymbol{W}_1$

$$\boldsymbol{W}_n \Rightarrow \boldsymbol{W}. \tag{6.0.3}$$

Aus (6.0.3) folgt für die entsprechenden *Wartezeitverteilungsfunktionen*

$$W_n \Rightarrow W. \tag{6.0.4}$$

Der Erwartungswert m_W zu W ist endlich, wenn die Bedienungszeit ein endliches zweites Moment besitzt.

Die mittlere Anzahl n_{bes} der im stationären Zustand ($\varrho < s$) besetzten Apparate ist (auch bei Abhängigkeiten zwischen Bedienungs- und Pausenzeiten) gleich

$$n_{\text{bes}} = \varrho, \tag{6.0.5}$$

und es gilt für die mittlere stationäre Wartezeit m_W und die mittlere Schlangenlänge L_W die LITTLE*sche Formel*

$$L_W = \lambda m_W, \quad \lambda = m_A^{-1}, \tag{6.0.6}$$

vgl. S. 120.

Praktisch nutzbare Formeln für W bzw. m_W existieren nur in Spezialfällen, z.B. für $M/M/s$ (vgl. GNEDENKO/KOWALENKO (1971), S. 25), für $M/D/s$ (vgl. PRABHU (1965), S. 32) und für $GI/M/s$ (vgl. BOROVKOV (1972a), S. 248). Die Formeln für m_W lauten:

a) $M/M/s$:

$$m_W = \frac{m_B p_W}{s - \varrho} \quad \text{(vgl. Tafel 1)} \tag{6.0.7}$$

$$p_W = \frac{\varrho^s P_0}{(s-1)!\,(s-\varrho)} \tag{6.0.8}$$

$$P_0 = \left[\sum_{k=0}^{s} \frac{\varrho^k}{k!} + \frac{\varrho^{s+1}}{s!(s-\varrho)}\right]^{-1} \tag{6.0.9}$$

b) $M/D/s$:

$$m_W = \sum_{i=1}^{\infty} \exp(-i\lambda m_B) \sum_{j=is+1}^{\infty} \frac{j-is}{j!} (i\lambda m_B)^{j-1}; \quad \lambda = m_A^{-1} (\text{vgl. Tafel 2}) \tag{6.0.10}$$

c) $GI/M/s$:

$$m_W = C[(1-\zeta)^2 s\mu]^{-1}, \quad \mu = m_B^{-1}, \quad (\text{vgl. Tafel 3 für } D/M/s) \tag{6.0.11}$$

wobei ζ die Lösung der Gleichung

$$z = A^*\big((1-z)\, s\mu\big), \quad 0 < z < 1 \tag{6.0.12}$$

ist und

$$C = \left[\frac{1}{1-\zeta} + \sum_{j=1}^{s} \frac{\binom{s}{j}}{C_j(1-a_j)} \frac{s(1-a_j)-j}{s(1-\zeta)-j}\right]^{-1},$$

$$C_j = \prod_{l=1}^{j} \frac{a_l}{1-a_l}, \quad a_j = A^*(j\mu).$$

Die stationäre Wartezeitverteilungsfunktion W ist gleich

$$W(t) = 1 - \frac{C \exp\big(-s\mu(1-\zeta)\, t\big)}{1-\zeta}; \quad t \geqq 0. \tag{6.0.13}$$

Im Fall konstanter Bedienungszeiten, also bei Systemen des Typs $GI/D/s$, können, sofern nur die Wartezeiten interessieren, die Betrachtungen auf einlinige Systeme des Typs $GI/D/1$ reduziert werden. Wenn nämlich die Forderungen zyklisch auf die Apparate verteilt werden, d. h., die $(is + k)$-te Forderung geht für alle i zum Apparat k ($k = 1, \dots, s$) unabhängig vom Systemzustand, so verändern sich die Wartezeiten im Vergleich zur FIFO-Schlangendisziplin nicht. Bei der zyklischen Schlangendisziplin arbeitet $GI/D/s$ wie s Systeme $GI/D/1$ mit der Pausenzeitverteilungsfunktion $A^{*(s)}$ (jeweils nach s Pausenzeiten kommt wieder eine Forderung zum gleichen Apparat).

Wenn die stationäre Wartezeitverteilungsfunktion W bekannt ist, kann wie nach (5.0.15) und (5.0.16) die Schlangenlängenverteilungsfunktion (= Verteilungsfunktion der Anzahl der wartenden Forderungen) bestimmt werden; bei Kenntnis von W ist es möglich, die Verteilungsfunktion der Anzahl der Forderungen im System zu ermitteln.

6.1. Innere Monotonieeigenschaften von $GI/GI/s$

Das Wartesystem $GI/GI/s$ besitzt ähnliche innere Monotonieeigenschaften wie $GI/GI/1$ im allgemeinen nur bezüglich $\overset{(1)}{\leqq}$. (Bezüglich $\overset{(2)}{\leqq}$ gelten entsprechende Aussagen nur in Spezialfällen, z.B. für $GI/D/s$ bei zyklischer Verteilung der Forderungen.) Das ergibt sich daraus, daß die Abbildung $\varphi\colon \mathbf{R}_+^{s+2} \to \mathbf{R}_+^s$,

$$\varphi(\boldsymbol{w}, \alpha, \beta) = [\boldsymbol{R}(\boldsymbol{w} + \beta \boldsymbol{e}) - \alpha \boldsymbol{i}]^+ , \tag{6.1.1}$$

in $\boldsymbol{w}$, α und β zwar monoton (nicht fallend bzw. nicht wachsend), jedoch nicht konvex ist.

Aus Satz 2.2.8 folgt der

Satz 6.1.1. *Wenn die Anfangsverteilungsfunktion $\boldsymbol{W}_1$ des Prozesses $\{\boldsymbol{w}_n\}$ so gewählt wird, daß*

$$\boldsymbol{W}_1 \overset{(1)}{\leqq} \boldsymbol{W}_2 \; (\boldsymbol{W}_2 \overset{(1)}{\leqq} \boldsymbol{W}_1) , \tag{6.1.2}$$

so folgt für alle $n = 1, 2, \ldots$ die Gültigkeit von

$$\boldsymbol{W}_n \overset{(1)}{\leqq} \boldsymbol{W}_{n+1} \; (\boldsymbol{W}_{n+1} \overset{(1)}{\leqq} \boldsymbol{W}_n) \tag{6.1.3}$$

und — sofern sie existiert — für die stationäre Verteilungsfunktion $\boldsymbol{W}$

$$\boldsymbol{W}_n \overset{(1)}{\leqq} \boldsymbol{W} \; (\boldsymbol{W} \overset{(1)}{\leqq} \boldsymbol{W}_n) . \tag{6.1.4}$$

Für die *Forderungenanzahlen* gilt eine entsprechende Aussage, zu deren Beweis aber ein spezieller Markovscher Prozeß konstruiert werden muß, der es besser als $\{\boldsymbol{w}_n\}$ gestattet, die Forderungenanzahlen zu erfassen.

Es seien ν_n die Forderungenanzahl im System unmittelbar vor Ankunft der n-ten Forderung, $\xi_{1,n}, \ldots, \xi_{s,n}$ die der Größe nach geordneten Restbedienungszeiten der zu diesem Zeitpunkt besetzten Apparate (bei freien Apparaten ist die Restbedienungszeit gleich Null) sowie $\eta_{1,n}, \ldots, \eta_{\max\{0,\nu_n - s\},n}$ die Bedienungszeiten der in diesem Augenblick wartenden Forderungen in der Reihenfolge ihrer Ankunft. Die Folge $\{\chi_n\}$,

$$\chi_n = (\nu_n; \xi_{1,n}, \ldots, \xi_{s,n}, \eta_{1,n}, \ldots, \eta_{\max\{0,\nu_n - s\},n}) ,$$

ist offenbar ein homogener Markovscher Prozeß mit diskreter Zeit und dem Phasenraum $[E, \mathfrak{M}]$, wobei E die Menge aller endlichen Folgen $\boldsymbol{x} = \{x_0, \ldots, x_j\}$ $(j = \max\{s, x_0\})$ mit $x_0 \in \{0\} \cup N$ und $0 \leqq x_i < \infty$ $(i = 1, \ldots, j)$ und $\mathfrak{M}$ die σ-Algebra ist, die durch die Mengen M der Gestalt

$$M = \begin{cases} (i, \{0\}^{s-i} \times B); & 0 \leqq i < s \\ (i, B); & i \geqq s \end{cases};$$

(B: Borel-Menge des $\mathbf{R}_+^i$) erzeugt wird. Der Zusammenhang von χ_n und χ_{n+1} kann ähnlich wie bei $\boldsymbol{w}_n$ und $\boldsymbol{w}_{n+1}$ durch eine Abbildung $\Psi\colon E \times \mathbf{R}_+^1 \times \mathbf{R}_+^1 \to E$ beschrieben werden,

$$\chi_{n+1} = \Psi(\chi_n; \alpha_n, \beta_n) .$$

Diese Abbildung ist meßbar und hat die Monotonieeigenschaft

$$\boldsymbol{x}_1 \underset{E}{\leqq} \boldsymbol{x}_2 \,, \quad a_1 \geqq a_2 \,, \quad b_1 \leqq b_2 \to \Psi(x_1; a_1, b_1) \underset{E}{\leqq} \Psi(x_2; a_2, b_2) ;$$

$$\boldsymbol{x}_1, \boldsymbol{x}_2 \in E ; \qquad a_1, a_2, b_1, b_2 \in \mathbf{R}_+ \,,$$

falls auf E die folgende Halbordnungsrelation $\underset{E}{\leqq}$ benutzt wird:

$$\boldsymbol{x}_1 \underset{E}{\leqq} \boldsymbol{x}_2 \text{ bedeutet für } \boldsymbol{x}_k = \{x_{k,0}, \dots, x_{k,\max\{s, x_{k,0}\}}\} ; \qquad k = 1, 2 :$$

$$x_{1,0} \underset{E}{\leqq} x_{2,0} \text{ und für jedes } i \in I_1 \text{ gibt es ein } j_i \in I_2 \text{ mit } x_{1,i} \leqq x_{2,j_i} \,,$$

wobei 1. für $i_1 \neq i_2$ auch $j_{i_1} \neq j_{i_2}$, 2. im Fall $s < i_1 < i_2$ auch $s < j_{i_1} < j_{i_2}$ und 3. im Fall $i < s + 1$ auch $j_{i_1} < j_{s+1}$. I_k bezeichnet die Menge $I_k = \{1, \dots, \max\{s, x_{k,0}\}\}$; $k = 1, 2$.

Auf den langwierigen, aber elementaren Beweis dieser Behauptung soll hier verzichtet werden, vgl. dazu H. Stoyan (1973).

Der Prozeß $\{\chi_n\}$ erfüllt also die Voraussetzungen von Satz 2.2.8 bezüglich der durch $\underset{E}{\leqq}$ erzeugten Halbordnungsrelation $\overset{(1)}{\leqq}$ auf der Menge aller Verteilungsgesetze auf $\mathfrak{M}$, und wir haben folglich

Satz 6.1.2. *Wenn die Anfangsverteilung P_1 des Prozesses $\{\chi_n\}$ so gewählt wird, daß*

$$P_1 \overset{(1)}{\leqq} P_2 \quad (P_2 \overset{(1)}{\leqq} P_1) \,, \tag{6.1.5}$$

so folgt für alle $n = 1, 2, \dots$ die Gültigkeit von

$$P_n \overset{(1)}{\leqq} P_{n+1} \quad (P_{n+1} \overset{(1)}{\leqq} P_n) \tag{6.1.6}$$

für die Verteilungsgesetze der χ_n und χ_{n+1} und — sofern sie existieren — für die stationäre Verteilung P

$$P_n \overset{(1)}{\leqq} P \quad (P \overset{(1)}{\leqq} P_n) \,. \tag{6.1.7}$$

(6.1.5) ist z.B. für $\chi_1 = (0; 0, 0)$ erfüllt.

6.2. Äußere Monotonieeigenschaften von *GI/GI/s*

Auch äußere Monotonieeigenschaften von *GI/GI/s* können im allgemeinen nur bezüglich $\overset{(1)}{\leqq}$ bewiesen werden. Es ist möglich, durch Beispiele zu zeigen, daß eine (6.2.1) entsprechende Beziehung für $\overset{(2)}{\leqq}$ nicht allgemein erfüllt ist.

Satz 6.2.1. *Es seien Σ_1 und Σ_2 zwei GI/GI/s-Systeme mit den Pausen- und Bedienungszeitverteilungsfunktionen A_1, A_2, B_1 und B_2. $\boldsymbol{W}_{n,1}$ und $\boldsymbol{W}_{n,2}$ seien* *die zugehörigen Verteilungsfunktionen der Wartezeitvektoren bei Ankunft der n-ten Forderung. Dann gilt*

$$\boldsymbol{W}_{1,1} \overset{(1)}{\leqq} \boldsymbol{W}_{1,2}\,, \quad A_2 \overset{(1)}{\leqq} A_1, \quad B_1 \overset{(1)}{\leqq} B_2 \to \boldsymbol{W}_{n,1} \overset{(1)}{\leqq} \boldsymbol{W}_{n,2}; \quad n = 1, 2, \dots \tag{6.2.1}$$

und für die stationären Verteilungsfunktionen $\boldsymbol{W}_1$ *und* $\boldsymbol{W}_2$

$$A_2 \overset{(1)}{\leqq} A_1\,, \quad B_1 \overset{(1)}{\leqq} B_2 \to \boldsymbol{W}_1 \overset{(1)}{\leqq} \boldsymbol{W}_2\,. \tag{6.2.2}$$

Natürlich folgen aus (6.2.1) und (6.2.2) entsprechende Beziehungen für die eigentlichen Wartezeitverteilungsfunktionen.

Satz 6.2.1 ist eine einfache Folgerung aus Satz 2.2.7, wenn man berücksichtigt, daß die durch (6.1.1) definierte Abbildung φ in $\boldsymbol{w}_n$ und β_n monoton nicht fallend, in α_n monoton nicht wachsend ist.

Entsprechende Monotonieaussagen bezüglich $\overset{(1)}{\leqq}$ gelten für die Verteilungsfunktionen der *Anzahl der* im System befindlichen oder wartenden *Forderungen*. Ähnlich wie bei $G/G/1$ liegen auch bei $G/G/s$, also im Fall stochastisch abhängiger Bedienungs- und Pausenzeiten, äußere Monotonieeigenschaften bezüglich $\overset{(1)}{\leqq}$ vor.

Für die stationären Wartezeitverteilungsfunktionen in $GI/D/s$ haben wir wegen des Zusammenhanges zwischen $GI/D/s$ und $GI/D/1$ den

Satz 6.2.2. *Es seien* Σ_1 *und* Σ_2 *zwei* $GI/D/s$*-Systeme mit den Pausenzeitverteilungsfunktionen* A_1 *und* A_2 *und den Bedienungszeiten* $m_{B,1}$ *und* $m_{B,2}$*. Dann gilt*

$$A_2 \overset{(1)}{\leqq} A_1\,, \quad m_{B,1} \leqq m_{B,2} \to W_1 \overset{(1)}{\leqq} W_2\,, \tag{6.2.3'}$$

$$A_2 \overset{(3)}{\leqq} A_1\,, \quad m_{B,1} \leqq m_{B,2} \to W_1 \overset{(2)}{\leqq} W_2\,. \tag{6.2.3''}$$

Überraschenderweise sind äußere Monotonieeigenschaften für solche Größen wie die *Anzahl der Forderungen im System zur Zeit* $t\,(< \infty)$ oder die *virtuelle Wartezeit* nicht allgemein nachweisbar, wie Jacobs und Schach (1972) zeigten.

Beispiel. Wir betrachten zwei $GI/GI/2$-Systeme Σ_1 und Σ_2 mit den Pausenzeiten $\alpha_{n,k}$ und den Bedienungszeiten $\beta_{n,k}$; $w_{t,k}$ bzw. $v_{t,k}$ sei die virtuelle Wartezeit bzw. die Schlangenlänge in Σ_k zur Zeit t; $k = 1, 2$. Im Fall

$$\mathsf{P}(\alpha_{n,1} = 2) = \mathsf{P}(\alpha_{n,1} = 6) = 0{,}5; \quad \mathsf{P}(\alpha_{n,2} = 2) = \mathsf{P}(\alpha_{n,2} = 8) = 0{,}5;$$

$$\beta_{1,n} \equiv \beta_{2,n} \equiv 3; \quad n = 1, 2, \dots$$

gilt, wie man durch Betrachtung aller Realisierungen in beiden Systemen im Zeitintervall [0, 11] feststellt,

$$w_{9,5,2} \overset{(1)}{\leqq} w_{9,5,1}, \quad w_{10,5,1} \overset{(1)}{\leqq} w_{10,5,2};$$

$$v_{8,5,2} \overset{(1)}{\leqq} v_{8,5,1}\,, \quad v_{10,5,1} \overset{(1)}{\leqq} v_{10,5,2}\,,$$

wobei wir voraussetzen, daß Σ_1 und Σ_2 zur Zeit $t = 0$ leer sind.

Wenn wir allerdings fordern, daß in Σ_1 und Σ_2 gleiche Pausenzeitverteilungen vorliegen, können wir auch für die virtuelle Wartezeit und die Forderungenanzahl zur Zeit t Monotonieeigenschaften nachweisen.

Satz 6.2.3. *Es seien Σ_1 und Σ_2 zwei zur Zeit $t = 0$ leere $G/GI/s$-Systeme mit der gleichen Verteilung des Forderungenstromes und den Bedienungszeitverteilungsfunktionen B_1 und B_2. $\nu_{k,t}$ bzw. $w_{k,t}$ sei die Forderungenanzahl bzw. die virtuelle Wartezeit zur Zeit t in Σ_k; $k = 1, 2$. Dann folgt aus*

$$B_1 \overset{(1)}{\leqq} B_2 \tag{6.2.4}$$

die Gültigkeit von

$$\nu_{1,t} \overset{(1)}{\leqq} \nu_{2,t} \tag{6.2.5}$$

und

$$w_{1,t} \overset{(1)}{\leqq} w_{2,t} \tag{6.2.6}$$

für alle $t \geqq 0$.

Beweis von (6.2.6). Wir können annehmen, daß in Σ_1 und Σ_2 dieselben Pausenzeiten $\alpha_1, \alpha_2, \ldots$ auftreten. Es sei t ein Zeitpunkt mit

$$t_n = \sum_{i=1}^{n-1} \alpha_i \leqq t < \sum_{r=1}^{n} \alpha_i = t_{n+1} .$$

Nach Satz 6.2.1 gilt für die Wartezeiten $w_{1,n}$ und $w_{2,n}$ der n-ten Forderungen (die zur Zeit t_n eintreffen) in Σ_1 und Σ_2 die Beziehung $w_{n,1} \overset{(1)}{\leqq} w_{n,2}$. Wegen $w_{t,k} = \max \{0, w_{n,k} - (t - t_n)\}$ ergibt sich dann (6.2.6). ●

6.3. Abschätzungen für mehrlinige Wartesysteme *GI/GI/s*

6.3.0. Vorbemerkungen

Der folgende Abschnitt soll einen Überblick über Methoden zur Gewinnung von Abschätzungen für die mittlere stationäre Wartezeit m_W und die stationäre Wartewahrscheinlichkeit p_W in $GI/GI/s$-Systemen bieten. Daher wird nicht in jedem Falle einen vollständiger Beweis gegeben, sondern vor allem der methodische Aspekt berücksichtigt. Wichtiges Hilfsmittel für Näherungen im mehrlinigen Fall sind „*Systemapproximationen*“: Es werden Systeme konstruiert, deren Systemgrößen Abschätzungen für die gesuchten Größen des Original-Systems darstellen. Oft werden die so erhaltenen Approximationen unter Nutzung von Monotonieeigenschaften der approximierenden Modelle noch weiter vereinfacht.

Zur Konstruktion von Approximationssystemen für $GI/GI/s$ gibt es u. a. folgende Möglichkeiten:

(a) Veränderung der Anzahl der Bedienungsapparate, 6.3.1;
(b) Veränderung der Warteschlangendisziplin, 6.3.2;
(c) Eingriff in den normalen Ablauf der Bedienungen, 6.3.3;
(d) Approximation durch mehrlinige Systeme mit veränderten Bedienungs- oder Pausenzeitverteilungen.

Im gesamten Abschnitt 6.3 bezeichnen wir das zu approximierende $GI/GI/s$-System mit Σ, seine Pausen- bzw. Bedienungszeitverteilungsfunktion mit $A(t)$ bzw. $B(t)$.

6.3.1. Veränderung der Anzahl der Apparate

6.3.1.1 Übergang zu einlinigen Systemen ($s \to 1$)

Als approximierende Systeme werden $GI/GI/1$-*Systeme mit gleichbleibender Belastung* benutzt, wobei die beiden folgenden Möglichkeiten besonders interessant sind:

Σ_1: Pausenzeiten $\alpha_1, \alpha_2, \ldots$ wie in Σ, Bedienungszeiten $\beta_1/s, \beta_2/s, \ldots$;
Σ_1': Pausenzeiten $s\alpha_1, s\alpha_2, \ldots$, Bedienungszeiten $\beta_1, \beta_2, \ldots$ wie in Σ.
In Σ_1' sind die Wartezeiten s-mal so groß wie in Σ_1. Deshalb verdient Σ_1 wohl größeres Interesse als Σ_1'.

Natürlich erwarten wir, daß Σ_1 „effektiver" als Σ arbeitet, da ja in Σ_1 stets die gesamte zur Verfügung stehende Bedienungskapazität im Einsatz ist (sofern das System nicht leer ist), während in Σ zeitweise Apparate untätig sind, obwohl Forderungen im System sind.

Bezeichnen wir mit $V_1(t)$ bzw. $V(t)$ die gesamte zur Zeit t im System Σ_1 bzw. Σ befindliche Arbeit, d. h. die Summe der Bedienungszeiten aller wartenden und der Restbedienungszeiten aller in Bedienung befindlichen Forderungen[1]), so gilt im Fall $V_1(0) = V(0)$ für alle $t \geqq 0$ die Ungleichung

$$V(t) \leqq V_1(t)\,. \tag{6.3.1}$$

Aus (6.3.1) folgt natürlich auch

$$\mathsf{E} \lim_{\to\infty} \frac{1}{t} \int_0^t V(x)\,dx \leqq \mathsf{E} \lim_{t\to\infty} \frac{1}{t} \int_0^t V_1(x)\,dx\,. \tag{6.3.2}$$

Mit Hilfe von (6.3.2) können wir, wie Brumelle (1971a) zeigte, zu einer guten unteren Schranke für m_W kommen, wenn der folgende Hilfssatz benutzt wird.

---

1) $V_1(t)$ ist gleich der virtuellen Wartezeit in Σ_1.

Hilfssatz. *In dem im stationären Zustand befindlichen Wartesystem $G/G/s$ sei die Folge $\{\alpha_n, \beta_n\}$ metrisch transitiv, und es gelte*

$$m_B < s m_A$$

sowie

$$\mathsf{E}(w_{1,n} + \beta_n)^2 < \infty\,, \qquad \mathsf{E}\, w_{s,n}^2 < \infty\,, \tag{6.3.3}$$

wobei $w_{1,n}$ die Wartezeit der n-ten Forderung und $w_{s,n}$ die größte Komponente des Vektors $\boldsymbol{w}_n$ (vgl. 6.0) ist. Dann gilt

$$\mathsf{E} \lim_{t\to\infty} \frac{1}{t} \int_0^t V(x)\, dx = \lambda[\mathsf{E}(\beta_n w_{1,n}) + \mathsf{E}\beta_n^2/2]; \qquad \lambda = m_A^{-1}\,. \tag{6.3.4}$$

Ist das System vom Typ $GI/GI/s$, so ergibt sich

$$\mathsf{E} \lim_{t\to\infty} \frac{1}{t} \int_0^t V(x)\, dx = \lambda\left[m_B m_W + \frac{1}{2}(\sigma_B^2 + m_B^2)\right]. \tag{6.3.4'}$$

Beweisskizze (vgl. Franken (1976), Brumelle (1971b)). Wir nehmen an, daß sich das System im stationären Zustand befindet und bezeichnen die Ankunftszeitpunkte der Forderungen in $[0, \infty)$ mit $t_1, t_2, \ldots;\ t_1 < t_2 < \cdots$. Es sei S_n der Beitrag, den die n-te Forderung zu dem Integral $\int_0^\infty V(x)\, dx$ liefert. Wir haben

$$S_n = \frac{(w_{1,n} + \beta_n)^2}{2} - \frac{w_{1,n}^2}{2} = \frac{\beta_n^2}{2} + w_{1,n}\beta_n\,,$$

weil für die zur Zeit $t > t_n$ noch vorhandene Arbeitsmenge $v_{n,t}$ der n-ten Forderung gilt

$$v_{n,t} = \begin{cases} \beta_n; & t \leqq t_n + w_{1,n} \\ \max\{0, \beta_n + w_{1,n} - t\}; & t > t_n + w_{1,n} \end{cases}.$$

Berücksichtigt man, daß die mittlere Anzahl der in $[0, t)$ ankommenden Forderungen gleich λt ist, so ergibt sich

$$\mathsf{E} \lim_{t\to\infty} \frac{1}{t} \int_0^t V(x)\, dx = \lambda[\mathsf{E}w_{1,n}\beta_n + \mathsf{E}\beta_n/2]\,. \quad \bullet$$

Aus (6.3.2) und (6.3.4') folgt der

Satz 6.3.1. *Die mittlere stationäre Wartezeit m_W in $GI/GI/s$ genügt der Abschätzung*

$$m_W \geqq m_W^{(1)} - \frac{m_B^2 + \sigma_B^2}{2m_B} \cdot \frac{s-1}{s}\,,^{1)} \tag{6.3.5}$$

wobei $m_W^{(1)}$ die mittlere stationäre Wartezeit in Σ_1, dem $GI/GI/1$-System mit der Pausenzeitverteilungsfunktion $A(t)$ und der Bedienungszeitverteilungsfunktion $B(st)$ ist.

[1]) Nach Mori (1975) kann im Fall $s - 1 > \varrho$ der Faktor $(s-1)/s$ durch ϱ/s ersetzt werden, sofern A vom Typ NBUE ist.

Für $m_W^{(1)}$ können die unteren Schranken für die mittlere Wartezeit in $GI/GI/1$-Systemen aus Kapitel 5 benutzt werden.

Mit Hilfe von Satz 6.3.1 können wir, BRUMELLE (1971a) folgend, noch folgendes interessante Problem wenigstens teilweise lösen: Wann gilt die (6.3.1) entsprechende Beziehung auch für die *mittleren Verweilzeiten* der Forderungen im stationären Zustand, d. h., wann werden die Forderungen in Σ_1 im Mittel schneller abgefertigt als in Σ?

Es sei $m_V^{(1)}$ die mittlere stationäre Verweilzeit in Σ_1,

$$m_V^{(1)} = \frac{m_B}{s} + m_W^{(1)}$$

und m_V die in Σ

$$m_V = m_B + m_W .$$

Satz 6.3.2. *Unter den Voraussetzungen von Satz* 6.3.1 *gilt, sofern* $\sigma_B \leqq m_B$,

$$m_V^{(1)} \leqq m_V . \tag{6.3.6}$$

Die Richtigkeit von (6.3.6) folgt durch einfache Rechnungen aus (6.3.5).

Betrachtet man dagegen die eigentlichen Wartezeiten in der Warteschlange, so ist Σ_1 nicht oder zumindest nicht in jedem Fall günstiger als Σ. Vermutlich gilt mit großer Allgemeinheit, vgl. auch MORI (1975), S. 180,

$$p_W \leqq p_W^{(1)} , \tag{6.3.7}$$

$$m_W \leqq m_W^{(1)} , \tag{6.3.8}$$

wobei $p_W^{(1)}$ bzw. $m_W^{(1)}$ die stationäre Wartewahrscheinlichkeit bzw. mittlere stationäre Wartezeit in Σ_1 ist.

Beispiele. 1. Nach STOYAN (1974) gilt für $M/GI/s$

$$p_W \leqq \varrho/s = p_W^{(1)} . \tag{6.3.9}$$

Beweis. Die mittlere Anzahl der im stationären Zustand in $G/G/s$ besetzten Apparate ist gleich $\varrho = \lambda m_B$. Hieraus ergibt sich für die Wahrscheinlichkeit P_{bes} dafür, daß alle Apparate besetzt sind, die Abschätzung

$$P_{\text{bes}} \leqq \varrho/s .$$

ϱ/s ist nämlich die größte Wahrscheinlichkeitsmasse, die der Punkt s bei einer diskreten Verteilung auf $0, \ldots, s$ mit dem Erwartungswert ϱ haben kann. Da in $M/GI/s$

$$P_{\text{bes}} = p_W ,$$

ergibt sich (6.3.9). ●

Für $M/GI/s$ ist also (6.3.7) gültig, da $p_W^{(1)} = \varrho/s$.

2. Die Beziehung (6.3.8) ist für $M/M/s$ und $M/D/s$ richtig.

3. Nach BRUMELLE (1973) und MORI (1972) gilt für $GI/M/s$ und $GI/D/s$ sogar

$$W \overset{(1)}{\leqq} W_1 .$$

für die stationären Wartezeitverteilungsfunktionen W und W_1 in Σ und Σ_1, woraus natürlich (6.3.7) und (6.3.8) folgen.

Falls (6.3.8) für $M/GI/s$ richtig ist, ergibt sich die von MAALØE (1973) vorgeschlagene, aber nur heuristisch begründete Abschätzung

$$m_W \leqq \frac{\lambda(\sigma_B^2 + m_B^2)}{2s^2(1 - \varrho/s)}. \tag{6.3.11}$$

Wie SUZUKI und YOSHIDA (1970) zeigten, ist auch die Untersuchung von Σ von Nutzen, wenn untere Schranken für m_W gesucht sind. Nach KIEFER und WOLFOWITZ (1955) gilt nämlich für die Wartezeiten w_n' in Σ_1' folgendes: Aus

$$w_1' \leqq s w_{1,1} + \xi_1$$

folgt für alle n

$$w_n' \leqq s w_{1,n} + \xi_n . \tag{6.3.12}$$

Dabei ist $w_{1,n} = w_n$ die Wartezeit der n-ten Forderung in Σ und ξ_n die Summe

$$\xi_n = \sum_{i=2}^{s} (w_{i,n} - w_n) .$$

Bilden wir in (6.3.12) Erwartungswerte, so erhalten wir für den stationären Fall

$$m_W \geqq \frac{m_W' - \mathsf{E}\xi}{s}. \tag{6.3.12'}$$

Daraus können wir untere Schranken für m_W ableiten, wenn wir untere Schranken für die mittlere stationäre Wartezeit m_W' in Σ_1' und obere Schranken für den Erwartungswert $\mathsf{E}\xi$ der im stationären Zustand in Σ auftretenden Summe der Restbedienungszeiten benutzen. Im Fall $s = 2$ ist es möglich, $\mathsf{E}\xi$ relativ einfach abzuschätzen.

Satz 6.3.3. *Für die mittlere stationäre Wartezeit m_W in $GI/GI/2$ gilt*

$$m_W \geqq \frac{m_W'}{2} - \frac{m_B^2 + \sigma_B^2}{4m_B}, \tag{6.3.13}$$

wobei m_W' die mittlere stationäre Wartezeit in dem $GI/GI/1$-System mit der Pausen- bzw. Bedienungszeitverteilungsfunktion $A(t/2)$ bzw. $B(t)$ ist.

Beweis. (6.3.13) folgt aus (6.3.12′) und der Ungleichung

$$\mathsf{E}\xi \leqq \frac{\mathsf{E}\beta_n^2}{2\mathsf{E}\beta_n},$$

die sich aus

$$\xi_{n+1} \leqq |\beta_n - \xi_n| \tag{6.3.14}$$

durch Quadrieren und Erwartungswertbildung ergibt. Wir zeigen also nur noch die Gültigkeit von (6.3.14).

Falls $\beta_n \leqq \xi_n$, so gilt

$$\xi_{n+1} = w_{2,n+1} - w_{n+1} = \begin{cases} \xi_n - \beta_n; & w_n + \beta_n - \alpha_n \geqq 0 \\ w_n + \xi_n - \alpha_n \leqq \xi_n - \beta_n; & w_n + \beta_n - \alpha_n < 0 \end{cases}.$$

Analog ergibt sich

$$\xi_{n+1} \leqq \beta_n - \xi_n$$

im Fall $\beta_n > \xi_n$. ●

Eine ganz andere Möglichkeit des Überganges zu einlinigen Systemen wurde von BRUMELLE (1971a) vorgeschlagen. Er zeigte, daß die stationäre Wartezeitverteilungsfunktion in Σ bezüglich $\overset{(1)}{\leq}$ kleiner ist als die stationäre Wartezeitverteilungsfunktion in einem System $\Sigma^{(1)}$ des Typs $GI/GI/1$ mit demselben Forderungenstrom wie Σ und den Bedienungszeiten $\beta_n \partial_n$, wobei die β_n die Bedienungszeiten in Σ und die ∂_n untereinander und von den Bedienungs- und Pausenzeiten stochastisch unabhängige Zufallsgrößen mit der Verteilungsfunktion

$$\mathsf{P}(\partial_n = 0) = \frac{s-1}{s}, \quad \mathsf{P}(\partial_n = 1) = \frac{1}{s}$$

sind. Dies gilt auch für $G/G/s$, wenn die Folge $\{\alpha_n, \beta_n\}$ metrisch transitiv ist.

Indem wir auf $\Sigma^{(1)}$ die Abschätzung (5.6.2) anwenden, erhalten wir für m_W

$$m_W \leqq \frac{\sigma_B^2 s + \sigma_A^2 - m_B^2 + m_B^2(s-1)/s^2}{2(m_A - m_B/s)}. \tag{6.3.15}$$

(6.3.15) ist weniger genau als (6.3.27), doch dafür exakt (wenn auch relativ kompliziert) beweisbar.

Für $M/GI/s$-Systeme ist die stationäre Wartezeitverteilungsfunktion bezüglich $\overset{(1)}{\leq}$ kleiner als die in einem $M/GI/1$-System mit der Intensität λ/s des Eingangsstroms und der Bedienungszeitverteilungsfunktion $B(t)$. (Wir bemerken, daß es als System Σ_1' zu Σ aufgefaßt werden kann.) *Es gilt also insbesondere*

$$m_W \leqq \frac{\lambda(m_B^2 + \sigma_B^2)}{2s(1 - \varrho/s)}. \tag{6.3.16}$$

Begründung: Im stationären Fall ist bekanntlich die Verteilungsfunktion der virtuellen Wartezeit in Systemen mit POISSONschen Forderungenströmen gleich der „richtigen“ Wartezeitverteilungsfunktion. Erstere ändert sich in $\Sigma^{(1)}$ nicht, wenn wir alle Forderungen mit der Bedienungszeit Null weglassen. Der Strom der Forderungen mit positiven Bedienungszeiten hat die Intensität λ/s (falls $\mathsf{P}(\beta_n > 0) = 1$). ●

Aufbauend auf den Ergebnissen von BRUMELLE und der Ungleichung (6.3.18) wurden in STOYAN (1977) z. T. sehr genaue Schranken für p_W in $M/GI/s$ bewiesen, z. B.

$$p_W \leqq \varrho - s + 1 + \sum_{i=0}^{s-2} \frac{(s-1-i)}{i!} \varrho^i \exp(-\varrho); \; s \geqq 2. \tag{6.3.17}$$

6.3.1.2. Übergang zu Systemen mit unendlich vielen Apparaten ($s \to \infty$)

Als approximierendes System wird ein $GI/GI/\infty$-System. Σ_∞ mit gleichen Bedienungs- und Pausenzeiten wie in Σ benutzt.

Wir können ohne Mühe beweisen, daß für jeden Zeitpunkt t (also auch für jeden Ankunftszeitpunkt) die Anzahl der Forderungen in Σ_∞ kleiner als die in Σ ist, sofern derselbe Anfangszustand vorliegt,

$$\nu_t^\infty \leqq \nu_t \,. \tag{6.3.18}$$

Mit Hilfe von (6.3.18) und Formeln für $GI/GI/\infty$ kommen wir somit zu Abschätzungen für m_W, p_W und die Wahrscheinlichkeit $p_W(t)$ dafür, daß eine zur Zeit t eintreffende Forderung warten muß.

Besonders gut für solche Zwecke sind die Formeln für $M/GI/\infty$ geeignet. Hier gilt (vgl. z.B. BOROVKOV (1972a), S. 258) für die Wahrscheinlichkeit P_n dafür, daß im stationären Zustand n Forderungen im System sind, die Beziehung

$$P_n = \frac{\varrho^n}{n!} \exp(-\varrho); \quad n = 0, 1, \ldots, \quad \varrho = \lambda m_B \,. \tag{6.3.19}$$

Aus (6.3.18) folgt somit für die *mittlere stationäre Warteschlangenlänge* L_W in $M/GI/s$ die Ungleichung

$$L_W \geqq \sum_{n=s+1}^{\infty} (n-s) \frac{\varrho^n}{n!} \exp(-\varrho) \,, \tag{6.3.20}$$

aus der sich mittels (6.0.6)

$$m_W \geqq m_A \sum_{n=s+1}^{\infty} (n-s) \frac{\varrho^n}{n!} \exp(-\varrho) \tag{6.3.21}$$

ergibt. Für die *stationäre Wartewahrscheinlichkeit* p_W erhalten wir

$$p_W \geqq \sum_{n=s}^{\infty} \frac{\varrho^n}{n!} \exp(-\varrho) \,. \tag{6.3.22}$$

Da (6.3.18) für alle t und auch bei nicht identisch verteilten Pausenzeiten gilt, können wir auch $p_W(t)$ im Fall zeitabhängiger Intensität $\lambda(t)$ des Forderungenstroms abschätzen. Hier gilt, vgl. z. B. FREYER (1974),

$$P_n(t) = \frac{[\varrho(t)]^n}{n!} \exp\left(-\varrho(t)\right); \quad n = 0, 1, \ldots \tag{6.3.23}$$

mit

$$\varrho(t) = \int_0^t \overline{B}(x)\,\lambda(x)\,dx\,. \tag{6.3.24}$$

Es folgt

$$p_W(t) \geqq \sum_{n=s}^{\infty} \frac{[\varrho(t)]^n}{n!} \exp\left(-\varrho(t)\right). \tag{6.3.25}$$

6.3.2. Veränderungen der Warteschlangendisziplin

6.3.2.1. Zyklische Bedienung

Von KINGMAN (1970) wurde folgendes approximierende System Σ_Z vorgeschlagen: Die Forderungen werden ohne Berücksichtigung des Systemzustandes *zyklisch* auf die Bedienungsapparate verteilt, d. h., die $(is + k)$-te Forderung geht für alle $i = 0, 1, \ldots$ zum Apparat k, der eine eigene Warteschlange hat; $k = 1, \ldots, s$. Bei dieser Warteschlangendisziplin arbeitet jeder Bedienungsapparat wie ein $GI/GI/1$-System mit der Bedienungszeitverteilungsfunktion B und der Pausenzeitverteilungsfunktion $A^{*(s)}$. Die mittlere stationäre Wartezeit in Σ_Z bezeichnen wir mit $m_W^{(Z)}$.

KINGMAN (1970) behauptete die Gültigkeit von

$$m_W \leqq m_W^{(Z)} \tag{6.3.26}$$

ohne einen Beweis anzugeben; vgl. auch BOROVKOV (1972, S. 200), GNEDENKO/KOVALENKO (1971), S. 304, und S. 120 des vorliegenden Buches. Anscheinend gibt es z. Z. noch keinen Beweis für (6.3.26); dennoch nehmen wir an, daß (6.3.26) richtig ist. Erfahrungsgemäß liefert (6.3.26) meist recht grobe obere Schranken. (Bei konstanten Bedienungszeiten gilt $m_W = m_W^{(Z)}$, vgl. 6.0.) Mit Hilfe der Abschätzung (5.6.2) für $GI/GI/1$ ergibt sich

$$m_W \leqq \frac{\sigma_A^2 + \sigma_B^2/s}{2m_A(1 - \varrho/s)}\,. \tag{6.3.27}$$

KINGMAN (1966) äußerte im Zusammenhang mit Untersuchungen von Wartesystemen bei starker Belastung ($\varrho/s \approx 1$; „heavy traffic“) die Vermutung

$$m_W \leqq \frac{\sigma_A^2 + \sigma_B^2/s^2}{2m_A(1 - \varrho/s)}\,. \tag{6.3.28}$$

Sie konnte im Fall $\varrho < 1$ von SUZUKI und YOSHIDA (1970) bestätigt werden; beim Beweis wurden ähnliche Methoden verwendet wie in Abschnitt 5.7.3, die nach MORI (1975) außerdem noch zu folgenden Abschätzungen führen:

$$m_W \leqq \frac{\sigma_A^2 + \sigma_B^2/s^2 + (m_B^2 + \sigma_B^2)\cdot \max\{0, 1 - 1/\varrho\}\,(s-1)/s^2}{2m_A(1 - \varrho/s)} \tag{6.3.29}$$

und speziell für $GI/E_k/s$-Systeme

$$m_W \leqq \frac{\sigma_A^2 + \sigma_B^2/s^2}{2m_A(1 - \varrho/s)} + \frac{s-1}{s} m_B . \tag{6.3.30}$$

Zu besseren Abschätzungen als (6.3.27) kommen wir bei $M/GI/s$-Systemen. Für diese ist nach (6.3.26) m_W nicht größer als die mittlere stationäre Wartezeit in $E_s/GI/1$-Systemen mit derselben Bedienungszeitverteilungsfunktion B wie in Σ und den Parametern λ und s der ERLANG-Pausenzeitverteilungsfunktion. Obere Abschätzungen für die mittlere stationäre Wartezeit in $E_s/GI/1$ können wir u. a. mittels (5.4.2), (5.4.4) und (5.6.10) gewinnen und erhalten folgende *obere Schranken* für m_W in $M/GI/s$:

$$m_W \leqq \frac{\lambda(m_B^2 + \sigma_B^2)}{2s - 2\varrho} \tag{6.3.16}$$

(Beweis mittels (5.4.2)),

$$m_W \leqq \frac{\zeta}{1 - \zeta} m_B , \qquad \text{falls } B \overset{(2)}{\leqq} \operatorname{Exp}(m_B^{-1}) , \tag{6.3.31}$$

ζ ist die Lösung von

$$z = \left(1 + \frac{1 - z}{\varrho}\right)^{-s} ; \qquad 0 < z < 1$$

(Beweis mittels (5.4.4); man benutze die Tafel 4[1])) und

$$m_W \leqq \frac{\lambda\sigma_B^2 + s/\lambda}{2(s - \varrho)} + \frac{s - \varrho}{2\lambda} - \frac{1}{\lambda} \tag{6.3.32}$$

(Beweis mittels (5.6.10)).

Analoge Formeln gelten für $E_k/GI/s$-Systeme; in den obigen Formeln ist hierbei s durch ks zu ersetzen.

Wir verweisen noch auf folgende *Extremalitätseigenschaft der zyklischen Verteilung* der Forderungen auf die Apparate.

Es sei Σ_V ein System mit gleichen Bedienungs- und Pausenzeitverteilungen wie in Σ und Σ_Z, in dem die Forderungen ohne Berücksichtigung des Systemzustandes folgendermaßen zu den Apparaten, die jeweils eigene Warteschlangen haben, geschickt werden: Die $(sn + k)$-te Forderung kommt mit Wahrscheinlichkeit p_1 zum Apparat k, mit Wahrscheinlichkeit p_2 zum

---

[1]) Die rechte Seite in (6.3.31) ist die mittlere stationäre Wartezeit in einem $E_s/M/1$-System.

Apparat $k+1$ (falls $k = s$, zum Apparat 1), ..., mit Wahrscheinlichkeit p_s zum Apparat $k-1$ (falls $k = 1$, zum Apparat s).

Spezialfälle:

$p_1 = 1,\ p_i = 0;\ i = 2, \dots, s$: zyklische Bedienung;

$p_i = s^{-1};\qquad i = 1, \dots, s$: zufällige Verteilung der Forderungen.

Jeder Apparat in Σ_V arbeitet wie ein $GI/GI/1$-System mit der Bedienungszeitverteilungsfunktion B und der Pausenzeitverteilungsfunktion A_V, wobei A_V die Gestalt $A_V(t) = \mathsf{P}\left(\sum_{i=1}^{\nu} \alpha_i < t\right)$ hat. Die α_i sind stochastisch unabhängige Zufallsgrößen mit der Verteilungsfunktion A, ν eine von den α_i unabhängige Zufallsgröße mit dem Erwartungswert s. ν gibt an, die wievielte Forderung jeweils zum gleichen Apparat kommt. Bei zyklischer Bedienung gilt $\nu \equiv s$, bei zufälliger Zuordnung ist $\nu - 1$ geometrisch mit dem Parameter $1 - 1/s$ verteilt,

$$\mathsf{P}(\nu = i) = \left(1 - \frac{1}{s}\right)^{i-1} \frac{1}{s}; \qquad i = 1, 2, \dots .$$

Nach Satz 2.2.5 haben wir

$$s \overset{(2)}{\leqq} \nu \to \sum_{i=1}^{s} \alpha_i \overset{(2)}{\leqq} \sum_{i=1}^{\nu} \alpha_i ,$$

also ergibt sich mittels Satz 5.2.1

Satz 6.3.1. *Für die stationären Wartezeitverteilungsfunktionen in Σ_V und Σ_Z, W_V und W_Z, gilt*

$$W_Z \overset{(2)}{\leqq} W_V , \tag{6.3.33}$$

speziell für die mittleren stationären Wartezeiten

$$m_W^{(z)} \leqq m_W^{(v)} . \tag{6.3.33'}$$

6.3.2.2. Absolute LIFO-Disziplin

Praktische Erfahrungen zeigen (vgl. KRAMPE/KUBAT/RUNGE (1974), S. 124), daß die folgenden *Näherungsformeln* für $M/GI/s$ recht genau sind

$$m_W \approx \frac{1 + \sigma_B^2/m_B^2}{2}\, m_W(M/M/s) , \tag{6.3.34}$$

$$p_W \approx p_W(M/M/s) .^{1)} \tag{6.3.35}$$

---

[1]) $m_W(M/M/s)$ bzw. $p_W(M/M/s)$ ist die mittlere stationäre Wartezeit bzw. die stationäre Wartewahrscheinlichkeit in $M/M/s$ mit den Parametern λ und m_B.

Formal können wir (6.3.34) als Verallgemeinerung der Formel (5.0.10) (Formel von POLLACZEK/CHINČIN) deuten, da nämlich (6.3.34) für $s = 1$ exakt ist.

Es ist möglich, (6.3.34) und (6.3.35) durch zwei heuristische Approximationsschritte herzuleiten und somit ihre gute Genauigkeit wenigstens teilweise theoretisch zu begründen.

1. Schritt: Neben dem System Σ wird ein weiteres Wartesystem Σ_L mit POISSONschem Forderungenstrom (Intensität: λ) und der Bedienungszeitverteilungsfunktion B betrachtet, bei dem die FIFO-Disziplin durch die absolute LIFO-Disziplin ersetzt wird, so daß sein Verhalten wie folgt ist. Wenn freie Apparate vorhanden sind, arbeitet Σ_L genau wie Σ. Sind aber alle Apparate besetzt und trifft eine Forderung ein, so geht diese nicht in die Warteschlange. Vielmehr verdrängt sie eine der gerade in der Bedienung befindlichen Forderungen von ihrem Apparat und wird selbst bedient, während die verdrängte Forderung auf den ersten Platz in der Warteschlange kommt, wobei die an ihr geleistete Arbeit voll erhalten bleibt. Das Schicksal, verdrängt zu werden, kann jede der gerade bedienten Forderungen mit gleicher Wahrscheinlichkeit $1/s$ haben.

Es seien ν_t die Anzahl der zur Zeit t im System befindlichen Forderungen und $\xi_1^t, \dots, \xi_{\nu_t}^t$ ihre Restbedienungszeiten, geordnet in umgekehrter Reihenfolge ihres Eintreffens. Dann gilt das folgende Differenzengleichungssystem, wobei Größen der Ordnung $o(\Delta t)$ weggelassen werden:

$$\mathsf{P}(\nu_{t+\Delta t} = 0) = (1 - \lambda\,\Delta t)\,\mathsf{P}(\nu_t = 0) + \mathsf{P}(\nu_t = 1, \xi_1^t < \Delta t)\,,$$

$$\begin{aligned}
&\mathsf{P}(\nu_{t+\Delta t} = i, \xi_1^{t+\Delta t} < x_1, \dots, \xi_i^{t+\Delta t} < x_i)\\
&\quad = (1 - \lambda\,\Delta t)\,\mathsf{P}(\nu_t = i, \Delta t < \xi_1^t < x_1 + \Delta t\,,\\
&\qquad \dots, \Delta t < \xi_i^t < x_i + \Delta t) + (i+1)\\
&\qquad \times \mathsf{P}(\nu_t = i+1, \xi_0^t < \Delta t, \Delta t < \xi_1^t < x_1 + \Delta t, \dots, \Delta t < \xi_i^t < x_i + \Delta t)\\
&\qquad + \lambda\,\Delta t \times \begin{cases} B(x_1)\,\mathsf{P}(\nu_t = 0)\,; & i = 1\\ 1/i[B(x_1)\,\mathsf{P}(\nu_t = i-1, \Delta t < \xi_2^t < x_2 + \Delta t, \dots, \Delta t & \\ < \xi_i^t < x_i + \Delta t) & \\ + \dots + B(x_i)\,\mathsf{P}(\nu_t = i-1, \Delta t < \xi_1^t < x_1 + \Delta t, \dots, \Delta t & \\ < \xi_{i-1}^t < x_{i-1} + \Delta t)]\,; & 1 < i < s \end{cases}\\
&\quad = (1 - \lambda\Delta t)\,\mathsf{P}(\nu_t = i, \Delta t < \xi_1^t < x_1 + \Delta t, \dots, \Delta t\\
&\qquad < \xi_s^t < x_s + \Delta t, \xi_{s+1}^t < x_{s+1}, \dots, \xi_i^t < x_i)\\
&\qquad + s\,\mathsf{P}(\nu_t = i+1, \xi_0^t < \Delta t, \Delta t < \xi_1^t < x_1 + \Delta t, \dots, \Delta t < \xi_{s-1}^t < x_{s-1}\\
&\qquad + \Delta t, \xi_s^t < x_s, \dots, \xi_i^t < x_i) +
\end{aligned}$$

$$
+ \lambda\, \Delta t \times \begin{cases} 1/s[B(x_1)\, \mathsf{P}(\nu_t = i-1, \Delta t < \xi_2^t < x_2 \\ + \Delta t, \dots, \Delta t < \xi_s^t < x_s + \Delta t) + \dots \\ + B(x_s)\, \mathsf{P}(\nu_t = i-1, \Delta t < \xi_1^t < x_1 \\ + \Delta t, \dots, \Delta t < \xi_{s-1}^t < x_{s-1} + \Delta t)]; & i = s \\ 1/s\, [B(x_1)\, \mathsf{P}(\nu_t = i-1, \Delta t < \xi_2^t < x_2 \\ + \Delta t, \dots, \Delta t < \xi_{s+1}^t < x_{s+1} + \Delta t, \xi_{s+2}^t < x_{s+2}, \dots, \xi_i^t < x_i) + \dots \\ + B(x)\, \mathsf{P}(\nu_t = i-1, \Delta t < \xi_1^t < x_1 \\ + \Delta t, \dots, \Delta t < \xi_{s-1}^t < x_{s-1} + \Delta t, \\ \Delta t < \xi_{s+1}^t < x_{s+1} + \Delta t, \xi_{s+2}^t < x_{s+2}, \dots, \xi_i^t < x_i)]; \\ & i < s \end{cases}
$$

Nach den üblichen Prozeduren (Division durch Δt, $\Delta t \to 0$, $t \to \infty$) gelangen wir zu dem folgenden Gleichungssystem für die stationäre Verteilung, deren Existenz und Eindeutigkeit mit der Theorie der regenerierenden Prozesse (vgl. GNEDENKO/KOVALENKO (1971), S. 124/125) nachgewiesen werden kann (Erneuerungspunkte: $\nu_t = 0$).

$$
0 = -\lambda P_0 + \frac{d}{dx_1} F_1(x_1)\,|_{x_1=0}
$$

$$
\begin{aligned}
0 = -\lambda F_i(x_1, \dots, x_i) &+ \sum_{j=1}^{i} \left[\frac{\partial}{\partial x_j} F_i(x_1, \dots, x_i) - \frac{\partial}{\partial x_j} F_i(x_1, \dots, x_i)|_{x_j=0}\right] \\
&+ (i+1) \frac{\partial}{\partial x_0} F_{i+1}(x_0, \dots, x_i)\,|_{x_0=0} \\
&+ \lambda \begin{cases} B(x_1)\, P_0\,; & i = 1 \\ 1/i\, [B(x_1)\, F_{i-1}(x_2, \dots, x_i) + \dots + B(x_i)\, F_{i=1}(x_1, \dots, x_{i+1})]; \\ & 1 < i < s \end{cases}
\end{aligned}
$$

$$
\begin{aligned}
0 = -\lambda F_i(x_1, \dots, x_i) &+ \sum_{j=1}^{x} \left[\frac{\partial}{\partial x_j} F_i(x_1, \dots, x_i) - \frac{\partial}{\partial x_j} F_i(x_1, \dots, x_i)\right] \\
&+ s \frac{\partial}{\partial x_1} F_{i+1}(x_0, \dots, x_s)\,|_{x_0=0} \\
&+ 1/s\, [B(x_1)\, F_{i-1}(x_1, \dots, x_s, \dots, x_{i-1}) + \dots \\
&+ B(x_s)\, F_{i-1}(x_1, \dots, x_{s-1}, x_{s+1}, \dots, x_{i-1})]; \qquad i \geqq s
\end{aligned}
$$

Dieses System hat, wie durch Einsetzen nachgeprüft werden kann, die Lösung

$$
P_0 = P_0(M/M/s)\,, \tag{6.3.36}
$$

$$
F_i(x_1, \dots, x_i) = P_i(M/M/s)\, m_B^{-i} \prod_{j=1}^{i} \int_0^{x_j} \overline{B}(t)\, dt\,, \tag{6.3.37}
$$

wobei die $P_i(M/M/s)$ die Wahrscheinlichkeiten dafür sind, daß in einem $M/M/s$-Wartesystem (Parameter: λ, m_B) im stationären Zustand i Forderungen sind. Benutzen wir $\sum_{i=s}^{\infty} P_i(M/M/s)$ als Näherung für p_W, so erhalten wir (6.3.35).

2. Schritt: Wir betrachten nun eine Forderung, die im stationären Zustand in das approximierende System Σ_L kommt. Diese soll nach der FIFO-Disziplin bedient werden, d. h., ihre Wartezeit soll gleich dem Minimum der Restarbeitszeiten der Apparate sein. Die direkte Berechnung dieses Minimums ist recht schwierig, obwohl nach (6.3.37) bekannt ist, daß bei festem i alle Restbedienungszeiten unabhängig sind und die gleichen Verteilungsfunktionen $B_R(t) = 1/m_B \int_0^t \overline{B}(x)\, dx$ mit dem Erwartungswert $m_{B,R} = (m_B^2 + \sigma_B^2)/2m_B$ besitzen. Daher berechnen wir einen Näherungswert für den Erwartungswert des Minimums unter der Annahme, daß die Restbedienungszeiten exponentiell verteilt sind mit dem Erwartungswert $m_{B,R}$. Mit analogen Berechnungen wie im Fall eines $M/M/s$-Systems, vgl. GNEDENKO und KOVALENKO (1971), kommen wir dann zu (6.3.34).

Es ist klar, daß die Approximation im Fall exponentiell verteilter Bedienungszeiten exakte Werte liefert, da hier die Restbedienungszeiten ebenfalls exponentiell verteilt sind.

Wir bemerken noch, daß man mit Hilfe von (6.3.37) die Formel (5.0.9) beweisen kann. Im Fall $s = 1$ sind nämlich bei FIFO und bei absoluter LIFO-Disziplin (und bei vielen anderen Warteschlangendisziplinen) in jedem Zeitpunkt die Summen der Restbedienungszeiten aller im System befindlichen Forderungen (= virtuelle Wartezeit bei FIFO) gleich, sofern derselbe Anfangszustand vorliegt und gleiche Bedienungs- und Pausenzeiten auftreten. Entsprechendes gilt auch für den stationären Fall, in dem in $M/GI/1$ die virtuelle und eigentliche Wartezeitverteilung gleich sind. (5.0.9) ergibt sich aus (6.3.37) durch Faltung der Restbedienungszeitverteilungsfunktionen.

6.3.3. Abänderung von Bedienungszeitverteilungen in Abhängigkeit vom Systemzustand

Wir nehmen wieder an, daß Σ vom Typ $M/GI/s$ ist und betrachten folgendes approximierendes System Σ^*: Der Forderungenstrom (Intensität: λ) ist derselbe wie in Σ. Sofern es freie Apparate gibt, haben neu eintreffende Forderungen die Bedienungszeitverteilungsfunktion B wie in Σ. Trifft eine Forderung zu einem Zeitpunkt ein, in dem alle Apparate besetzt sind, so ist ihre Bedienungszeit gleich β_Z, wobei β_Z eine Zufallsgröße mit der Verteilungsfunktion B_Z,

$$B_Z(t) = \frac{B(z+t) - B(z)}{1 - B(z)}; \quad 0 \leqq t < \infty, \tag{6.3.38}$$

ist. (Falls $B(z) = 1$, so ist $B_Z(t) = \Theta_0(t)$.) Die Zahl z ist gleich dem Minimum der Restarbeitszeiten in der Beschreibung von $M/GI/s$ nach 6.0, und natürlich wird die Forderung von demjenigen Apparat bedient, bei dem dieses Minimum auftritt.

Dieses recht merkwürdige System ist deswegen von Interesse, weil Jurkevič (1973) exakte Formeln für die mittlere stationäre Wartezeit und Wartewahrscheinlichkeit in Σ^*, m_W^* und p_W^*, angeben konnte und weil es für Systemapproximationen geeignet ist, da wir Bedingungen an B angeben können, unter denen gilt

$$m_W^* \leqq m_W, \quad p_W^* \leqq p_W. \tag{6.3.39}$$

In der Tat: Wenn für alle z die Beziehung

$$\beta_Z \overset{(1)}{\leqq} \beta \tag{6.3.40}$$

erfüllt ist, erhalten wir wegen der Monotonieeigenschaften von $GI/GI/s$ im System Σ^* bezüglich $\overset{(1)}{\leqq}$ kleinere Restarbeitszeitvektoren als in Σ, woraus sich (6.3.39) ergibt.

(6.3.40) ist äquivalent zu (1.6.7), also erfüllt, wenn B vom Typ NBU ist. Damit können wir für diesen Fall untere Schranken angeben. (Wenn B nicht vom Typ NBU ist, kann es vorkommen, daß m_W^* und p_W^* wesentlich größer als m_W und p_W sind; es ist sogar möglich, daß in Σ^* keine stationäre Wartezeitverteilung existiert, obwohl $\varrho/s < 1$.)

Mittels (6.3.39) erhalten wir für $M/GI/s$-Systeme mit Bedienungszeitverteilungen vom Typ NBU

$$m_W \geqq m_W^* = \frac{P_0}{s!} \lambda^s \int_0^\infty (1 + \lambda x) f^s(x) \exp(\lambda x)\, dx, \tag{6.3.41}$$

$$p_W \geqq p_W^* + \frac{P_0}{s!} \lambda^s \left[m_B^s + \lambda \int_0^\infty f(x) \exp(\lambda x)\, dx \right] \tag{6.3.42}$$

mit

$$f(x) = \int_x^\infty \overline{B}(u)\, du \quad \text{und} \quad P_0^{-1} = \sum_{k=0}^{s} \frac{m_B^k}{k!} \lambda^k + \frac{1}{s!} \lambda^s \int_0^\infty f^s(x) \exp(\lambda x)\, dx.$$

Die Ableitung der Formeln für Σ^*, d. h. der rechten Seiten der obigen Ungleichungen lassen wir hier fort und verweisen auf Jurkevič (1973, Abschnitte 2 und 4). Dabei ist zu beachten, daß er eigentlich Systeme mit beschränkter Wartezeit betrachtete; das uns interessierende System Σ^* ergibt sich im unbeschränkten Fall $\tau = \infty$.

Die Formeln (6.3.41) und (6.3.42) sind für kleines ϱ sehr genau. Leider sind sie aber sehr kompliziert, weshalb es lohnend ist, sie zu vereinfachen, wenigstens soweit, daß die Integrale verschwinden. Für m_W erhalten wir so die Formel

$$m_W \geqq c_S \sum_{k=0}^{s} \frac{(-1)^k}{k!(s-k)!} \left(\frac{1}{s-k+1} + \frac{2\lambda m_B}{s-k+2} + \frac{\lambda^2 m_B^2}{s-k+3} \right) \tag{6.3.43}$$

mit

$$c_S = \frac{\lambda^s m_B^{s+1}}{\sum\limits_{k=0}^{s} \frac{m_B^k}{k!} + (\lambda m_B)^2 \frac{\lambda}{s/m_B - \lambda}} .$$

Dabei wurde P_0 vergrößert, indem die Ungleichung

$$\int_0^\infty f^s(x) \exp(\lambda x)\, dx \geqq \int_0^\infty m_B^s \exp(-sx/m_B) \exp(\lambda x)\, dx = \frac{m_B}{s/m_B - \lambda}$$

ausgenutzt wurde (sie gilt wegen $B \overset{(2)}{\leqq} \mathrm{Exp}\,(m_B^{-1})$) und das Integral

$$\int_0^\infty (1 + \lambda x)\, f^s(x) \exp(\lambda x)\, dx \quad \text{zu} \quad \int_0^\infty (1 + \lambda x)\, (m_B - x)^s\, (1 + \lambda x)\, dx$$

verkleinert wurde.

6.3.4. Abschätzungen durch $M/D/s$, $D/M/s$ und $M/M/s$

Der Vollständigkeit halber erwähnen wir noch Näherungen, die auf den bekannten Formeln für $M/D/s$, $D/M/s$ und $M/M/s$ beruhen. Aus praktischen Erfahrungen ist bekannt, daß oft m_W und p_W bei $M/GI/s$ zwischen m_W und p_W bei $M/D/s$ und $M/M/s$ liegen, sofern λ und m_B fixiert sind. Dabei spielt die Varianz σ_B^2 der Bedienungszeiten eine entscheidende Rolle: Bei $\sigma_B^2 \approx m_B^2$ liegen die Werte in der Nähe derjenigen von $M/M/s$, bei $\sigma_B^2 \approx 0$ bei denen von $M/D/s$. Es ist also naheliegend, folgende Näherungen zu benutzen:

$$m_W \approx \left(1 - \frac{\sigma_B^2}{m_B^2}\right) m_W(M/D/s) + \frac{\sigma_B^2}{m_B^2}\, m_W(M/M/s)\,, \tag{6.3.44}$$

$$p_W \approx \left(1 - \frac{\sigma_B^2}{m_B^2}\right) p_W(M/D/s) + \frac{\sigma_B^2}{m_B^2}\, p_W(M/M/s)\,, \tag{6.3.45}$$

vgl. Hein (1973). $m_W(M/D/s), \ldots, p_W(M/M/s)$ können den Tafeln 1 und 2 entnommen werden.

Noch weiter ging PAGE (1972). Er schlug für Systeme vom Typ $E_k/E_l/s$ die Näherungsformel

$$m_W \approx \left(1 - \frac{\sigma_A^2}{m_A^2}\right)\frac{\sigma_B^2}{m_B^2} m_W(D/M/s) + \frac{\sigma_A^2}{m_A^2}\left(1 - \frac{\sigma_B^2}{m_B^2}\right) m_W(M/D/s) + \frac{\sigma_A^2}{m_A^2}\frac{\sigma_B^2}{m_B^2} m_W(M/M/s) \qquad (6.3.46)$$

vor und zeigte ihre hohe Genauigkeit insbesondere bei großer Belastung ϱ; in Tafel 3 sind p_W und m_W für $D/M/s$-Systeme enthalten.

Von ähnlicher Natur sind schließlich auch die Schranken von COSMETATOS (1974, 1976) für $GI/M/s$- und $M/GI/s$-Systeme.

Anmerkungen zu 6

6.1

Die innere Monotonie der Wartezeiten in $GI/GI/s$ nutzten schon KIEFER und WOLFOWITZ (1955) aus, die der Forderungenanzahlen wurde von H. STOYAN (1973) bewiesen. *Offenes Problem*: Für welche Anfangsverteilungsfunktionen $\boldsymbol{W}_1$, die von $\mathsf{P}(\boldsymbol{w}_1 = \boldsymbol{o}) = 1$ verschieden sind, gilt auch (6.1.2)? Mit ihrer Hilfe wären Abschätzungen möglich, ähnlich wie in 5.3.

6.2

Die äußeren Monotonieeigenschaften bezüglich $\overset{(1)}{\leqq}$ von $GI/GI/s$ wurden in STOYAN (1972c) und JACOBS/SCHACH (1972) angegeben; vgl. auch KIEFER/WOLFOWITZ (1955). Der Autor vermutet, daß für die stationären Wartezeitverteilungsfunktionen ähnliche Monotonieaussagen wie für $GI/GI/1$ gelten; insbesondere seien folgende Hypothesen aufgestellt:

1. Für $GI/M/s$ ist eine zu Satz 5.2.3, b) analoge Aussage richtig. (Die Monotonie der Lösung ζ von (6.0.12) ist wie in 5.2 beweisbar, Schwierigkeiten bereitet die Analyse von C.)

2. Für $M/GI/s$ folgt im Fall gleicher mittlerer Bedienungszeiten aus $\lambda_1 \leqq \lambda_2$ und $B_1 \overset{(2)}{\leqq} B_2$ die Gültigkeit von $W_1 \overset{(1)}{\leqq} W_2$ oder wenigstens $W_1 \overset{(2)}{\leqq} W_2$.

Es ist ferner anzunehmen, daß für die stationären Verteilungen der Schlangenlänge und der virtuellen Wartezeit auch monotone Abhängigkeit von der Pausenzeitverteilungsfunktion vorliegt.

6.3

Die Beispiele in 6.3 zeigen, welche „verrückten“ Systeme man anscheinend benutzen muß, um brauchbare Abschätzungen für $GI/GI/s$-Wartesysteme zu erhalten.

Zusätzlich zu den im Text gemachten Literaturangaben sei hier noch folgendes vermerkt. Die Formel (6.3.22) fand bereits POTTHOFF (1962), er gab aber keinen strengen Beweis an. Die Ergebnisse in 6.3.1.2 sind aus STOYAN (1974a, 1976a) entnommen;

ähnliche Ergebnisse erhielt auf mehr heuristischem Wege NEWELL (1973). Systeme mit unendlich vielen Apparaten wurden auch von BLOOMFIELD und COX (1972) zur Abschätzung benutzt und in STOYAN (1973a) in ähnlicher Art und Weise Verlustsysteme.

Die Formeln (6.3.36) und (6.3.37), d. h. die „Unempfindlichkeit" von $M/GI/s$ bei LIFO-Disziplin, wurden in D. und H. STOYAN (1976) und bereits in den sechziger Jahren von MACK (1967) bewiesen; die in 6.3.2.2 gegebene Abschätzung wurde von STOYAN (1976a) vorgeschlagen.

Eine weitere, hier nicht behandelte Systemapproximation verwendete LOULOU (1973, 1974). Bei ihr „helfen" freie Bedienungsapparate den besetzten, so daß die insgesamt im Einsatz befindliche Apparatezahl stets gleich s ist. Auf diesem Wege erhielt er obere und untere Schranken für die Gesamtarbeit $L_n = \sum_{i=1}^{s} w_{i,n}$ in $GI/GI/s$.

YU (1974) bewies für Wartesysteme, bei denen die Bedienungszeiten ERLANG-verteilt mit verschiedenen Parametern sind, zweiseitige Schranken (bezüglich $\overset{(1)}{\leqq}$) für die stationäre Wartezeitverteilungsfunktion. Dabei tritt in beiden Schranken die Wartezeitverteilungsfunktion des einlinigen Wartesystems mit gleichem Forderungenstrom und einem Bedienungsapparat mit derselben Leistung wie die aller s Apparate im Ausgangssystem auf. Er benutzte dabei Methoden, mit denen STIDHAM (1970) schon vor BRUMELLE (1971a) Optimalitätseigenschaften einliniger Wartesysteme bewies. In STOYAN (1977) wurde für $GI/GI/s$-Systeme mit $A \overset{(2)}{\leqq} \text{Exp}\,(1/m_A)$ und $B \overset{(2)}{\leqq} \text{Exp}\,(1/m_B)$ eine exponentielle Schranke für W angegeben,

$$\overline{W}(t) \lesseqqgtr \exp\left(-\left(\mu - \frac{\lambda}{s}\right)t\right); \quad 0 \leqq t < \infty, \quad \lambda = m_A^{-1}, \quad \mu = m_B^{-1}.$$

Schließlich seien noch die Abschätzungen für $M/D/s$-Systeme mit Gruppenankünften von POLJAK (1968) erwähnt.

Die Beziehung (6.3.4) gehört mit zu der Gruppe der *Bilanz-Gleichungen* vom Typ $L = \lambda W$, bei denen L der stationäre Erwartungswert einer für alle t definierten Systemgröße und W der einer für alle Ankunftszeitpunkte definierten Größe ist; λ ist die Intensität des Forderungenstroms. Ausführlich kann man sich über derartige Beziehungen in BRUMELLE (1971b), STIDHAM (1974) und FRANKEN (1976) informieren.
MARSHALL/WOLFF (1971), KÖNIG/SCHMIDT/STOYAN (1976) und MIYAZAWA (1976) bewiesen Ungleichungen für Momente und Verteilungen von Warteschlangengrößen in Ankunftszeitpunkten und beliebigen Zeitpunkten.

Beispiele. 1. Bei folgenden Bedienungs- und Pausenzeiten ist die in 6.3.2.1 betrachtete zyklische Disziplin in einem zweilinigen, zur Zeit $t = 0$ leeren Wartesystem besser als FIFO.

n	α_n	β_n	FIFO		zyklisch	
			$w_{n,1}$	$w_{n,2}$	$w'_{n,1}$	$w'_{n,2}$
1	1	100	0	0	0	0
2	1	1	0	99	99	0
3	1	100	0	98	98	0
4	197	200	97	99	197	0
5	1	100	0	100	0	3
6			99	99	99	9

$w_{n,1}$ und $w_{n,2}$ bzw. $w'_{n,1}$ und $w'_{n,2}$ sind die Restarbeitszeiten bei Ankunft der n-ten Forderung, wobei $w_{n,1} \leqq w_{n,2}$ und $w'_{n,1}$ sowie $w'_{n,2}$ die Restarbeitszeiten des Apparates 1 sowie 2 sind; dabei soll die erste Forderung zu Apparat 1 gehen. $w_{n,1}$ ist also die Wartezeit der n-ten Forderung im FIFO-System, $w'_{n,1}$ (n ungerade) bzw. $w'_{n,2}$ (n gerade) die im System mit zyklischer Bedienung. Man erkennt: Die Wartezeiten der 4. bis 6. Forderung sind im FIFO-System größer als im System mit zyklischer Bedienung, ebenso die Summe der Restarbeitszeiten und die Maxima der Restarbeitszeiten bei Ankunft der 5. und 6. Forderung.

2. In einem $M/GI/2$-System Σ mit

$$A(t) = 1 - \exp(-\lambda t), \; B(t) = (1 - p)\, \theta_0(t) + p(1 - \exp(-\mu t))$$

gilt nicht $\sigma_B < m_B$, und (6.3.6) ist nicht erfüllt, wie von BRUMELLE (1971a) gezeigt wurde. Die mittlere stationäre Wartezeit dieses Systems ist gleich der in dem $M/M/2$-System mit $A(t) = 1 - \exp(-p\lambda t)$ und $B(t) = 1 - \exp(-\mu t)$, das sich aus Σ ergibt, indem nur die Forderungen mit positiven Bedienungszeiten betrachtet werden. Mit Hilfe der Formeln für $M/M/2$ und $M/GI/1$ erhalten wir $m_V^{(1)} > m_V$ für $\lambda/2\mu > 1 - p$.

Offene Probleme: 1. Gilt (6.3.26) allgemein, oder unter welcher Bedingung?

2. Unter welchen Bedingungen ist (6.3.3) in $G/G/s$-Wartesystemen erfüllt?

3. Gelten die Ungleichungen

$$m_W \leqq m'_W ,$$
$$p_W \leqq p'_W$$

für die mittlere stationäre Wartezeit in Σ'_1?

4. Kann man Klassen von Bedienungszeitverteilungsfunktionen angeben, für die in (6.3.34) $\leqq$ bzw. $\geqq$ steht oder für die es möglich ist, den Fehler von (6.3.34) abzuschätzen?

7. Monotonieeigenschaften und Abschätzungen für weitere stochastische Modelle

7.0. Vorbemerkungen

Im vorliegenden Kapitel soll anhand einiger Beispiele gezeigt werden, wie Monotonieeigenschaften und Abschätzungen auch für andere als die in den Kapiteln 5 und 6 behandelten stochastischen Modelle bewiesen werden können. Dabei handelt es sich nur um eine kleine Auswahl aus der Fülle der Ergebnisse; außerdem muß man damit rechnen, daß noch viele weitere Arbeiten über qualitative Eigenschaften stochastischer Modelle erscheinen werden, z.B. im Zusammenhang mit *Sensibilitätsuntersuchungen.*

Die hier behandelten Abschätzungen sind fast ausnahmslos solche, die auf Monotonieeigenschaften beruhen. Damit ist nur ein Teil der praktisch verwendeten Näherungsverfahren erfaßt. Für viele Modellklassen gibt es spezielle, den jeweiligen Eigenschaften der Modelle angepaßte Methoden der verschiedensten Art. Wir nennen hier nur Näherungsverfahren für *Mehrmaschinenmodelle* der Bedienungstheorie (vgl. Hein (1973), Heinz (1966), Page (1972), S. 89), für *Verlustsysteme im Fernmeldewesen* (vgl. König/Matthes (1966), Kosten (1973), S. 107, Le Gall (1961), Wilkinson (1956), Šneps (1974)), für Bedienungssysteme unter *starker Belastung* („heavy traffic"; vgl. Cohen (1973), Kingman (1966), Whitt (1974b)), für *Zuverlässigkeitssysteme* (vgl. Barlow/Proschan (1965, 1977), Kozlov/Ušakov (1975)) und in der *Netzplantechnik* (vgl. Golenko (1972)). Von zunehmendem Interesse sind ferner Diffusionsapproximationen, vgl. z. B. Kleinrock (1976, S. 62ff).

7.1. Abschätzungen für die Konvergenz gegen stationäre Verteilungen in der Bedienungstheorie

Für viele praktische Fragen ist es wichtig zu wissen, wie schnell sich bestimmte zeitabhängige Systemgrößen ausgehend von vorgegebenen Anfangswerten den im stationären Fall gültigen Werten nähern. Oft wird nämlich nur mit den leichter bestimmbaren stationären Werten gearbeitet, die aber streng genommen i. a. nur unter gewissen Voraussetzungen und als Grenzwerte für $t \to \infty$ gültig sind. Im folgenden werden für einige Bedienungssysteme Abschätzungen für die Geschwindigkeit der Konvergenz von Systemgrößen gegen die stationären Werte gegeben.

7.1.1. Zustandswahrscheinlichkeiten in $M/GI/\infty$

Es sei $P_n(t)$ die Wahrscheinlichkeit dafür, daß zur Zeit t im System $M/GI/\infty$ n Forderungen sind, wenn das System zur Zeit $t = 0$ leer war $(P_0(0) = 1)$. Bekanntlich gilt

$$P_n(t) = \frac{(\varrho(t))^n}{n!} \exp\left(-\varrho(t)\right); \quad \varrho(t) = \lambda \int_0^t \overline{B}(x)\, dx; \quad n = 0,1, \dots \tag{6.3.23}$$

Bei endlichem m_B konvergieren die $P_n(t)$ für $t \to \infty$ zu den stationären Wahrscheinlichkeiten P_n,

$$P_n = \frac{\varrho^n}{n!} \exp(-\varrho); \quad \varrho = \lambda m_B; \quad n = 0, 1, \dots, \tag{6.3.19}$$

wobei $m_B = \int_0^\infty \overline{B}(x)\, dx$ zu beachten ist. $\varrho(t)$ besitzt eine solche Gestalt, daß wir mittels (1.4.4) sofort die Richtigkeit von

$$B_1 \overset{(3)}{\leqq} B_2 \leftrightarrow \varrho_1(t) \geqq \varrho_2(t) \quad \text{für alle } t \tag{7.1.1}$$

erkennen.

Satz 7.1.1. *Für die Zustandswahrscheinlichkeiten $P_{n,k}(t)$ in den Bedienungssystemen Σ_k vom Typ $M/GI/\infty$ mit den Bedienungszeitverteilungsfunktionen B_k $(k = 1, 2)$ folgt im Fall gleicher mittlerer Bedienungszeit m_B und gleicher Intensität λ des Forderungenstromes aus $B_1 \overset{(3)}{\leqq} B_2$ (bzw. $B_2 \overset{(2)}{\leqq} B_1$) die Beziehung*

$$\sum_{n=0}^{l} P_n - \sum_{n=0}^{l} P_{n,1}(t) \leqq \sum_{n=0}^{l} P_n - \sum_{n=0}^{l} P_{n,2}(t)\ ^{1)} \tag{7.1.2}$$

für alle t und l.

Beweis. Nach (6.3.23) ist die zeitabhängige Forderungenanzahl in $M/GI/\infty$ Poisson-verteilt. Nach (7.1.1) und (1.2.12) gilt

$$\sum_{n=0}^{l} P_{n,1}(t) \geqq \sum_{n=0}^{l} P_{n,2}(t),$$

woraus (7.1.2) unmittelbar folgt. ●

Für bezüglich $\overset{(3)}{\leqq}$ kleine Bedienungszeiten (stärker streuende) erfolgt also die Konvergenz gegen die stationäre Verteilung langsamer als für große (weniger streuende).

---

1) Die stationären Wahrscheinlichkeiten für Σ_1 und Σ_2 sind nach (6.3.19) dieselben.

Spezialfall. Für $B \overset{(2)}{\leqq} \operatorname{Exp}(1/m_B)$ (vgl. die Kriterien in 1.5 und 1.6!) gilt

$$\sum_{n=0}^{l} \frac{(\varrho_e(t))}{n!} \exp(-\varrho_e(t)) \geqq \sum_{n=0}^{l} P_n(t) \geqq \sum_{n=0}^{l} \frac{(\varrho_c(t))}{n!} \exp(-\varrho_c(t)); \quad (7.1.3)$$

$$\varrho_e(t) = \lambda m_B \left(1 - \exp\left(-\frac{t}{m_B}\right)\right); \quad 0 \leqq t < \infty \quad \text{(exponentielle Bedienungszeit)}$$

$$\varrho_c(t) = \begin{cases} \lambda t; & 0 \leqq t \leqq m_B \\ \lambda m_B; & t > m_B . \end{cases} \quad \text{(konstante Bedienungszeit)}$$

7.1.2 Mittlere Wartezeit in $GI/GI/1$

Wir betrachten zwei Bedienungssysteme Σ_1 und Σ_2 des Typs $GI/GI/1$ mit den Verteilungsfunktionen K_1 und K_2 der Differenz von Bedienungs- und Pausenzeit. Beide Systeme seien zur Zeit $t = 0$, dem Ankunftszeitpunkt der 1. Forderung, leer. Die mittlere Wartezeit der n-ten Forderung in Σ_k sei gleich $m_{W,n}^{(k)}$, die entsprechenden stationären Mittelwerte seien $m_W^{(k)}$; $k = 1, 2$. Es gilt folgender

Satz 7.1.2. *Aus $K_1 \overset{(2)}{\leqq} K_2$ folgt für alle $n = 1, 2, \ldots$*

$$m_W^{(1)} - m_{W,n}^{(1)} \leqq m_W^{(2)} - m_{W,n}^{(2)} . \quad (7.1.4)$$

Beweis. Nach (5.0.4'') gilt $m_W^{(k)} - m_{W,n}^{(k)} = \sum_{m=n}^{\infty} 1/m \int_0^{\infty} x \, dK^{*(m)}(x)$. Aus $K_1 \overset{(2)}{\leqq} K_2$ folgt $K_1^{*(m)} \overset{(2)}{\leqq} K_2^{*(m)}$, und da $f(x) = \max\{0, x\}$ monoton nicht fallend und konvex ist, ergibt sich (7.1.4). ●

Ähnlich wie bei $M/GI/\infty$ gilt: Bei bezüglich $\overset{(2)}{\leqq}$ größeren Bedienungs- und Pausenzeitverteilungen (stärker streuenden) erfolgt die Konvergenz gegen die stationäre mittlere Wartezeit langsamer als bei kleineren (weniger streuenden).

Zur numerischen Abschätzung der Konvergenzgeschwindigkeit können die Tabellen für m_W und $m_{W,n}$ benutzt werden, die von Heatcote/Winer (1969) für $M/D/1$, $D/M/1$ und $M/M/1$ angegeben wurden. Die Werte für $M/M/1$ sind in Tafel 5 enthalten, wobei zu beachten ist, daß die Tafelwerte mit m_B zu multiplizieren sind.

Für ein Bedienungssystem $GI/GI/1$ mit

$$A \overset{(2)}{\leqq} \operatorname{Exp}\left(\frac{1}{m_A}\right), \quad B \overset{(2)}{\leqq} \operatorname{Exp}\left(\frac{1}{m_B}\right)$$

gilt

$$m_W - m_{W,n} \leqq \frac{m_B^2}{m_A(1-\varrho)} \cdot -m_B \text{ [Tafelwert für } n, \varrho]; \qquad \varrho = \frac{m_B}{m_A} . \quad (7.1.5)$$

7.1.3 Untätigkeitswahrscheinlichkeit in $M/GI/1$

Es sei $P_0(t)$ die Wahrscheinlichkeit dafür, daß das Wartesystem $M/GI/1$ zur Zeit t leer ist, d. h. keine Forderung im System ist, wobei zur Zeit $t = 0$ das System ebenfalls leer war. Nach TAKACS (1962), S. 77, gilt

$$P_0(t) = \sum_{n=0}^{\infty} \frac{(\lambda t)^n}{n!} \exp(-\lambda t) \int_0^t (t-x)\, dB^{*(n)}(x) . \tag{7.1.6}$$

Für $t \to \infty$ ergibt sich im Fall $\varrho = \lambda m_B < 1$

$$P_0 = 1 - \varrho . \tag{7.1.7}$$

Satz 7.1.3. *Für zwei $M/GI/1$-Systeme Σ_1 und Σ_2 mit den Bedienungszeitverteilungsfunktionen B_1 und B_2, gleichen mittleren Bedienungszeiten m_B und gleicher Intensität λ des Forderungenstromes gilt für die zugehörigen Untätigkeitswahrscheinlichkeiten $P_{0,1}(t)$ und $P_{0,2}(t)$ die Ungleichung*

$$1 - \varrho - P_{0,1}(t) \leqq 1 - \varrho - P_{0,2}(t) , \tag{7.1.8}$$

sofern $B_1 \overset{(3)}{\leqq} B_2$ (bzw. $B_2 \overset{(2)}{\leqq} B_1$).

In Σ_1 erfolgt also die Konvergenz gegen den Grenzwert $1 - \varrho$ schneller als in Σ_2; hier ist bei bezüglich $\overset{(2)}{\leqq}$ kleinerem B die Konvergenz langsamer.

B e w e i s. Aus (7.1.6) ist leicht zu erkennen, daß die Konvergenz $P_0(t) \to 1 - \varrho$ monoton ist, und folglich gilt $P_0(t) \leqq 1 - \varrho$. Da die Funktionen $f_t(x)$, $f_t(x) = \max\{0, t - x\}$, monoton nicht wachsend und konvex sind, gilt wegen Satz 1.4.1 $\int_0^t (t-x)\, dB_1^{*(n)}(x) \geqq \int_0^t (t-x)\, dB_2^{*(n)}(x)$ für alle t und n. Hieraus folgt sofort $P_{0,1}(t) \geqq P_{0,2}(t)$ und (7.1.8). ●

7.2. Anwendungen in der Zuverlässigkeitstheorie (Beispiele)

7.2.1. Doublierung und Erneuerung

Wir betrachten ein System Σ, das aus zwei Elementen $\mathscr{E}_1$ und $\mathscr{E}_2$ besteht. Zur Zeit $t = 0$ nimmt $\mathscr{E}_1$ die Arbeit auf und arbeitet bis zum Ausfall zur Zeit $t = \varepsilon_0$. In diesem Augenblick beginnt $\mathscr{E}_2$ zu arbeiten, während $\mathscr{E}_1$ repariert wird. Die Arbeitszeit von $\mathscr{E}_2$ ist gleich ε_1, die Reparaturdauer von $\mathscr{E}_1$ gleich ε_1'. Ist $\varepsilon_1' > \varepsilon_1$, so stellt das System zur Zeit $t = \varepsilon_0 + \varepsilon_1$ die Arbeit ein; anderenfalls beginnt zur Zeit $t = \varepsilon_0 + \varepsilon_1$ wieder $\mathscr{E}_1$ zu arbeiten, und $\mathscr{E}_2$ wird repariert usw. Alle auftretenden Zufallsgrößen sollen unabhängig sein.

Im Fall exponentiell verteilter Arbeitszeit (Parameter: λ) und beliebiger Reparaturzeitverteilungsfunktion R ist nach GNEDENKO/BELJAJEW/SOLOVJEV

(1968), S. 180, die *mittlere Lebensdauer* T von Σ gleich

$$T = \frac{1}{\lambda} + \frac{1/\lambda}{\left(1 - \int\limits_0^\infty \exp(-\lambda t)\, dR(t)\right)}. \tag{7.2.1}$$

Mit Hilfe der Funktionalmethode können wir den Einfluß der Gestalt der Verteilungsfunktion R auf T untersuchen. Offenbar gilt

Satz 7.2.1. *Es seien Σ_1 und Σ_2 zwei Systeme mit dem gleichen Arbeitszeitparameter λ und den Reparaturzeitverteilungsfunktionen R_1 und R_2. Dann gilt für die zugehörigen mittleren Lebensdauern T_1 und T_2*

$$R_1 \leqq_L R_2 \to T_1 \geqq T_2\,. \tag{7.2.2}$$

Damit ist es möglich, zu Abschätzungen für T zu gelangen. Diese sind vor allem im Fall unvollständiger Information über R wichtig.

Beispiele: a) Kozlov und Vasil'ev (1969) betrachten den Fall, in dem die ersten n ($n = 1, 2, 3, 4$) Momente von R gegeben sind. Wenn speziell die mittlere Reparaturzeit m_R und ihre Varianz σ_R^2 gegeben sind, gilt nach 1.9, c)

$$\frac{1}{\lambda}\left[1 + \frac{1}{1 - \exp(-\lambda m_R)}\right] \leqq T \leqq \frac{1}{\lambda}\left[1 + \frac{1 + \sigma_R^2/m_R^2}{1 - \exp(-\lambda m_R(1 + \sigma_R^2/m_R^2))}\right]. \tag{7.2.3}$$

b) Wenn von R bekannt ist, daß R vom Typ NBUE ist (der Erwartungswert von R sei m_R), so gilt nach 1.9, d)

$$\frac{1}{\lambda}\left[1 + \frac{1}{1 - \exp(-\lambda m_R)}\right] \leqq T \leqq \frac{1}{\lambda}\left[1 + \frac{1}{1 - \frac{1}{1 + \lambda m_R}}\right]. \tag{7.2.4}$$

7.2.2. Monotonieeigenschaften und Schranken für die Erneuerungsfunktion

Ein Element nimmt zur Zeit $t = 0$ die Arbeit auf und fällt zur Zeit $t = \varepsilon_1$ aus, wird sofort durch ein neues ersetzt, das bis $t = \varepsilon_1 + \varepsilon_2$ arbeitet und wieder ersetzt wird usw. Die ε_n bilden eine Folge stochastisch unabhängiger, identisch verteilter Zufallsgrößen mit der Verteilungsfunktion F mit $F(0) < 1$ und endlichem Erwartungswert m.

Es sei ν_t die Anzahl der Erneuerungen im Zeitintervall $(0, t)$. Offenbar gilt

$$P(\nu_t > i) = F^{*(i)}(t); \quad i = 1, 2, \ldots. \tag{7.2.5}$$

Den Erwartungswert von ν_t bezeichnen wir mit $H(t)$. Die *Erneuerungsfunktion* $H(t)$ genügt der sogenannten *Erneuerungsgleichung*, vgl. Gnedenko/Beljajev/Solovjev (1968), S. 91,

$$H(t) = F(t) + \int\limits_0^t H(t - x)\, dF(x)\,, \tag{7.2.6}$$

$$H(t) = \sum_{i=1}^{\infty} F^{*(i)}(t); \tag{7.2.7}$$

ferner ist

$$t/m = \sum_{i=1}^{\infty} F_R * F^{*(i-1)}(t); \tag{7.2.8}$$

$$F_R(t) = \frac{1}{m} \int_0^t \overline{F}(x)\, dx\,, \qquad F^{*(0)}(t) = \Theta_0(t)\,.$$

Die Erneuerungsfunktion H und ν_t haben folgende „äußere" Monotonieeigenschaften:

Aus $F_1 \overset{(1)}{\leqq} F_2$ folgt für die zugehörigen Anzahlen $\nu_{t,1}$ und $\nu_{t,2}$ und Erneuerungsfunktionen H_1 und H_2

$$\nu_{t,1} \overset{(1)}{\leqq} \nu_{t,2} \tag{7.2.9}$$

und

$$H_1(t) \geqq H_2(t); \quad 0 \leqq t < \infty\,, \tag{7.2.10}$$

da $\overset{(1)}{\leqq}$ die Eigenschaft (F) *besitzt.*

Ebenfalls auf (F) beruht der folgende

Satz 7.2.2. *Wenn F vom Typ* NBUE (NWUE) *ist, gilt*

$$H(t) \leqq (\geqq)\; t/m\,. \tag{7.2.11}$$

Beweis. Nach Definition des Begriffs NBUE (NWUE) ist $F_R \overset{(1)}{\leqq} F$ $(F \overset{(1)}{\leqq} F_R)$ erfüllt. Hieraus und aus (7.2.8) folgt, da $\overset{(1)}{\leqq}$ die Eigenschaft (F) hat, die Ungleichung (7.2.11). ●

Schließlich hat die Erneuerungsfunktion folgende „innere" Monotonieeigenschaft, die zur Gewinnung von Abschätzungen ausnutzbar ist. Es sei $h_1(t)$ eine Funktion mit den Eigenschaften

$$h_1(t) \leqq (\geqq)\; H(t) \tag{7.2.12}$$

und

$$h_1(t) \leqq (\geqq)\; h_2(t) = F(t) + \int_0^t h_1(t-x)\, dF(x); \quad 0 \leqq t < \infty\,. \tag{7.2.13}$$

Aus (7.2.12) und (7.2.13) folgt offensichtlich für alle t und n

$$h_n(t) \leqq (\geqq)\; h_{n+1}(t)\,, \tag{7.2.14}$$

$$h_n(t) \leqq (\geqq)\; H(t)\,, \tag{7.2.15}$$

wobei

$$h_{n+1}(t) = F(t) + \int_0^t h_n(t-x)\, dF(x); \qquad n = 1, 2, \ldots\,.$$

Nach Marshall (1973) gilt außerdem $\lim_{n\to\infty} h_n(t) = H(t)$. Er bewies folgenden

Satz 7.2.3. *Es gilt*

$$t/m + b_u \leqq H(t) \leqq t/m + b_0 \tag{7.2.16}$$

mit

$$b_u = \inf_{t \in A} \frac{F(t) - F_R(t)}{\overline{F}(t)}, \quad b_0 = \sup_{t \in A} \frac{F(t) - F_R(t)}{\overline{F}(t)}, \tag{7.2.17}$$

wobei A die Menge aller $t \geqq 0$ mit $\overline{F}(t) > 0$ ist.

Beweis der linken Seite von (7.2.16). Offenbar gilt für alle t

$$b_u \overline{F}(t) \leqq F(t) - F_R(t) \leqq b_o F(t).$$

Faltung mit $F^{*(n)}$ führt zu

$$b_u \overline{F}(t) * F^{*(n)}(t) \leqq F^{*(n+1)}(t) - F_R(t) * F^{*(n)}$$
$$\leqq b_o \overline{F}(t) * F^{*(n)}; \; n = 0, 1, \ldots$$

und Summation über n liefert (7.2.16). ●

b_u bzw. b_o sind so gewählt, daß (7.2.13) mit $\leqq$ bzw. $\geqq$ gilt; daher kann die Abschätzung (7.2.16) iterativ verbessert werden.

Wir erkennen, daß dann, wenn F vom Typ NBUE bzw. NWUE ist, b_u und b_o nicht positiv bzw. nicht negativ sind.

Da stets

$$\frac{F(t) - F_R(t)}{\overline{F}(t)} \geqq -1,$$

erhalten wir mittels Satz 7.2.3 die bekannte Abschätzung (vgl. Gnedenko/Beljajev/Solovjev (1968), S. 95)

$$H(t) \geqq t/m - 1. \tag{7.2.18}$$

Abschließend sei noch erwähnt, daß Stone (1972) und Daley (1975) für $H(t)$ Schranken der Gestalt

$$H(t) \leqq \frac{t}{m} + \frac{\mu_2}{m^2} C - 1 \tag{7.2.19}$$

bewiesen, wobei μ_2 das 2. Moment von F ist. C ist eine Konstante, von der bisher bekannt ist, daß $1 \leqq C \leqq 1{,}3186$; Daley (1975) stellte die Hypothese $C = 1$ auf.

7.2.3. Zuverlässigkeitssysteme mit monotoner Struktur

Es sei Σ ein Zuverlässigkeitssystem, das aus n Elementen besteht, die nur die Zustände 0 (ausgefallen) und 1 (intakt) haben. Die Zustände $\varepsilon_1, \ldots, \varepsilon_n$ der Elemente sollen den Zustand σ des Systems eindeutig bestimmen, es soll eine Funktion Φ, die *Strukturfunktion*, geben mit $\sigma = \Phi(\varepsilon_1, \ldots, \varepsilon_n)$. Auch σ soll nur die Werte 0 und 1 annehmen können.

Derartige Systeme treten in der Zuverlässigkeitstheorie recht häufig auf; allerdings können nicht alle Systeme in dieser Art und Weise beschrieben werden.

Für das auf Abb. 1 dargestellte System lautet die Strukturfunktion

$$\Phi(\varepsilon_1, \dots, \varepsilon_7) = \varepsilon_1\varepsilon_7\{\varepsilon_2\varepsilon_3 + \varepsilon_4 (1 - \varepsilon_2\varepsilon_3) [\varepsilon_5 + (1 - \varepsilon_5) \varepsilon_6]\}.$$

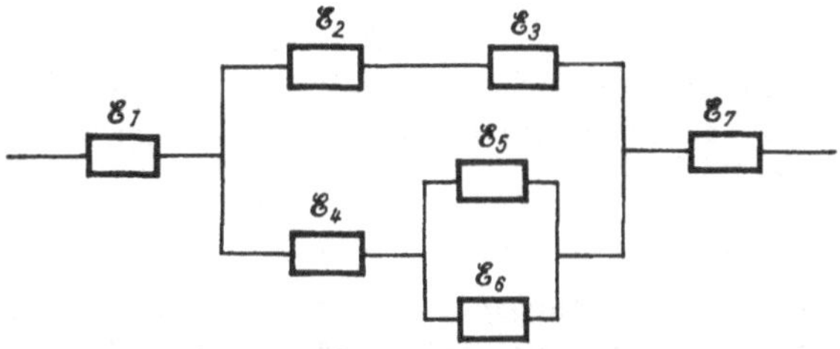

Abb. 1. Schematische Darstellung eines Zuverlässigkeitssystems monotoner Struktur

Systeme, deren Strukturfunktion Φ die folgenden Eigenschaften besitzt, heißen *Systeme mit monotoner Struktur*; vgl. Barlow/Proschan (1977).

a) $\Phi(1, \dots, 1) = 1$;

b) $\Phi(0, \dots, 0) = 0$;

c) $\Phi(x_1, \dots, x_n) \leqq \Phi(y_1, \dots, y_n)$ für alle $x_i \leqq y_i$ $(i = 1, \dots, n)$.

Das obige System ist, wie man leicht sieht, von monotoner Struktur.

Wir nehmen an, daß die Elementzustände zufällig und zeitabhängig sind und durch stochastische Prozesse $\{\varepsilon_{1,t}\}, \dots, \{\varepsilon_{n,t}\}$ beschrieben werden. Der Systemzustand zur Zeit t sei σ_t, $\sigma_t = \Phi(\varepsilon_{1,t}, \dots, \varepsilon_{n,t})$. Es gilt folgender Vergleichssatz.

Satz 7.2.4. *Es seien Σ_1 und Σ_2 zwei Zuverlässigkeitssysteme mit gleicher Strukturfunktion und monotoner Struktur. Die zugehörigen Elementszustandsprozesse seien $\{\varepsilon_{i,t}^{(k)}\}$, die Systemzustandsprozesse $\{\sigma_t^{(k)}\}$; $i = 1, \dots, n$, $k = 1, 2$. Dann gilt*

$$\{\sigma_t^{(1)}\} \overset{(1)}{\leqq} \{\sigma_t^{(2)}\}, \tag{7.2.20}$$

falls

$$\{\varepsilon_{i,t}^{(1)}\} \overset{(1)}{\leqq} \{\varepsilon_{i,t}^{(2)}\} \tag{7.2.21}$$

für alle $i = 1, \dots, n$.

Der Beweis von Satz 7.2.4 ist leicht mit Hilfe von Satz 2.2.2b möglich.

Für Systeme, deren Elemente gleichzeitig zu arbeiten beginnen $(t = 0)$ und die nicht erneuert werden, ergeben sich folgende Aussagen.

Folgerungen

a) *Es seien $E_{i,k}$ die Lebensdauerverteilungsfunktionen der Elemente von Σ_k und F_k die Lebensdauerverteilungsfunktion von Σ_k; $k = 1, 2$. Dann folgt aus*

$$E_{i,1} \overset{(1)}{\leqq} E_{i,2}; \quad i = 1, \dots, n \tag{7.2.21'}$$

die Beziehung

$$F_1 \overset{(1)}{\leqq} F_2 \,. \tag{7.2.20'}$$

b) *Wenn in einem System Σ mit monotoner Struktur die Lebensdauerverteilungsfunktionen der Elemente alle wachsende Ausfallraten und die Erwartungswerte $m_1, \dots, m_n$ haben, so gilt für die Lebensdauerverteilungsfunktion F des Systems die Beziehung*

$$F(t) \leqq F_{\exp}(t); \quad t < \min\{m_1, \dots, m_n\}, \tag{7.2.22}$$

wobei $F_{\exp}$ die Lebensdauerverteilungsfunktion eines Systems mit gleicher Strukturfunktion und exponentiell verteilten Lebensdauerverteilungsfunktionen mit den Erwartungswerten $m_1, \dots, m_n$ ist.

Beweis. a) Für die Prozesse $\{\varepsilon_{i,t}^{(k)}\}$ gilt

$$\mathsf{P}(\varepsilon_{i,t}^{(k)} = 0) = E_{i,k}(t); \quad 0 \leqq t < \infty \,.$$

Wegen (7.2.21') haben wir also (7.2.20).

b) Nach Barlow und Proschan (1977) gilt für Verteilungsfunktionen F mit wachsender Ausfallrate und dem Erwartungswert m die Beziehung

$$F(t) = 1 - \exp\left(-\frac{t}{m}\right)$$

für alle $t < m$. Daraus folgt wie unter a) die Richtigkeit von (7.2.22).

7.2.4. Lebensdauer in Systemen mit Reserveelementen und Serien- oder Parallelschaltung

Es sei Σ ein Zuverlässigkeitssystem, das aus den Elementen $\mathscr{E}_1, \dots, \mathscr{E}_M$ mit den zufälligen, in ihrer Gesamtheit unabhängigen Lebensdauern $\varepsilon_1, \dots, \varepsilon_M$ besteht. Die Elemente seien teils in Serie, teils als kalte Reserveelemente geschaltet, Reparaturen sollen nicht durchgeführt werden. Die Lebensdauer σ von Σ kann als Funktion der ε_i dargestellt werden,

$$\sigma = \Phi(\varepsilon_1, \dots, \varepsilon_M) \,. \tag{7.2.23}$$

Φ wird durch Kombination von Additionen („kalte“ Reserve) und Minimumbildung (Serienschaltung) gebildet. Auf Abb. 2 ist ein Zuverlässigkeitsschaltbild dargestellt, für das (7.2.23) die Gestalt

$$\sigma = \min\{\varepsilon_1 + \min\{\varepsilon_2, \varepsilon_3, \varepsilon_4\}, \varepsilon_5 + \varepsilon_6, \varepsilon_7\}$$

annimmt.

Die Abbildung Φ in (7.2.23) ist in den ε_i monoton nicht fallend und konkav.

Eine ähnliche Aussage gilt für die Systeme mit „kalten“ Reserveelementen und Parallelschaltung („heiße“ Reserve). Hier wird Φ durch Maximumbildungen („heiße" Reserve) und Additionen („kalte" Reserve) gebildet. Folglich ist Φ in den ε_l monoton nicht fallend und konvex.

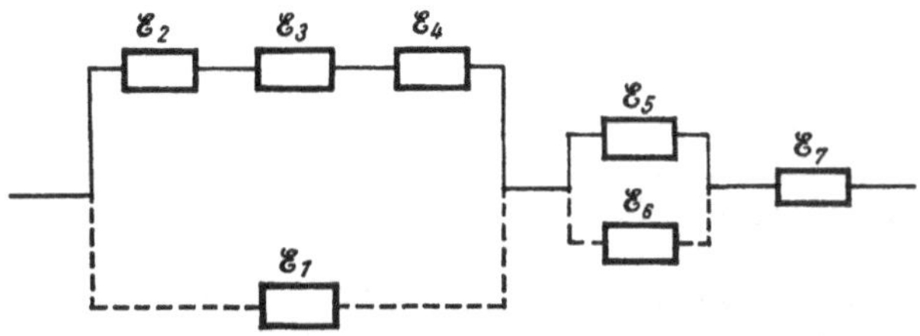

Abb. 2. Schematische Darstellung eines Zuverlässigkeitssystems mit Serienschaltung (———) und kalter Reserve (– – –)

In beiden Fällen ist die Abbildungsmethode zur Gewinnung von Monotonieaussagen anwendbar, und wir erhalten

Satz 7.2.5. *Es seien Σ_1 und Σ_2 zwei Systeme mit Reserveelementen und Serienschaltungen gleicher Struktur (mit gleichem Φ) und den Elementlebensdauern $\varepsilon_{l,1}$ und $\varepsilon_{l,2}$; $l = 1, \ldots, M$. Dann gilt für die zugehörigen Systemlebensdauern σ_1 und σ_2*

$$\varepsilon_{l,1} \overset{(i)}{\leqq} \varepsilon_{l,2};\, l = 1, \ldots, M \to \sigma_1 \overset{(i)}{\leqq} \sigma_2; \quad i = 1 \quad \text{oder} \quad i = 3\,. \tag{7.2.24'}$$

Für Systeme mit Reserveelementen und Parallelschaltungen gilt entsprechend

$$\varepsilon_{l,1} \overset{(i)}{\leqq} \varepsilon_{l,2};\, l = 1, \ldots, M \to \sigma_1 \overset{(i)}{\leqq} \sigma_2; \quad i = 1 \text{ oder } i = 2\,. \tag{7.2.24''}$$

Mit Hilfe von Satz 7.2.5 können die Lebensdauern in Systemen mit Parallel- und Serienschaltung abgeschätzt werden, wobei vor allem die Relationen $\overset{(2)}{\leqq}$ und $\overset{(3)}{\leqq}$ interessant sind, die den Vergleich von Zufallsgrößen ε_l mit gleichem Erwartungswert erlauben.

7.3. Pert-Problem

Es sei σ die Gesamtdauer eines Vorganges, der durch ein Netzplandiagramm $\mathfrak{N}$ mit den zufälligen, stochastisch unabhängigen (Einzel-)Vorgangsdauern $\varepsilon_1, \ldots, \varepsilon_M$ darstellbar ist. Zwischen σ und den ε_l besteht ein Zusammenhang der Gestalt

$$\sigma = \Phi_{\mathfrak{N}}(\varepsilon_1, \ldots, \varepsilon_M)\,. \tag{7.3.1}$$

Die Abbildung $\Phi_{\mathfrak{N}}$ hängt eng mit der Struktur des Netzplanes $\mathfrak{N}$ zusammen; sie wird durch Kombination von Additionen (nacheinanderfolgende Vorgänge) und Maximumbildungen (parallel laufende Vorgänge) gebildet. Auf

Abb. 3 ist ein Netzplan $\mathfrak{N}$ dargestellt, zu dem folgende Abbildung $\Phi_{\mathfrak{N}}$ gehört,

$$\sigma = \max\{\max\{\varepsilon_1 + \varepsilon_5, \varepsilon_2\} + \varepsilon_6, \varepsilon_3, \varepsilon_4 + \varepsilon_7\} .$$

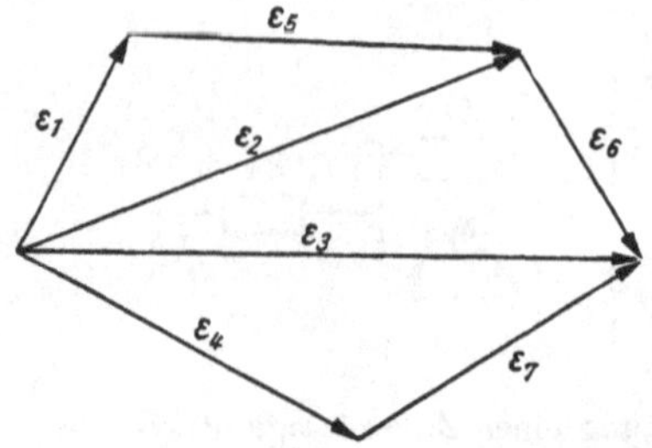

Abb. 3. Netzplan mit den Vorgangsdauern $\varepsilon_1, \varepsilon_2, \dots, \varepsilon_7$

Die Abbildungen $\Phi_{\mathfrak{N}}$ für beliebige Netzpläne sind in den ε_l monoton nicht fallend und konvex. Also erhalten wir mittels der Abbildungsmethode den

Satz 7.3.1. *Es seien $\mathfrak{N}_1$ und $\mathfrak{N}_2$ zwei Netzpläne gleicher Struktur (d. h. $\Phi_{\mathfrak{N}_1} = \Phi_{\mathfrak{N}_2}$) und den Vorgangsdauern $\varepsilon_{l,1}$ und $\varepsilon_{l,2}$; $l = 1, \dots, M$. Für die zugehörigen Gesamtdauern σ_1 und σ_2 gilt die Beziehung*

$$\varepsilon_{l,1} \overset{(i)}{\leqq} \varepsilon_{l,2};\, l = 1, \dots, M \to \sigma_1 \overset{(i)}{\leqq} \sigma_2; \quad i = 1 \textit{ oder } i = 2 . \tag{7.3.2}$$

Als Spezialfall ergibt sich die bekannte Aussage,[1]) daß bei fixierten Erwartungswerten der Vorgangsdauern ε_l der Erwartungswert von σ minimal wird, wenn die ε_l konstant sind.

Der Satz 7.3.1 bietet u. a. die Möglichkeit, den Einfluß der Wahl verschiedener β-Verteilungen auf σ wenigstens qualitativ zu untersuchen und das Arbeiten mit Normalverteilungen (wie es beim PERT-Problem teilweise üblich ist) zu rechtfertigen, indem Normalverteilungen als Abschätzungen für die wahren Vorgangsverteilungsfunktionen im Sinne von $\overset{(2)}{\leqq}$ gedeutet werden.

7.4. Monotonieeigenschaften von Lagerhaltungsmodellen

Die meisten Lagerhaltungsmodelle sind so beschaffen, daß durch geeignete Bestellpolitiken eine Anpassung an den Bedarf erfolgt, indem bei „geringem" Lagerbestand „viel" bestellt wird. Daher können wir u. a. nicht erwarten, daß der Lagerbestand σ_n zu Beginn der n-ten Bestellperiode monoton von den Bedarfsmengen $\varepsilon_1, \dots, \varepsilon_{n-1}$ der vorausgegangenen Perioden abhängt.

Bei einem (s, S)-*Lagerhaltungsmodell* mit sofortiger Lieferung — hier wird der Lagerbestand auf S gebracht, wenn er unter s ($s < S$) absank — gilt die

[1]) Vgl. P. ROBILLARD und M. TRAHEN, Expected completion time in PERT networks. Opns. Res. 24, 177–182 (1976).

Rekursionsformel

$$\sigma_{n+1} = \varphi(\sigma_n, \varepsilon_n) \tag{7.4.1}$$

mit

$$\varphi(x, y) = \begin{cases} x - y; & x - y \geqq s \\ S; & x - y < s \end{cases}.$$

φ erfüllt nicht die Bedingungen von Satz 2.2.6, und man kann leicht Beispiele dafür konstruieren, daß aus

$$\varepsilon_{1,1} \overset{(1)}{\leqq} \varepsilon_{1,2}, \dots, \varepsilon_{n,1} \overset{(1)}{\leqq} \varepsilon_{n,2} \tag{7.4.2}$$

nicht

$$\sigma_{n+1,1} \overset{(1)}{\leqq} \sigma_{n+1,2} \tag{7.4.3}$$

folgt.

„Äußere" Monotonieeigenschaften für die Lagerbestände liegen dagegen für „ungesteuerte" Lagerhaltungsmodelle vor, z.B. für manche *Staudamm-modelle*. Als Beispiel sei das MORANsche Modell erwähnt (vgl. PRABHU (1965)), bei dem für den Inhalt σ_n des Staudammes mit der Kapazität c zur Zeit t_n, dem Zufluß ε_n' und der Entnahme ε_n'' in $[t_n, t_{n+1})$ die Rekursionsformel

$$\sigma_{n+1} = \max\{\min\{c, \sigma_n + \varepsilon_n'\} - \varepsilon_n'', 0\}; \quad n = 0, 1, \dots \tag{7.4.4}$$

gültig ist. Hier ist der Bestand bezüglich $\overset{(1)}{\leqq}$ monoton wachsend in den ε_n' und monoton fallend in den ε_n''. Außerdem wurde in STOYAN (1972d) gezeigt, daß der „Überlauf", d. h. die bei vollem Speicherbecken nicht speicherbare Menge, bezüglich $\overset{(2)}{\leqq}$ monoton in ε_n' ist.

Trotz der obigen Aussagen über die Nicht-Monotonie der Lagerbestände waren Lagerhaltungsmodelle die ersten stochastischen Modelle, für die Monotonieeigenschaften bewiesen wurden. KARLIN (1960) und VEINOTT (1965) untersuchten Lagerhaltungsmodelle mit unterschiedlichen Bedarfsverteilungen und zeigten, daß die *Gesamtkosten über n Bestellperioden* und die *kritischen Zahlen* (bei deren Unterschreitung bestellt wird) bei sonst gleichen Modellparametern bezüglich $\overset{(1)}{\leqq}$ monoton in den Bedarfsverteilungen sind (mit wachsender Bedarfsverteilung sinkende Kosten und wachsende kritische Zahlen); vgl. auch das Buch von HOCHSTÄDTER (1969), S. 63.

7.5. Monotonieeigenschaften und Abschätzungen für Verlustsysteme

Wir betrachten zunächst Verlustsysteme des Typs $GI/GI/s/0$ (s Bedienungsapparate; unabhängige, identisch verteilte Pausen- und Bedienungszeiten) mit der Pausenzeitverteilungsfunktion A und der Bedienungszeitverteilungsfunktion B. p_v sei die Wahrscheinlichkeit dafür, daß im stationären Zustand (vgl. S. 174) eine eintreffende Forderung alle Apparate besetzt vorfindet und demzufolge verloren geht. Für diese *Verlustwahrscheinlichkeit* p_v gilt nach LE GALL (1974)

$$p_v = \left[\sum_{i=0}^{s} \binom{s}{i} B_\infty^{-1}(i) \right]^{-1} \tag{7.5.1}$$

$$B_\infty(i) = \sum_{k_1,\ldots,k_i=1}^{\infty} \int_0^\infty \cdots \int_0^\infty \overline{B}(u_i + \cdots + u_1) \times \cdots \times \overline{B}(u_1)\, dA^{*(k_i)}(u_i) \ldots dA^{*(k_1)}(u_1)$$

$$= \prod_{j=0}^{i} \gamma(i); \qquad \gamma(0) = 1\,, \quad \gamma(i) = \frac{1}{m_B^{i-1}} \int_0^\infty \overline{B}(t) \left[\int_t^\infty \overline{B}(x)\, dx \right]^{i-1} dH_A(t),$$

$$i = 1, 2, \ldots, \tag{7.5.1'}$$

wobei H_A die Erneuerungsfunktion zu A ist.
(Die $B_\infty(i)$ sind die *Binomialmomente* der Anzahl der Forderungen im zugehörigen System $GI/GI/\infty$, vgl. LE GALL (1974), KERSTAN/FRANKEN (1969).)

Mit Hilfe der Funktionalmethode kann man ausgehend von (7.5.1) leicht äußere Monotonieeigenschaften für Verlustsysteme beweisen.

Satz 7.5.1. *Es seien Σ_k $GI/GI/s/0$-Systeme mit den Pausenzeitverteilungsfunktionen A_k und den Bedienungszeitverteilungsfunktionen B_k, $k = 1, 2$. Dann gilt für die Verlustwahrscheinlichkeiten $p_{v,k}$ in Σ_k im Fall*

$$B_1 \overset{(1)}{\leqq} B_2\,, \quad A_2 \overset{(1)}{\leqq} A_1 \tag{7.5.2}$$

die Ungleichung

$$p_{v,1} \leqq p_{v,2}\,. \tag{7.5.3}$$

Beweis. Aus $B_1 \overset{(1)}{\leqq} B_2$ folgt für alle $u_1, \ldots, u_i$

$$\overline{B}_1(u_i + \cdots + u_1) \times \cdots \times \overline{B}_1(u_1) \leqq \overline{B}_2(u_i + \cdots + u_1) \times \cdots \times \overline{B}_2(u_1),$$

und wegen (F) ergibt sich aus $A_2 \overset{(1)}{\leqq} A_1$ für alle k

$$A_2^{*(k)} \overset{(1)}{\leqq} A_1^{*(k)}.$$

Hieraus erhalten wir zunächst

$$B_{\infty,1}(i) \leqq B_{\infty,2}(i); \qquad i = 1, 2, \ldots$$

und mittels (7.5.1) die Richtigkeit der Behauptung. ●

Die in 7.2.2 gegebenen Schranken für die Erneuerungsfunktion gestatten ausgehend von (7.5.1) die Angabe von *Schranken für* p_v in Verlustsystemen. Beispielsweise gilt dann, wenn A vom Typ NBUE ist, die Ungleichung

$$p_v \leqq \frac{(\lambda m_B)^s}{s! \sum_{j=0}^{s} \frac{(\lambda m_B)^j}{j!}}. \tag{7.5.4}$$

(Die rechte Seite in (7.5.4) ist die durch die ERLANGsche Formel gegebene Verlustwahrscheinlichkeit in $M/GI/s/0$.)

Im Fall exponentiell verteilter Bedienungszeiten sind auch Monotonieaussagen bezüglich $\leqq_L$ möglich.

Satz 7.5.2. *Es seien Σ_k $GI/M/s/0$-Systeme mit den Pausenzeitverteilungsfunktionen A_k ($k = 1, 2$) und der mittleren Bedienungszeit $m_B = \mu^{-1}$. Falls*

$$A_1 \leqq_L A_2\,, \tag{7.5.5}$$

so gilt für die zugehörigen Verlustwahrscheinlichkeiten $p_{v,k}$ die Ungleichung (7.5.3).

Beweis. Nach (7.5.1) ist die stationäre Verlustwahrscheinlichkeit $p_{v,k}$ in Σ_k gleich

$$p_{v,k} = \left[\sum_{i=0}^{s} \binom{s}{i} B_{\infty,k}(i)\right]^{-1}$$

mit

$$B_{\infty,k}(0) = 1\,, \quad B_{\infty,k}(i) = \prod_{j=1}^{i} \frac{A_k^*(j\mu)}{1 - A_k^*(j\mu)}\,; \quad k = 1, 2\,, \quad i = 1, 2, \dots .$$

Da (7.5.5) mit $A_2^*(s) \leqq A_1^*(s)$ für alle $s > 0$ äquivalent ist, erhalten wir

$$B_{\infty,1}(i) \leqq B_{\infty,2}(i)\,; \qquad i = 1, 2, \dots$$

und (7.5.3). ●

Die Aussage von BENEŠ (1959), daß bei konstanten Pausenzeiten ($= m_A$) kleinere Verlustwahrscheinlichkeiten auftreten als bei jeder Pausenzeitverteilungsfunktion $A \neq \Theta_{m_A}$ mit dem Erwartungswert m_A, ist ein Spezialfall der obigen Monotonieaussage und wird durch die Einbettung in Satz 7.5.2 anschaulicher. Dieser Satz besagt nämlich, daß bei „größeren" Pausenzeiten kleinere Verlustwahrscheinlichkeiten als bei „kleineren" eintreten; bezüglich $\leqq_L$ sind konstante Pausenzeiten größer als alle anderen Pausenzeiten mit demselben Erwartungswert.

Im Fall *nicht rekurrenter* Forderungenströme wurden Monotonieaussagen bisher nur für den Fall exponentiell verteilter Bedienungszeiten bewiesen. Für $G/M/1/0$ sei $m_B = \mu^{-1}$ die mittlere Bedienungszeit und A_n die Verteilungsfunktion der Pausenzeit zwischen $(n-1)$ter und n-ter Forderung. Dann ist die Wahrscheinlichkeit p_n dafür, daß die n-te Forderung verloren geht, gleich

$$p_n = \int_0^\infty \exp(-\mu t)\, dA_n(t)\,; \qquad n = 2, 3, \dots .$$

(Dabei wird vorausgesetzt, daß die Bedienungszeiten in ihrer Gesamtheit und von den Pausenzeiten stochastisch unabhängig sind, während die Pausenzeiten beliebige Abhängigkeitseigenschaften haben dürfen.) Offensichtlich gilt

$$A_{n,1} \leqq_L A_{n,2} \to p_{n,1} \geqq p_{n,2} , \tag{7.5.6}$$

insbesondere also

$$A_{n,1} \overset{(3)}{\leqq} A_{n,2} \to p_{n,1} \geqq p_{n,2} . \tag{7.5.6'}$$

In STOYAN (1973c) wurde diese Monotonieaussage auf das Warte-Verlust-System $G/M/1/n$ (n Warteplätze) übertragen, FLEISCHMANN (1976) gelang es, die Monotonie der stationären Verlustwahrscheinlichkeiten bezüglich $\overset{(3)}{\leqq}$ auch für $G/M/2/0$ nachzuweisen. Es ist eine alte Vermutung, daß (7.5.6') – zumindest eine entsprechende Aussage für den stationären Fall – allgemein für $G/M/s/0$ erfüllt ist, wenn der Forderungenstrom durch einen stationären Punktprozeß beschreibbar ist.

7.6. Zusammenstellung weiterer Ergebnisse

Im folgenden wird in Form einer Tabelle auf weitere Arbeiten hingewiesen, in denen Monotonieeigenschaften bewiesen oder Abschätzungen mit Methoden erhalten wurden, die den hier dargestellten ähnlich sind.

Modell	Systemgröße	Halbordnungsrelation	Literaturstellen
$G/M/\infty$	Binomialmomente der Forderungenanzahl	$\overset{(1)}{\leqq}, \overset{(3)}{\leqq}$	KERSTAN/FRANKEN (1969). H. und D. STOYAN (1972)
$GI/GI/1$ mit Besonderheiten beim Bedienungsbeginn nach Leerzeiten	Wartezeitverteilungsfunktion und ihre Momente	$\overset{(1)}{\leqq}, \overset{(2)}{\leqq}$	ROSSBERG/SIEGEL (1974a, 1974b), SIEGEL (1974)
Mehrmaschinenmodell mit einer Reparaturstelle	Auslastung der Maschinen	$\overset{(3)}{\leqq}, \leqq_{1,n}$	ROLSKI/STOYAN (1974)
Zyklisches Bedienungssystem mit einem Apparat	Wartezeitverteilungsfunktion	$\overset{(1)}{\leqq}, \overset{(2)}{\leqq}$	STOYAN (1972c)
System aus $n+1$ Elementen mit 1 Reparaturstelle, n Elemente in heißer Reserve	Verfügbarkeit zur Zeit t	$\overset{(1)}{\leqq}$	GAEDE (1974a, 1974b)

Modell	Systemgröße	Halbordnungsrelation	Literaturstellen
Doubliertes System mit warmer Reserve	Lebensdauerverteilungsfunktion, Verfügbarkeit	$\overset{(1)}{\leqq}, \leqq_L$	FRANKEN/HEUSER (1977)
Ablaufplanungsprobleme	Belegungszeitverteilungsfunktion	$\overset{(1)}{\leqq}, \overset{(2)}{\leqq}$	STOYAN (1972c)
GALTON-WATSON-Prozesse und andere biometrische Modelle	z.B.: Anzahl der überlebenden Individuen, Zeit bis zum Aussterben der gesamten Population	$\overset{(1)}{\leqq}$	KIRSTEIN (1976), MORAN (1960), SENETA (1967,1968), STOYAN (1974b), WHITTLE (1955)

Anmerkungen zu 7

7.1

Die Konvergenzabschätzungen in 7.1 beruhen alle auf der Funktionalmethode. Ist es möglich, sie — soweit es den „qualitativen" Teil der Aussagen betrifft — mit einer der Abbildungsmethode ähnlichen Methode zu beweisen?

Abschätzungen der Gestalt

$$m_W - m_{W,n} \leqq c\frac{\alpha_{n+1}}{n+1}; \quad c > 0,\ 0 < \alpha < 1,\ n = 1, 2, \ldots$$

bewies KINGMAN (1962). Wegen Konvergenzabschätzungen vgl. auch S. 96.

7.2

Der Satz 7.2.2, wie auch die Begriffe NBUE und NWUE, stammen von MARSHALL und PROSCHAN (1972). Sie zeigten, daß aus (7.2.11) folgt, daß F NBUE bzw. NWUE ist. Die gleichen Autoren fanden auch Satz 7.2.5, der wohl die erste Anwendung der Relation $\overset{(2)}{\leqq}$ auf Systeme der Zuverlässigkeitstheorie darstellt.

WALK (1975) zeigte, daß es zu jedem $\varepsilon > 0$ ein $C(\varepsilon)$ mit

$$H(t) \leqq \left(\frac{1}{m} + \varepsilon\right)t + C(\varepsilon); \quad 0 \leqq t < \infty \tag{*}$$

gibt und nutzte (*) sowie (7.2.18) zu einem elementaren Beweis des „elementaren Erneuerungstheorems" aus.

Offene Probleme. 1. Gelten ähnliche Aussagen wie in Satz 7.2.1 auch für die Verteilungsfunktion der Lebensdauer?

2. Für die Erneuerungsfunktionen H_1 und H_2 zu den Verteilungsfunktionen F_1 und F_2 gelte (7.2.10). Was kann dann über F_1 und F_2 ausgesagt werden?

7.3

Wie ein Vergleich mit 7.2.4 zeigt, ist jeder Netzplan äquivalent zu einem Zuverlässigkeitssystem, in dem nur heiße und kalte Reserveelemente vorhanden sind. Zur Untersuchung von Netzplänen können daher Methoden aus der Zuverlässigkeitstheorie benutzt werden. Werden die Vorgangsdauern ε_l durch exponentiell verteilte Zufallsgrößen abgeschätzt, so können mit Hilfe von homogenen MARKOVschen Ketten Näherungen für die Verteilungsfunktion der Gesamtdauer erhalten werden.

7.5

In STOYAN (1972c) wurde der Einfluß der Gestalt der Pausen- und Bedienungszeitverteilungsfunktion auf p_v in $GI/GI/1/0$ diskutiert. ROGOZIN (1966) gab Abschätzungen für p_v an und untersuchte die Extremwerte von p_v bei gegebenem 1. und 2. Moment der Bedienungszeitverteilungsfunktion.

Eine zu Satz 7.5.2 ähnliche Aussage gilt bezüglich $\overset{(3)}{\leqq}$ für den Fall einer Bedienungszeitverteilungsfunktion, die konkav ist, vgl. auch KERSTAN/FRANKEN (1969).

Abschätzungen für $p/$ in $GI/M/s/0$ gaben BOROVKOV (1972) und J. M. HOLTZMAN, The accuracy of the equivalent random method with reneval inputs. Bull. Syst. J. 52, 1673–1679 (1973), an.

7.6

Ein weiteres Beispiel für eine gute Systemapproximation stellen Processor-sharing-Systeme als approximierende Systeme für Time-sharing-Systeme dar, vgl. KLEINROCK (1976, S. 156ff). Während die Formeln für Time-sharing-Systeme sehr kompliziert sind, gibt es sehr einfache Formeln für Processor-sharing-Systeme mit POISSON-Input und beliebig en Bedienungszeitverteilungsfunktionen .

8. Stabilitätseigenschaften stochastischer Modelle

8.0. Grundlagen

8.0.1. Problemstellung

Es seien Σ, Σ_k $(k = 1, 2, \ldots)$ stochastische Modelle gleicher Struktur mit den Elementverteilungen $E_{m,k}$ und E_m $(m = 1, 2, \ldots)$. c_Σ sei eine Systemgröße in Σ. Mit $\mathfrak{B}_m$ $(m = 1, 2, \ldots)$ bezeichnen wir Mengen von Elementverteilungen mit $E_m \in \mathfrak{B}_m$, mit $\underset{m}{\rightarrow}$ Konvergenzarten auf den $\mathfrak{B}_m$ und mit $\underset{c}{\rightarrow}$ eine Konvergenzart auf der Bildmenge c_Σ $(\mathfrak{B}_1, \mathfrak{B}_2, \ldots)$.

Im folgenden werden für verschiedene Modelle Sätze bewiesen, die die Gültigkeit von

$$E_{m,k} \underset{m}{\rightarrow} E_m \rightarrow c_\Sigma(E_{1,k}, E_{2,k}, \ldots) \underset{c}{\rightarrow} c_\Sigma(E_1, E_2, \ldots) \tag{8.0.1}$$

sichern. Dabei ist (8.0.1) meist für eine große Klasse konvergenter Folgen erfüllt, und auch die spezielle Gestalt der Grenzverteilungen E_m wird kaum ausgenutzt.

Im Fall der Gültigkeit von (8.0.1) sprechen wir von *Stabilität* oder *Stetigkeit* der Systemgröße c_Σ in E_m. Wenn eine Systemgröße c_Σ in E_m *stabil* ist, so bedeutet das, daß „kleine" Änderungen der Gestalt der Elementverteilung E_m keinen großen Einfluß auf die Systemgröße c_Σ haben. Es ist also zulässig, für E_m Näherungen zu benutzen, was oft erwünscht ist, entweder aus Gründen der Vereinfachung der Rechnungen oder weil im Ergebnis statistischer Untersuchungen nur Approximationen zur Verfügung stehen.

Uns interessiert hier vor allem die *schwache Konvergenz* für Verteilungsfunktionen und -gesetze, d. h. der Fall, wenn $\underset{m}{\rightarrow}$ die schwache Konvergenz bezeichnet. $\underset{c}{\rightarrow}$ ist, sofern c_Σ eine Verteilung bezeichnet, ebenfalls die schwache Konvergenz und, sofern c_Σ eine reelle Zahl ist, die übliche Konvergenz der reellen Zahlen.

Die Praktiker der Bedienungs- und Zuverlässigkeitstheorie wendeten und wenden sehr oft Approximationsverfahren an, z.B. die in 8.0.3, ohne die Frage nach der Stabilität überhaupt zu stellen. Das wird in den meisten Fällen auch kaum zu Schwierigkeiten führen, weil eben meist Stabilität vorliegt oder die Approximationsverfahren so geschickt gewählt sind, daß auftretende Fehler kaum sichtbar werden. Es sei aber vor zu leichtfertigem Arbeiten gewarnt.

Aus den bisherigen Erfahrungen resultieren die folgenden *allgemeinen Hinweise*:

1. Das Approximationsverfahren sollte so beschaffen sein, daß sich die zu approximierende („exakte") Verteilung und die approximierende Verteilung im Sinne der schwachen Konvergenz nur wenig unterscheiden.
2. Die zugehörigen Momente sollten möglichst gleich sein.
3. Besondere Vorsicht ist geboten, wenn eine zu approximierende Verteilungsfunktion nicht stetig ist oder die interessierende Systemgröße diskreten Charakter hat (z.B. Verlustwahrscheinlichkeit, Anzahlverteilung).

Im folgenden wird zunächst ein kurzer Überblick über die Theorie der schwachen Konvergenz von Verteilungsgesetzen in metrischen Räumen gegeben. Dann behandeln wir Stabilitätsprobleme für Bedienungssysteme im instationären Fall, ohne hier Vollständigkeit anzustreben; das Ziel ist es, die entsprechenden Methoden zu demonstrieren. Ausführlich untersuchen wir dann die Stabilität der stationären Verteilungen Markovscher Prozesse, wobei wir Wartesysteme der Bedienungstheorie besonders berücksichtigen. Abschließend wird anhand einiger Beispiele gezeigt, wie Stabilitätssätze auch für andere stochastische Modelle bewiesen werden können.

8.0.2. Schwache Konvergenz in metrischen Räumen [1])

Es seien E ein metrischer Raum und $\mathfrak{M}$ die Menge aller Borel-Mengen von E, d. h. die kleinste von den offenen Teilmengen von E erzeugte σ-Algebra. P, P_n seien Elemente von $P_{\mathfrak{M}}$.

Definition. Eine Folge $\{P_n\}$ *konvergiert schwach* gegen P, falls für jedes stetige, beschränkte Funktional f auf E die Beziehung

$$\lim_{n\to\infty} \int_E f(t)\, P_n(dt) = \int_E f(t)\, P(dt) \tag{8.0.2}$$

erfüllt ist. Eine Folge von Zufallsvariablen ξ_n mit Werten in $[E, \mathfrak{M}]$ heißt schwach konvergent, falls die auf $\mathfrak{M}$ erzeugten Verteilungsgesetze schwach konvergent sind. Als Symbol für die schwache Konvergenz benutzen wir (wie üblich) $\Rightarrow$ und schreiben also

$$P_n \Rightarrow P \quad \text{oder} \quad \xi_n \Rightarrow \xi\,.$$

Uns interessieren vor allem folgende Räume E:

1. $E = \mathbf{R}^n$

$\mathbf{R}^n$ ist der n-dimensionale euklidische Raum mit der Metrik ϱ_n,

$$\varrho_n(x, y) = \sqrt{\sum_{i=1}^{n} (x_i - y_i)^2}\,; \quad x = \{x_1, \dots, x_n\}\,, \quad y = \{y_1, \dots, y_n\}\,.$$

---

[1]) Ausführlichere Darstellungen und Beweise findet man in Billingsley (1968), Prochorov (1956) und A. A. Borovkov, Боровков, А. А., Сходимость мер и случайных процессов, Усп. мат. Наук 31, 2, 3–68 (1976).

Hier werden Verteilungsgesetze P durch ihre Verteilungsfunktionen F charakterisiert,

$$F(\boldsymbol{x}) = P(\{\boldsymbol{y}: y_i < x_i;\, i = 1, \dots, n\}), \qquad \boldsymbol{x} \in \mathbf{R}^n .$$

Wir schreiben $F_n \Rightarrow F$, wenn für alle Stetigkeitspunkte $\boldsymbol{x}$ von F die Beziehung

$$\lim_{n\to\infty} F_n(\boldsymbol{x}) = F(\boldsymbol{x})$$

erfüllt ist.

Es gilt genau dann $P_n \Rightarrow P$, wenn $F_n \Rightarrow F$. Im Falle des $\mathbf{R}^1$ ist $F_n \Rightarrow F$ äquivalent mit $\varrho_L(F_n, F) \to 0$, wobei ϱ_L die LEVY-*Metrik* bezeichnet. $\varrho_L(F', F'')$ ist gleich dem Infimum aller positiven r mit

$$F''(t - r) - r < F'(t) < F''(t + r) + r$$

für alle t.

Äquivalent zur schwachen Konvergenz für Verteilungsfunktionen auf $\mathbf{R}_+$ ist die Konvergenz der LAPLACE-STIELTJES-Transformierten, d. h.

$$F_n \Rightarrow F \leftrightarrow \lim_{n\to\infty} F_n^*(s) = F^*(s) \quad \text{für alle } s . \tag{8.0.3}$$

2. $E = \mathbf{R}^\infty$

Der Raum $\mathbf{R}^\infty$ besteht aus allen unendlichen Folgen $\{x_n\}$ reeller Zahlen; die Menge aller solcher Folgen mit $x_n \geqq 0$ für alle n wird mit $\mathbf{R}_+^\infty$ bezeichnet. Die Topologie auf $\mathbf{R}^\infty$ ist so beschaffen, daß für einen Punkt $\boldsymbol{x} \in \mathbf{R}^\infty$ die Mengen

$$\mathfrak{N}_{k,\varepsilon}(\boldsymbol{x}) = \{\boldsymbol{y}: |x_i - y_i| < \varepsilon; \quad i = 1, \dots, k\}; \qquad k = 1, 2, \dots$$

eine Umgebungsbasis bilden.

Ihr entspricht die folgende Metrik ϱ_∞,

$$\varrho_\infty(\boldsymbol{x}, \boldsymbol{y}) = \sum_{i=1}^{\infty} \frac{|x_i - y_i|}{(1 + |x_i - y_i|)\, 2^i} .$$

(Falls $\varrho_\infty(\boldsymbol{x}, \boldsymbol{y}) < 2^{-k}/(1 + \varepsilon)$, so gilt $\boldsymbol{y} \in \mathfrak{N}_{k,\varepsilon}(\boldsymbol{x})$.)

Mit dieser Metrik ist $\mathbf{R}^\infty$ (und ebenso $\mathbf{R}_+^\infty$) vollständig und separabel.

Eine Folge von Verteilungsgesetzen P_n auf der BORELschen σ-Algebra von $\mathbf{R}^\infty$ ist genau dann schwach konvergent gegen P, wenn die zugehörigen Projektionen auf die $\mathbf{R}^m$ schwach konvergent sind: Wenn

$$\xi_n = \{\xi_{n,1}, \xi_{n,2}, \dots\} \quad \text{und} \quad \xi = \{\eta_1, \eta_2, \dots\}$$

Zufallsvariable mit Werten in $\mathbf{R}^\infty$ sind, so gilt genau dann $\xi_n \Rightarrow \xi$, wenn für alle m

$$\{\xi_{n,1}, \dots, \xi_{n,m}\} \Rightarrow \{\eta_1, \dots, \eta_m\} .$$

Sind speziell die ξ_n und ξ Folgen unabhängiger Zufallsgrößen, so gilt genau dann $\xi_n \Rightarrow \xi$, wenn für alle m $\xi_{n,m} \Rightarrow \eta_m$.

3. $E = D[0, a]$

$D[0, a]$ ist die Menge aller von rechts stetigen Funktionen auf $[0, a]$, die in allen Punkten linksseitige Grenzwerte besitzen, vgl. auch GICHMAN und SKOROCHOD (1971), S. 496ff. Auf $D[0, a]$ wird die SKOROCHOD-Metrik d benutzt, die folgendermaßen definiert ist.

Es sei Λ die Menge aller stetigen, streng wachsenden, reellen Funktionen λ auf $[0, a]$ mit

$$\lambda(0) = 0\,, \quad \lambda(a) = a\,.$$

Dann ist

$$d(x, y) = \inf_{\lambda \in \Lambda} \{\sup_{0 \leqq t \leqq a} |x(t) - y(\lambda(t))| + \sup_{0 \leqq t \leqq a} |t - \lambda(t)|\}\,.$$

Diese Metrik d ist vor allem für Funktionen mit Sprungstellen wesentlich besser geeignet als die sonst üblichen Metriken, wie z.B. $\sup_{0 \leqq t \leqq a} |x(t) - y(t)|$. Für $D[0, a]$ gibt es nicht so einfache Kriterien für schwache Konvergenz wie noch im Fall des $\mathbf{R}^\infty$; das ist für uns aber nicht sehr störend, da wir nur solche Verteilungsgesetze auf $D[0, a]$ betrachten werden, die sich durch die schwache Konvergenz erhaltende Abbildungen anderer Räume in $D[0, a]$ ergeben.

Folgende Bedingungen sind der schwachen Konvergenz $P_n \Rightarrow P$ in metrischen Räumen äquivalent:

1) $\limsup P_n(A) \leqq P(A)$ *für alle abgeschlossenen* $A \in \mathfrak{M}$.
2) $\liminf P_n(A) \geqq P(A)$ *für alle offenen* $A \in \mathfrak{M}$.
3) $\lim_{n\to\infty} P_n(A) = P(A)$ *für alle P-Stetigkeitsmengen* $A \in \mathfrak{M}$, d. h. für alle Mengen A, deren Rand ∂A die Bedingung $P(\partial A) = 0$ erfüllt.
4) *Jede Teilfolge* $\{P_{n'}\}$ *von* $\{P_n\}$ *enthält eine Teilfolge* $\{P_{n''}\}$ *mit* $P_{n''} \Rightarrow P$.

Wenn $E = E' \times E''$ das Produkt zweier separabler, metrischer Räume E' und E'' ist, gilt für *Produktmaße* $P \times P'$ auf $\mathfrak{M} \times \mathfrak{M}'$ folgende Aussage: *Aus* $P_n \Rightarrow P$ *und* $P'_n \Rightarrow P'$ *folgt* $P_n \times P'_n \Rightarrow P \times P'$; *umgekehrt folgt* $P_n \Rightarrow P$ *und* $P'_n \Rightarrow P'$ *aus* $P_n \times P'_n \Rightarrow P \times P'$. (Entsprechendes gilt auch für abzählbare Produkte separabler Räume.)

Für die Anwendung besonders wichtig sind Aussagen über Verteilungsgesetze, die *durch Abbildungen* metrischer Räume ineinander *erzeugt* werden.

Es seien E und E' vollständige, separable, metrische Räume mit den BORELschen σ-Algebren $\mathfrak{M}$ und $\mathfrak{M}'$. h sei eine meßbare Abbildung von E in

E', ξ eine Zufallsvariable mit Werten in E und P das durch ξ auf $\mathfrak{M}$ erzeugte Verteilungsgesetz. Dann ist $h(\xi)$ eine Zufallsvariable mit Werten in E', deren Verteilungsgesetz wir mit Ph^{-1} bezeichnen,

$$Ph^{-1}(A) = P(h^{-1}(A)); \quad A \in \mathfrak{M}',$$

wobei $h^{-1}(A)$ das Urbild von A in E bezeichnet. Es interessiert nun, ob aus der schwachen Konvergenz $P_n \Rightarrow P$ für Verteilungsgesetze auf $\mathfrak{M}$ auch die schwache Konvergenz $P_n h^{-1} \Rightarrow Ph^{-1}$ für Verteilungsgesetze auf $\mathfrak{M}'$ folgt. Der folgende Satz, wir nennen ihn *Abbildungssatz*, gibt darüber Auskunft.

Wenn $P_n \Rightarrow P$ und $P(D_h) = 0$, so gilt $P_n h^{-1} \Rightarrow Ph^{-1}$.

Hierbei bezeichnet D_h die Menge der Unstetigkeitspunkte der Abbildung h.

Noch etwas allgemeiner ist die folgende Aussage, bei der neben der Folge $\{P_n\}$ auch eine Folge $\{h_n\}$ von Abbildungen betrachtet wird. *Wenn $P_n \Rightarrow P$ und $P(\tilde{D}_h) = 0$, so gilt $P_n h_n^{-1} \Rightarrow Ph^{-1}$.*

Dabei ist $\tilde{D}_h$ die Menge aller derjenigen $x \in E$, für die es eine Folge $\{x_i\}$ gibt mit

$$\lim_{i\to\infty} x_i = x \quad \text{aber} \quad \lim_{i\to\infty} h_i(x_i) \neq h(x).$$

Aus dem Abbildungssatz folgt u. a. die *Stetigkeit der Faltungsoperation* für Verteilungsfunktionen:

$$F_n \Rightarrow F, \quad F_n' \Rightarrow F' \to F_n * F_n' \Rightarrow F * F'. \tag{8.0.4}$$

Schließlich benötigen wir noch den Begriff der *schwachen Kompaktheit* von Mengen von Verteilungsgesetzen.

Definition. Eine Menge $\Pi \subset P_{\mathfrak{M}}$ heißt *schwach kompakt*, wenn jede Folge von Elementen aus Π eine schwach konvergente Teilfolge hat.

Ein wichtiges *Kompaktheitskriterium* ist durch den Satz von PROCHOROV gegeben: *Wenn E vollständig und separabel ist, ist eine Menge Π genau dann schwach kompakt, wenn es zu jedem $\varepsilon > 0$ eine kompakte Teilmenge K_ε von E gibt, so daß für alle $P \in \Pi$ die Beziehung*

$$P(K_\varepsilon) > 1 - \varepsilon$$

erfüllt ist.

8.0.3. Zwei spezielle Approximationsverfahren für Verteilungsfunktionen

Zur näherungsweisen Behandlung stochastischer Modelle ist es oft zweckmäßig, ihre Elementverteilungen durch „einfachere" Verteilungen im Sinne der schwachen Konvergenz zu approximieren. Wir behandeln hier zwei Methoden, nämlich die *Approximation durch diskrete Verteilungen* und die

Approximation durch Mischungen von ERLANG-*Verteilungen.* Das erste Verfahren bildet häufig die Grundlage von Monte-Carlo-Simulationsverfahren mit konstanten Zeitschritten Δ, das zweite wird benutzt, wenn die ERLANG*sche Phasenmethode* zur analytischen Behandlung stochastischer Modelle verwendet werden soll.

Diskretisierung. Gegeben seien eine Verteilungsfunktion F und eine Schrittweite $\Delta > 0$. F wird folgende diskrete Verteilungsfunktion F_Δ zugeordnet:

$$F_\Delta(t) = F(k\Delta); \quad k\Delta < t \leqq (k+1)\,\Delta; \quad k = 0, \pm 1, \pm 2, \dots . \tag{8.0.5}$$

Es gilt offenbar für $\Delta_1 < \Delta_2$

$$F_{\Delta_2} \overset{(1)}{\leqq} F_{\Delta_1} \tag{8.0.6}$$

und

$$F \overset{(1)}{\leqq} F_\Delta \quad \text{für alle } \Delta\,, \tag{8.0.7}$$

sowie $F_\Delta \Rightarrow F$ für $\Delta \to 0$.

Auch alle Momente sind im Fall $\Delta \to 0$ gegen diejenigen von F konvergent, sofern letztere existieren.

(Natürlich gibt es noch viele andere Möglichkeiten der Diskretisierung, die wir hier aber nicht behandeln wollen.)

Mischungen von ERLANG-Verteilungen. Gegeben sei eine Verteilungsfunktion F auf $\mathbf{R}_+$. Nach MAL'ZEVA (1970) und SCHASSBERGER (1970, 1973) wird F durch folgende Verteilungsfunktionen F_n approximiert:

$$F_n(t) = F(0) + \sum_{k=1}^{\infty} \left[F\left(\frac{k}{n}\right) - F\left(\frac{k-1}{n}\right)\right] \mathrm{Erl}\left(\frac{n}{k}, n\right)(t); \qquad n = 1, 2, \dots . \tag{8.0.8}$$

Es gilt, vgl. SCHASSBERGER (1973), S. 32,

$$F_n \Rightarrow F\,. \tag{8.0.9}$$

Beweis. (8.0.8) ist gleichwertig mit

$$F_n(t) = \exp\,(-nt) \sum_{k=0}^{\infty} F\left(\frac{k}{n}\right) \frac{(nt)^k}{k!} = \int_0^{\infty} F(x)\, dG_{n,t}\,(x)\,,$$

wobei $G_{n,t}$ eine Verteilungsfunktion ist, die dem Punkt k/n die Wahrscheinlichkeitsmasse

$$\exp\,(-nt) \frac{(nt)^k}{k!}\,; \quad k = 0, 1, 2, \dots$$

zuordnet. $G_{n,t}$ hat den Erwartungswert t und die Varianz t/n. Es sei nun t

ein Stetigkeitspunkt von F. Wir zeigen

$$\lim_{n\to\infty} \int_0^\infty F(x)\, dG_{n,t}(x) = F(t)\,. \tag{8.0.10}$$

Zu jedem $\varepsilon > 0$ existiert ein $\delta > 0$ mit $|F(t) - F(x)| < \varepsilon/2$ für alle x mit $|t - x| < \delta$. Es gilt für alle n

$$\left|\int_0^\infty F(x)\, dG_{n,t}(x) - F(t)\right| \leqq \int_0^\infty |F(x) - F(t)|\, dG_{n,t}(x) \leqq$$

$$\leqq \frac{\varepsilon}{2} + \int_{|t-x|\geqq\delta} dG_{n,t}(x) = \frac{\varepsilon}{2} + \mathsf{P}(|\xi_n - \mathsf{E}\xi_n| \geqq \delta)\,,$$

wobei ξ_n eine Zufallsgröße mit der Verteilungsfunktion $G_{n,t}$ ist. Die TSCHEBYSCHEVsche Ungleichung liefert uns

$$\mathsf{P}(|\xi_n - \mathsf{E}\xi_n| \geqq \delta) \leqq \frac{t}{n\delta^2} < \frac{\varepsilon}{2}$$

für $n \geqq 2t/\delta^2\varepsilon$. Hieraus folgt (8.0.10) und damit (8.0.9). ●

Auch bei diesem Approximationsverfahren ist für $n \to \infty$ die Konvergenz der Momente (ihre Existenz vorausgesetzt) der F_n gegen diejenigen von F gesichert. Wegen

$$\Theta_{k/n_2} \overset{(2)}{\leqq} \mathrm{Erl}\left(\frac{n_2}{k}, n_2\right) \overset{(2)}{\leqq} \mathrm{Erl}\left(\frac{n_1}{k}, n_1\right)$$

für $n_1 \leqq n_2$ gilt

$$F_{n_2} \overset{(2)}{\leqq} F_{n_1} \tag{8.0.11}$$

und

$$F \overset{(2)}{\leqq} F_n; \quad n = 1, 2, \ldots\,. \tag{8.0.12}$$

8.1. Stabilitätseigenschaften von stochastischen Modellen im instationären Fall

Viele stochastische Modelle, z.B. rekursive, lassen sich durch stochastische Prozesse, insbesondere MARKOVsche Prozesse $\{\sigma_n\}$ mit diskreter Zeit beschreiben, indem ihr Zustand in diskreten, oft zufälligen Zeitpunkten (z.B. Ankunftszeitpunkten von Forderungen) betrachtet wird. Wir behandeln im folgenden Sätze, die die schwache Konvergenz der eindimensionalen (absoluten), der endlichdimensionalen sowie der (unendlichdimensionalen) „gemeinsamen" Verteilungen derartiger Prozesse sichern. Dabei werden wir im wesentlichen die letzteren Verteilungen, d. h. die der Folgen $\{\sigma_1, \sigma_2, \ldots\}$

untersuchen; liegt für diese schwache Konvergenz vor, so auch für die endlichdimensionalen und speziell die absoluten Verteilungen.

Es seien $\{\sigma_n\}$, $\{\sigma_{n,k}\}$ $(k = 1, 2, \ldots)$ homogene MARKOVsche Prozesse mit dem Phasenraum $[E, \mathfrak{M}]$, wobei E ein vollständiger, separabler, metrischer Raum (Metrik: ϱ) und $\mathfrak{M}$ die zugehörige BORELsche σ-Algebra sind. P_1 und $P_{1,k}$ bzw. p und p_k seien die Anfangsverteilungen bzw. die Übergangsfunktionen der Prozesse; $k = 1, 2, \ldots$. E^∞ sei der Raum aller unendlichen Folgen mit Gliedern aus E mit der Produkttopologie¹), $\mathfrak{M}^\infty$ sei die zugehörige BORELsche σ-Algebra. Mit $\mathcal{P}_\infty$ und $\mathcal{P}_{\infty,k}$ bezeichnen wir die Verteilungsgesetze von $\{\sigma_n\}$ und $\{\sigma_{n,k}\}$ auf $\mathfrak{M}^\infty$; $k = 1, 2, \ldots$.
KARR (1975) bewies folgenden

Satz 8.1.1. *Wenn*

$$P_{1,k} \Rightarrow P_1 \tag{8.1.1}$$

und für alle $x \in E$ und alle gegen x konvergenten Folgen $\{x_k\}$

$$p_k(x_k, .) \Rightarrow p(x, .) \tag{8.1.2}$$

erfüllt ist, so gilt

$$\mathcal{P}_{\infty,k} \Rightarrow \mathcal{P}_\infty \,. \tag{8.1.3}$$

Bemerkung. (8.1.2) ist gleichwertig mit folgenden Bedingungen A) *und* B):

A) Für jedes beschränkte, gleichmäßig stetige Funktional g auf E ist das Funktional pg,

$$pg(x) = \int_E g(y)\, p(x, dy); \qquad x \in E$$

stetig;

B) für jedes beschränkte, gleichmäßig stetige Funktional g auf E konvergiert die Folge $\{p_k g\}$ auf jeder kompakten Teilmenge von E gleichmäßig gegen pg.

Beweis. Die schwache Konvergenz (8.1.3) ist mit

$$\mathcal{P}_{\infty,k}\pi_m^{-1} \Rightarrow \mathcal{P}_\infty \pi_m^{-1} \tag{8.1.4}$$

für alle $m = 1, 2, \ldots$ äquivalent, wobei π_m die Projektion von E^∞ auf die ersten m Faktoren des unendlichen Produkts E^∞ ist; vgl. S. 141. Die Gültigkeit von (8.1.4) für alle m wird durch vollständige Induktion nachgewiesen.

Für $m = 1$ ist (8.1.4) wegen (8.1.1) erfüllt. (8.1.4) gelte für m. Es seien $M_1 \subset E^m$ abgeschlossen und g ein beliebiges, beschränktes, gleichmäßig

---

¹) Bezüglich der Produkttopologie bilden für einen Punkt $\boldsymbol{x} \in E^\infty$ die Mengen der Form

$$\mathfrak{N}_{k,\eta}(\boldsymbol{x}) = \{\boldsymbol{y} \in E^\infty : \varrho(x_i, y_i) < \eta;\ i = 1, \ldots, k\}\,,$$

$\boldsymbol{x} = \{x_1, x_2, \ldots\}$, $\boldsymbol{y} = \{y_1, y_2, \ldots\}$ eine Umgebungsbasis. E^∞ ist wieder ein vollständiger, separabler, metrischer Raum.

stetiges Funktional auf E mit $\sup_{(x)} |g(x)| = ||g|| > 0$. Bezeichnen wir mit χ_A die Indikatorfunktion der Menge A, so erhalten wir mittels der MARKOV-Eigenschaft für $k = 1, 2, \ldots$

$$
\begin{aligned}
&\Big| \int_{E^{m+1}} \chi_{M_1}(y_1, \ldots, y_m)\, g(y_{m+1})\, \mathcal{P}_{\infty,k}\pi_{m+1}^{-1}(dy) \\
&\quad - \int_{E^{m+1}} \chi_{M_1}(y_1, \ldots, y_m)\, g(y_{m+1})\, \mathcal{P}_{\infty}\pi_{m+1}^{-1}(dy) \Big| \\
&= \Big| \int_{M_1} \int_{E} g(x)\, p_k(z_m, dx)\, \mathcal{P}_{\infty,k}\pi_m^{-1}(dz) - \int_{M_1} \int_{E} g(x)\, p(z_m, dx)\, \mathcal{P}_{\infty}\pi_m^{-1}(dz) \Big| \\
&\leqq \int_{E^m} \Big| \int_{E} g(x) \cdot p_k(z_m, dx) - \int_{E} g(x)\, p(z_m, dx) \Big|\, \mathcal{P}_{\infty,k}\pi_m^{-1}(dz) \\
&\quad + \Big| \int_{M_1} \int_{E} g(x)\, p(z_m, dx)\, \mathcal{P}_{\infty,k}\pi_m^{-1}(dz) - \int_{M_1} \int_{E} g(x)\, p(z_m, dx)\, \mathcal{P}_{\infty}\pi_m^{-1}(dz) \Big| .
\end{aligned}
$$

Wegen A) und der Induktionsannahme konvergiert der 2. Term mit $k \to \infty$ gegen Null. Nach (8.1.4) und dem Satz von PROCHOROV gibt es zu jedem $\eta > 0$ eine kompakte Menge $K_\eta \subset E^m$ mit

$$\mathcal{P}_{\infty,k}\pi_m^{-1}(K_\eta) > 1 - \eta ||g|| /2; \qquad k = 1, 2, \ldots . \tag{8.1.5}$$

Bezeichnen wir mit K'_η die Projektion von K_η auf E (wir deuten E als m-ten Faktor von E^m), so erhalten wir für den 1. Term

$$
\begin{aligned}
&\int_{E^m} \Big| \int_{E} g(x)\, p_k(z_m, dx) - \int_{E} g(x)\, p(z_m, dx) \Big|\, \mathcal{P}_{\infty,k}\pi_m^{-1}(dz) \\
&= \int_{K_\eta} |\cdots|\, \mathcal{P}_{\infty,k}\pi_m^{-1}(dz) + \int_{E^m \setminus K_\eta} |\cdots|\, \mathcal{P}_{\infty,k}\pi_m^{-1}(dz) \\
&\leqq \sup_{z_m \in K'_\eta} \Big| \int_{E} g(x)\, p_k(z_m, dx) - \int_{E} g(x)\, p(z_m, dx) \Big| \\
&\quad + 2\, ||g|| \sup_{(k)} \mathcal{P}_{\infty,k}\pi_m^{-1}(E^m \setminus K_\eta) .
\end{aligned}
$$

Wegen (8.1.5) ist der 2. Summand kleiner als η, und nach B) strebt mit $k \to \infty$ auch der 1. gegen Null. (K'_η ist als stetiges Bild einer kompakten Menge selbst kompakt.)

Insgesamt wurde also

$$
\begin{aligned}
&\lim_{k \to \infty} \int_{E^{m+1}} \chi_{M_1}(y_1, \ldots, y_m)\, g(y_{m+1})\, \mathcal{P}_{\infty,k}\pi_{m+1}^{-1}(dy) \\
&= \int_{E^{m+1}} \chi_{M_1}(y_1, \ldots, y_m)\, g(y_{m+1})\, \mathcal{P}_{\infty}\pi_{m+1}^{-1}(dy)
\end{aligned}
\tag{8.1.6}
$$

bewiesen.

Es sei nun M_2 eine beliebige abgeschlossene Teilmenge von E. Dann gibt es eine Folge $\{g_l\}$ beschränkter, gleichmäßig stetiger Funktionale auf E, die von oben punktweise gegen χ_{M_1} konvergieren; vgl. BILLINGSLEY (1968), S. 8. Also haben wir für alle k und l

$$\mathcal{P}_{\infty,k}\pi_{m+1}^{-1}(M_1 \times M_2) \leqq \int_{E^{m+1}} \chi_{M_1}(y_1, \ldots, y_m)\, g_l(y_{m+1})\, \mathcal{P}_{\infty,k}\pi_{m+1}^{-1}(dy)$$

und für festes l mittels (8.1.6)

$$\limsup_{n\to\infty} \mathcal{P}_{\infty,k}\pi_{m+1}^{-1}(M_1 \times M_2) \leqq \int_{E^{m+1}} \chi_{M_1}(y_1, \cdots, y_m)\, g_l(y_{m+1})\, \mathcal{P}_{\infty}\pi_{m+1}^{-1}(dy)\,.$$

Nach dem Satz von LEBESGUE erhalten wir schließlich

$$\limsup_{n\to\infty} \mathcal{P}_{\infty,k}\pi_{m+1}^{-1}(M_1 \times M_2) \leqq \mathcal{P}_{\infty}\pi_{m+1}^{-1}(M_1 \times M_2)\,,$$

was (8.1.4) auch für $m + 1$ sichert; vgl. S. 142. ●

Die Voraussetzungen von Satz 8.1.1 sind insbesondere in folgendem Spezialfall erfüllt: Es seien $\{\varepsilon_n\}$ und $\{\varepsilon_{n,k}\}$ Folgen von unabhängigen, jeweils identisch verteilten Zufallsvariablen mit Werten in einem vollständigen, separablen, metrischen Raum F mit der BORELschen σ-Algebra $\mathfrak{N}$, σ_1 bzw. $\sigma_{1,k}$ seien von den ε_n bzw. $\varepsilon_{n,k}$ unabhängige Zufallsvariable mit Werten in dem vollständigen, separablen, metrischen Raum E mit der BORELschen σ-Algebra $\mathfrak{M}$; $k = 1, 2, \ldots$. φ sei eine stetige Abbildung von $E \times F$ in E, $\{\sigma_n\}$ und $\{\sigma_{n,k}\}$ seien durch

$$\sigma_{n+1} = \varphi(\sigma_n, \varepsilon_n)\,, \tag{8.1.7}$$

$$\sigma_{n+1,k} = \varphi(\sigma_{n,k}, \varepsilon_{n,k})\,; \qquad k, n = 1, 2, \ldots \tag{8.1.8}$$

gegebene homogene MARKOVsche Prozesse, und es gelte

$$\sigma_{1,k} \Rightarrow \sigma_1\,, \tag{8.1.1'}$$

$$\varepsilon_{1,k} \Rightarrow \varepsilon_1\,. \tag{8.1.2'}$$

Bezeichnen wir nämlich mit P und P_k die Verteilungsgesetze von ε_1 und $\varepsilon_{1,k}$, so haben wir

$$p(x, .) = P\varphi^{-1}(x, .)\,, \quad p_k(x_k, .) = P_k\varphi^{-1}(x_k, .)\,; \qquad k = 1, 2, \ldots\,,$$

und wegen der Stetigkeit von φ folgt nach dem Abbildungssatz die Gültigkeit von (8.1.2).

Natürlich kann für Prozesse der Form (8.1.7) und (8.1.8) mit stetigem φ die schwache Konvergenz aller endlichdimensionalen Verteilungen (und damit auch die der Verteilungen der Prozesse) direkt mit Hilfe des Abbildungssatzes bewiesen werden.

Wenn wir auf die Voraussetzung verzichten, daß die ε_n bzw. $\varepsilon_{n,k}$ identisch verteilt und untereinander unabhängig sind, so können wir wenigstens folgendes zeigen:

Satz 8.1.2. *Aus* $\sigma_{1,k} \Rightarrow \sigma_1$ *und* $\{\varepsilon_{1,k}, \dots, \varepsilon_{n,k}\} \Rightarrow \{\varepsilon_1, \dots, \varepsilon_n\}$ *folgt für alle* n

$$\{\sigma_{1,k}, \dots, \sigma_{n+1,k}\} \Rightarrow \{\sigma_1, \dots, \sigma_{n+1}\} . \tag{8.1.9}$$

Beweis. Wir betrachten folgende Abbildungen Ψ_n von $E \times F^n$ in E:

$$\Psi_1(x, y_1) = \varphi(x, y_1) ,$$

$$\Psi_n(x, y_1, \dots, y_n) = \varphi(\Psi_{n-1}(x, y_1, \dots, y_{n-1}), y_n); \qquad x \in E , \qquad y_i \in F .$$

Diese sind wie φ stetig. Nach dem Abbildungssatz gilt also

$$\{\sigma_{1,k}, \dots, \sigma_{n+1,k}\} = \Psi_n(\sigma_{1,k}, \varepsilon_{1,k}, \dots, \varepsilon_{n,k}) \Rightarrow \Psi_n(\sigma_1, \varepsilon_1, \dots, \varepsilon_n)$$
$$= \{\sigma_1, \dots, \sigma_{n+1}\} . \quad \bullet$$

Für das Wartemodell $GI/GI/s$ erhalten wir als Folgerung den

Satz 8.1.3. *Es seien* Σ *und* Σ_k $GI/GI/s$*-Systeme mit den Pausenzeitverteilungsfunktionen* A *und* A_k *und den Bedienungszeitverteilungsfunktionen* B *und* B_k *sowie den Wartezeitverteilungsfunktionen* W_1 *und* $W_{1,k}$ *der ersten Forderung*; $k = 1, 2, \dots$. *Aus*

$$A_k \Rightarrow A , \qquad B_k \Rightarrow B \qquad \text{und} \qquad W_{1,k} \Rightarrow W_1 \tag{8.1.10}$$

folgt für die Wartezeitverteilungsfunktionen W_n *und* $W_{n,k}$ *der* n*-ten Forderung in* Σ *und* Σ_k *die Beziehung*

$$W_{n,k} \Rightarrow W_n . \tag{8.1.11}$$

Nach Zolotarev (1975a) gilt für die Verteilungsfunktionen $W_{n,1}$ und $W_{n,2}$ der Wartezeiten der n-ten Forderungen in zwei $GI/GI/1$-Systemen Σ_1 und Σ_2 mit den Differenzverteilungen K_1 und K_2 die Beziehung

$$\varrho_L(W_{n,1}, W_{n,2}) \leqq (n-1)\, \varrho_L(K_1, K_2); \qquad n = 1, 2, \dots , \tag{8.1.12}$$

falls $W_{1,1} = W_{1,2} = \Theta_0$.

8.1.2. Stabilität der Realisierungen von Prozessen mit stetiger Zeit

Wir setzen voraus, daß die Realisierungen der uns interessierenden reellwertigen stochastischen Prozesse $\{\xi_t\}$ und $\{\xi_{t,k}\}$ Elemente des Raumes $D[0, a]$ sind; $0 \leqq t \leqq a$; $k = 1, 2, \dots$. Diese Forderung ist insbesondere in der Bedienungstheorie oft erfüllt, weil viele Prozesse, z.B. die virtuelle Wartezeit oder die Schlangenlänge ν_t, Realisierungen besitzen, die stückweise stetig sind. Diese Prozesse können dann als Zufallsvariable mit Werten in $D[0, a]$ gedeutet werden. Unser Ziel ist es, für diese die Gültigkeit von

$$\{\xi_{t,k}\} \underset{k\to\infty}{\Rightarrow} \{\xi_t\} \tag{8.1.13}$$

nachzuweisen. Das gelingt in vielen Fällen, indem $\{\xi_t\}$ und $\{\xi_{t,k}\}$ als Bilder stochastischer Prozesse dargestellt werden, deren schwache Konvergenz bereits bekannt ist. Sind die zugehörigen Abbildungen stetig (oder wenigstens fast überall stetig), so ergibt sich (8.1.13) mit Hilfe des Abbildungssatzes.

Die theoretischen Grundlagen für diese Methode wurden im wesentlichen von Whitt (1974a) ausgearbeitet. Wir skizzieren ihre Anwendung auf die Forderungenanzahl in $G/G/1$ nach Whitt (1974a) und Kennedy (1972).

Es seien Σ und Σ_k $G/G/1$-Wartesysteme mit den Pausenzeiten α_n und $\alpha_{n,k}$ sowie den Bedienungszeiten β_n und $\beta_{n,k}$; $k = 1, 2, \ldots$; $n = 1, 2, \ldots$. Den Ankunftszeitpunkt der n-ten Forderung bezeichnen wir mit t_n bzw. $t_{n,k}$,

$$t_n = \alpha_1 + \cdots + \alpha_n\,, \quad t_{n,k} = \alpha_{1,k} + \cdots + \alpha_{n,k}; \quad t_1 = t_{1,k} = 0\,,$$

den zugehörigen Abgangszeitpunkt mit d_n bzw. $d_{n,k}$. Offensichtlich ist d_n eine Funktion der Folge $\{\alpha_n, \beta_n\}$,

$$d_n = d_n(\{\alpha_n, \beta_n\})\,.$$

Die *Anzahl der zur Zeit t in Σ bzw. Σ_k befindlichen Forderungen* sei ν_t bzw. $\nu_{t,k}$, wobei wir $\nu_0 = \nu_{0,k} = 0$ voraussetzen.

Mit A, J und K bezeichnen wir folgende Teilmengen von $\mathbf{R}_+^\infty \times \mathbf{R}_+^\infty$ bzw. $\mathbf{R}_+^\infty$:

$$A = \left\{(\boldsymbol{x}, \boldsymbol{y}) : \left|\sum_{i=1}^{r} x_i - d_s(\boldsymbol{x}, \boldsymbol{y})\right| > 0 \quad \text{für alle } r \geqq 1 \text{ und } s \geqq 1\right\}$$

$$J = \left\{\boldsymbol{x} : x_i > 0 \quad \text{für } i = 1, 2, \ldots \quad \text{und} \quad \sum_{i=1}^{\infty} x_i > a\right\}$$

$$K = \left\{\boldsymbol{x} : \boldsymbol{x} \in J,\ \sum_{i=1}^{r} x_i \neq a \quad \text{für alle } r = 1, 2, \ldots\right\}$$

Satz 8.1.4. *Aus*

$$\{\alpha_{n,k}, \beta_{n,k}\} \underset{k\to\infty}{\Rightarrow} \{\alpha_n, \beta_n\} \tag{8.1.14}$$

folgt

$$\{\nu_{t,k}\} \underset{k\to\infty}{\Rightarrow} \{\nu_t\}\,, \tag{8.1.15}$$

sofern

$$\mathsf{P}(\{\alpha_n, \beta_n\} \in K \times K) = \mathsf{P}(\{\alpha_{n,k}, \beta_{n,k}\} \in J \times J) = \mathsf{P}(\{\alpha_n, \beta_n\} \in A) = 1\,. \tag{8.1.16}$$

Bemerkungen. Im Fall von $GI/GI/1$-Systemen ist (8.1.14) äquivalent zur schwachen Konvergenz der Pausen- und Bedienungszeitverteilungsfunktionen $A_k \Rightarrow A$ und $B_k \Rightarrow B$; (8.1.16) ist dann erfüllt, wenn

$$A(0+) = A_k(0+) = B(0+) = B_k(0+) = 0$$

und wenn eine der Verteilungsfunktionen A oder B stetig ist. Man kann Beispiele dafür angeben, daß beim Nichterfülltsein von (8.1.16) auch (8.1.15) nicht gültig ist; vgl. WHITT (1974a). Dagegen ist für die Stabilität der Wartezeiten keine Stetigkeitsbedingung an A oder B notwendig, vgl. Satz 8.1.3.

Beweis. Wir benutzen folgende Bezeichnungen:

$n_A(t)$ bzw. $n_{A,k}(t)$ = Anzahl der Forderungenankünfte in $[0, t]$ in Σ bzw. Σ_k;
$n_D(t)$ bzw. $n_{D,k}(t)$ = Anzahl der Forderungenabgänge in $[0, t]$ aus Σ bzw. Σ_k;
$n_B(t)$ bzw. $n_{B,k}(t)$ = Anzahl der Forderungen, die in $[0, t]$ bei ununterbrochener Arbeit des Bedienungsapparates in Σ bzw. Σ_k hätten bedient werden können;
$l(t)$ bzw. $l_k(t)$ = Summe der Bedienungszeiten aller in $[0, t]$ in Σ bzw. Σ_k eingetroffenen Forderungen;
$b(t)$ bzw. $b_k(t)$ = Gesamtarbeitszeit des Bedienungsapparates des Systems Σ bzw. Σ_k in $[0, t]$.

Offenbar gilt

$$\nu_t = n_A(t) - n_D(t); \qquad \nu_{t,k} = n_{A,k}(t) - n_{D,k}(t)\,.$$

Wir werden nun eine Abbildung ψ von $\mathbf{R}_+^\infty \times \mathbf{R}_+^\infty$ in $D[0, a]$ konstruieren, die folgende Eigenschaften hat:

1) $\psi(\{\alpha_n, \beta_n\}) = \{\nu_t\}, \quad \psi(\{\alpha_{n,k}, \beta_{n,k},\}) = \{\nu_{t,k}\}; \qquad k = 1, 2, \ldots\,.$ (8.1.17)
2) ψ ist meßbar.
3) Die Einschränkung von ψ auf $K \times K \cap A$ ist stetig.

ψ wird in der Form

$$\psi((\boldsymbol{x}, \boldsymbol{y})) = \psi_1(\boldsymbol{x}) - \psi_2(\psi_3(\psi_4(\psi_5(\boldsymbol{x}, \boldsymbol{y}))))$$

geschrieben, wobei $\psi_1, \ldots, \psi_5$ Abbildungen mit

$\psi_1\colon \mathbf{R}_+^\infty \to D[0, a]$
$\psi_2\colon D[0, a] \times D_0[0, a] \to D[0, a]$
$\psi_3\colon D[0, a] \times D[0, a] \to D[0, a] \times D[0, a]$
$\psi_4\colon D[0, a] \times D[0, a] \times \mathbf{R}_+^\infty \to D[0, a] \times D[0, a]$
$\psi_5\colon \mathbf{R}_+^\infty \times \mathbf{R}_+^\infty \to D[0, a] \times D[0, a] \times \mathbf{R}_+^\infty$

sind und $D_0[0, a]$ die Menge aller monoton nicht fallenden Elemente $x \in D[0, a]$ mit $x(t) \in [0, a]$ ist.

Die Abbildung ψ_1 hat die Form

$$\psi_1(\boldsymbol{x})\ (t) = \begin{cases} \sup\left\{k\colon \sum_{i=1}^{k} x_i \leqq t\right\}; & x_1 \leqq t \\ 0; & x_1 > t \end{cases}, \qquad \text{falls } \boldsymbol{x} \in K$$

und $\psi_1(\boldsymbol{x}) = 0$ für $\boldsymbol{x} \notin K$.

Es gilt

$$\psi_1(\{\alpha_n\}) = \{n_A(t)\}\,, \qquad \psi_1(\{\beta_n\}) = \{n_B(t)\}\,.$$

ψ_5 ist gleich

$$\psi_5(\boldsymbol{x}, \boldsymbol{y}) = \big(\psi_1(\boldsymbol{x}), \psi_1(\boldsymbol{y}), \boldsymbol{y}\big) .$$

Die Abbildung ψ_4 besitzt die Gestalt

$$\psi_4(x, y, \boldsymbol{z}) = \big(y, h(x, \boldsymbol{z})\big)$$

mit

$$h(x, \boldsymbol{z}) = \begin{cases} \sum_{i=1}^{[g(x)(i)+1/2]} z_i ; & [g(x)\,(t) + \frac{1}{2}] \geqq 1 \\ 0; & [g(x)\,(t) + \frac{1}{2}] < 1 \end{cases},$$

$g(x)\,(t) = \sup_{0 \leqq s \leqq t} |x(s)|$, $[x]$ = ganzzahliger Anteil von x.

Es gilt

$$h\big(n_A(t), \{\beta_n\}\big) = l(t) .$$

ψ_3 ist durch

$$\psi_3(y, z) = \big(y, m(z)\big)$$

definiert, wobei

$$m(x)\,(t) = t + \inf_{0 \leqq s \leqq t} \big(x(s) - s\big) .$$

$m\big(l(t)\big)$ ist gleich $b(t)$.

Schließlich hat ψ_2 die Gestalt

$$\psi_2(y, z) = y(z) ,$$

und es gilt

$$n_B\big(b\,(t)\big) = n_D(t) .$$

Zusammengefaßt erkennen wir:

$$\begin{array}{lcl}
\{\alpha_n, \beta_n\} \xrightarrow{\psi_5} \{n_A(t), n_B(t), \{\beta_n\}\} & \xrightarrow{\psi_4} & \{n_B(t), l(t)\} \\
\downarrow \psi_1 & & \downarrow \psi_3 \\
\{n_A(t)\} & & \{n_B(t), b(t)\} \\
& & \downarrow \psi_2 \\
& & \{n_D(t)\} .
\end{array}$$

Die Abbildung ψ leistet also das Gewünschte.

Wir zeigen nun, daß ψ_1 meßbar und, eingeschränkt auf K, stetig ist. Für Stetigkeitsbeweise von Abbildungen von $D[0, a]$ in $D[0, a]$ (oder von entsprechenden Produkträumen in Produkträume), die notwendig sind, um entsprechendes für $\psi_2, \dots, \psi_5$ zu zeigen, verweisen wir auf WHITT (1974a). Die Stetigkeit der Abbildung g,

$$g(x)\,(t) = \sup_{0 \leqq s \leqq t} |x(s)| ,$$

wurde von WHITT (1971) nachgewiesen. Bemerkenswert ist, daß in $D[0, a]$ die Addition keine stetige Operation ist. Die Bedingung

$$\mathsf{P}(\{\alpha_n, \beta_n\} \in A) = 1$$

sichert nach WHITT (1974a) gerade die Stetigkeit der Differenz

$$\psi_1(\cdot) - \psi_2(\psi_3(\psi_4(\psi_5(\cdot)))) \,.$$

B e w e i s d e r S t e t i g k e i t v o n ψ_1 (KENNEDY (1972)). Es seien $\boldsymbol{x} \in K$ und n eine natürliche Zahl mit

$$\sum_{i=1}^{n} x_i < a < \sum_{i=1}^{n+1} x_i; \qquad \boldsymbol{x} = \{x_1, x_2, \dots\} \,.$$

Also gilt $\psi_1(\boldsymbol{x})\,(a) = n_A(a) = n$.

Ferner sei ε eine beliebige positive Zahl, von der wir o.B.d.A. annehmen, daß

$$0 < \varepsilon < \min\left\{\sum_{i=1}^{n+1} x_i - a, a - \sum_{i=1}^{n} x_i\right\}.$$

$\boldsymbol{y}$ sei ein beliebiges Element von K mit

$$\varrho_\infty(\boldsymbol{x}, \boldsymbol{y}) < \delta(\varepsilon) = \frac{\varepsilon}{2^{n+1}(n + 1 + \varepsilon)} \,. \tag{8.1.18}$$

Es gilt $\psi_1(\boldsymbol{y})\,(a) = n$, da aus (8.1.18) für $i = 1, 2, \dots, n + 1$

$$|x_i - y_i| < \frac{\varepsilon}{n + 1}$$

folgt, woraus sich

$$\left|\sum_{i=1}^{k} (x_i - y_i)\right| < \varepsilon; \qquad k = n, \ n + 1$$

und

$$\sum_{i=1}^{n} y_i < a < \sum_{i=1}^{n+1} y_i$$

ergibt.

Wir definieren eine Funktion λ: $[0, a] \to [0, a]$ gemäß

$$\lambda(0) = 0 \,,$$

$$\lambda(a) = a \,,$$

$$\lambda\left(\sum_{j=1}^{i} x_j\right) = \sum_{j=1}^{i} y_j; \qquad i = 1, \dots, n$$

und interpolieren linear zwischen den Punkten $0, x_1, x_1 + x_2, \dots, a$. Offenbar ist $\lambda \in \Lambda$, und λ hat die Eigenschaften

$$\sup_{0 \leqq t \leqq a} |\lambda(t) - t| < \varepsilon$$

sowie

$$\psi_1(\boldsymbol{x})(t) - \psi_1(\boldsymbol{y})\big(\lambda(t)\big) = 0; \qquad 0 \leqq t \leqq a .$$

Also gilt für alle $\boldsymbol{x}, \boldsymbol{y}$ mit $\varrho_\infty(\boldsymbol{x}, \boldsymbol{y}) < \delta(\varepsilon)$ die Beziehung

$$d\big(\psi_1(\boldsymbol{x}), \psi_1(\boldsymbol{y})\big) < \varepsilon ,$$

d. h., ψ_1 ist stetig.

Der Beweis der Meßbarkeit von ψ_1 (Kennedy (1972)) beruht auf folgendem Hilfssatz: Es seien X_1, X_2 metrische Räume und Z eine offene Teilmenge von X_1. Wenn $\varphi\colon X_1 \to X_2$ auf Z stetig und konstant auf $X_1 \setminus Z$ ist, so ist φ meßbar.

Da K eine offene Teilmenge des $\mathbf{R}_+^\infty$ ist und ψ_1 auf K stetig ist, ist ψ_1 meßbar. ●

Bemerkung. *Unter den Bedingungen des Satzes* 8.1.4 *gilt auch*

$$\{n_{A,k}(t)\} \Rightarrow \{n_A(t)\} ,$$

$$\{n_{D,k}(t)\} \Rightarrow \{n_D(t)\} ,$$

$$\{l_k(t)\} \Rightarrow \{l(t)\} ,$$

$$\{b_k(t)\} \Rightarrow \{b(t)\} , \text{ vgl. Kennedy (1972).}$$

8.2. Stabilität der stationären Verteilungen homogener Markovscher Prozesse

8.2.0. Vorbemerkungen

Im folgenden werden Methoden beschrieben, mit deren Hilfe Stabilitätsaussagen für die stationären Verteilungen homogener Markovscher Prozesse mit diskreter Zeit bewiesen werden können. Dabei formulieren wir das Stabilitätsproblem wie folgt:

Es seien $\boldsymbol{T}$ und $\boldsymbol{T}_k$ die Übergangsoperatoren homogener Markovscher Prozesse $\{\xi_n\}$ und $\{\xi_{k,n}\}$ mit diskreter Zeit, dem Phasenraum $[E, \mathfrak{M}]$ und den eindeutig bestimmten stationären Anfangsverteilungen Q und Q_k; $k = 1, 2, \ldots$. Mit $\to$ bezeichnen wir eine Konvergenzart (z.B. die schwache Konvergenz) auf der Menge $P_{\mathfrak{M}}$. Gesucht sind Bedingungen an die $\boldsymbol{T}_k$ und an $\boldsymbol{T}$, die die Konvergenz

$$Q_k \to Q \tag{8.2.1}$$

sichern.

Wenn wir stochastische Modelle Σ und Σ_k untersuchen, sind $\boldsymbol{T}$ und die $\boldsymbol{T}_k$ durch die Elementverteilungen E_m, $E_{m,k}$ gegeben; $m = 1, 2, \ldots$; dann interessieren uns natürlich (8.2.1) sichernde Bedingungen an die E_m und $E_{m,k}$.

Die Frage nach der Stabilität stationärer Systemgrößen ist i. a. viel tiefliegender als die nach der Stabilität instationärer Größen, weil gewissermaßen *zwei* Grenzübergänge ($n \to \infty$, $k \to \infty$) zu berücksichtigen sind. Die Bedingungen, die im instationären Fall die Stabilität sichern, genügen dementsprechend meist im stationären Fall nicht. In den Stabilitätsbeweisen zeigt sich der Unterschied darin, daß neben der Stetigkeit gewisser Abbildungen noch die Kompaktheit von Mengen von Verteilungsgesetzen nachzuweisen ist, eine oft ungleich schwierigere Aufgabe.

Wir behandeln vier Verfahren zum Beweis von Stabilitätssätzen. Für die „*Methode der schwachen Konvergenz*" (Abschnitt 8.2.2) und ihre in Abschnitt 8.2.3 dargestellten Varianten bilden Ergebnisse aus der Theorie der schwachen Konvergenz, insbesondere der Abbildungssatz, die theoretische Grundlage. Von ganz anderer Natur ist dagegen die „*Methode der Probefunktion*" (Kapitel 8.2.4), die der direkten Methode von LYAPUNOV in der klassischen Stabilitätstheorie ähnelt. Nach Ansicht des Autors sind für den Nachweis der schwachen Konvergenz stationärer Verteilungen die in 8.2.2 und 8.2.3 dargelegten Methoden am günstigsten und natürlichsten. Die Methode der Probefunktion ist, wenn man sie nach dem in 8.2.4 beschriebenen „Rezept" anwendet, nicht viel komplizierter, doch erscheint sie als relativ undurchsichtig; außerdem sind z.T. etwas schärfere Voraussetzungen notwendig, nämlich anstelle der schwachen Konvergenz $E_{m,k} \underset{k\to\infty}{\Rightarrow} E_m$ von Elementverteilungsfunktionen die Konvergenz

$$\int_{-\infty}^{\infty} |E_{m,k}(t) - E_m(t)|\, dt \to 0\,.$$

Schließlich behandeln wir kurz die Ergebnisse von ZOLOTAREV (1975), der Abschätzungen für die Konvergenz gegen die stationären Verteilungen benutzte und damit zu *quantitativen Abschätzungen* gelangte.

Bevor die verschiedenen Methoden beschrieben werden, sollen in 8.2.1 die für $GI/GI/1$ bekannten Stabilitätssätze angegeben werden. Dieses Modell ist für uns von besonderem Interesse, weil wir es im folgenden als Demonstrationsobjekt für die verschiedenen Methoden benutzen.

8.2.1. Stabilitätssätze für das Wartesystem $GI/GI/1$

Beim Nachweis der Stabilität in $GI/GI/1$ werden wir so vorgehen, daß wir zunächst Stabilitätsaussagen für die *Wartezeiten* angeben und davon ausgehend Stabilitätsaussagen für die *Warteschlangenlängen* beweisen, wobei wir die Beziehungen (5.0.15) und (5.0.16) ausnutzen.

Nach Borovkov (1972a) gilt folgender

Satz 8.2.1. *Es seien Σ und Σ_k $GI/GI/1$-Wartesysteme mit den Verteilungsfunktionen K und K_k der Differenzen von Bedienungs- und Pausenzeiten und den stationären Wartezeitverteilungen W und W_k; $k = 1, 2, \ldots$. Hinreichend für*

$$W_k \Rightarrow W \tag{8.2.2}$$

ist die schwache Konvergenz

$$K_k \Rightarrow K \tag{8.2.3}$$

und die gleichmäßige Konvergenz (bezüglich k) der Reihen

$$R_k = \sum_{n=1}^{\infty} \frac{1}{n} [1 - K_k^{*(n)}(0)] .$$

Beweis. Die Laplace-Stieltjes-Transformierten $W^*(s)$ und $W_k^*(s)$ zu W und W_k sind nach (5.0.4) gleich

$$W^*(s) = \exp\left[\sum_{n=1}^{\infty} \frac{1}{n} \int_0^{\infty} (1 - \exp(-sx))\, dK^{*(n)}(x)\right] = \exp\left(-S(s)\right) ,$$

$$W_k^*(s) = \exp\left[\sum_{n=1}^{\infty} \frac{1}{n} \int_0^{\infty} (1 - \exp(-sx))\, dK_k^{*(n)}(x)\right] = \exp\left(-S_k(s)\right) .$$

Nach (8.0.3) ist (8.2.2) erfüllt, wenn für alle s

$$W_k^*(s) \to W^*(s) ,$$

d. h. wenn für die Reihen $S(s) = \sum_{n=1}^{\infty} s_n(s)$, $S_k(s) = \sum_{n=1}^{\infty} s_{k,n}(s)$

$$S_k(s) \to S(s)$$

gültig ist. Nach bekannten Sätzen aus der Analysis ist das der Fall, wenn

$$s_{k,n}(s) \to s_n(s) \tag{8.2.4}$$

und wenn die Reihen $S_k(s)$ gleichmäßig konvergieren. (8.2.4) ist wegen (8.2.3) erfüllt, die gleichmäßige Konvergenz der $S_k(s)$ ergibt sich aus der vorausgesetzten gleichmäßigen Konvergenz der Reihen R_k, die Majoranten für die $S_k(s)$ sind. ●

Nach Borovkov (1972a), S. 152–156, ist *im Fall der Gültigkeit von* (8.2.3) *die Konvergenz der mittleren Bedienungszeiten*

$$m_{B,k} \to m_B \tag{8.2.5}$$

hinreichend für die gleichmäßige Konvergenz der R_k. Da sein Beweis sehr kompliziert ist und tieferliegende, nur für $GI/GI/1$ typische Hilfsmittel erfordert, lassen wir ihn hier fort; es sei auf Satz 8.2.3 verwiesen, wo (8.2.2) unter der zusätzlichen Bedingung $m_{A,k} \to m_A$ bewiesen wird.

Im Gegensatz zum instationären Fall (vgl. Satz 8.1.2) genügt (8.2.3) nicht, um in jedem Fall die Stabilität zu sichern, wie das folgende Beispiel zeigt.

Beispiel: Die Systeme Σ_k und Σ seien vom Typ $M/GI/1$. Die Intensität des Forderungenstroms sei für alle Systeme gleich $\lambda = 1/4$, die Bedienungszeitverteilungen seien gleich

$$B(x) = \Theta_1(x)\,, \quad B_k(x) = \frac{k-1}{k}\,\Theta_1(x) + \frac{1}{k}\,\Theta_k(x)\,; \quad k = 1, 2, \ldots .$$

Wir haben $m_B = 1$, $m_{B,k} \to 2$; $k = 1, 2, \ldots$, (8.2.5) ist also nicht erfüllt, während offensichtlich (8.2.3) gültig ist.

Die Laplace-Stieltjes-Transformierten der stationären Wartezeitverteilungen W^* und W_k^* sind, vgl. Gnedenko und Kovalenko (1971), S. 200, gleich

$$W^*(s) = \frac{3/4\, s}{s - 1/4 + 1/4 \exp(-s)}\,,$$

$$W_k^*(s) = \frac{1/2\, s}{s - 1/4 + 1/4\,[(k-1)/k \exp(-s) + 1/k \exp(-ks)]}\,; \quad k = 1, 2, \ldots .$$

Offensichtlich gilt nicht für alle s

$$\lim_{k\to\infty} W_k^*(s) = W^*(s)\,,$$

also kann auch nicht (8.2.2) erfüllt sein.

Wie Borovkov (1972a) zeigte, ist nicht einmal

$$\int_{-\infty}^{\infty} t\, dK_k(t) \to \int_{-\infty}^{\infty} t\, dK(t) \tag{8.2.6}$$

zusammen mit (8.2.3) hinreichend für (8.2.2).

Für die *Warteschlangenlänge* im stationären Zustand gilt folgendes:

Es seien ν_t und $\nu_{t,k}$ die Anzahlen der zur Zeit t in Σ und Σ_k befindlichen Forderungen sowie t_n bzw. $t_{n,k}$ der Zeitpunkt, in dem die n-te Forderung im System Σ bzw. Σ_k eintrifft. L, L_k, L^0 und L_k^0 seien die zugehörigen stationären Verteilungsfunktionen

$$L(x) = \lim_{t\to\infty} \mathsf{P}(\nu_t < x)\,, \qquad L_k(x) = \lim_{t\to\infty} \mathsf{P}(\nu_{t,k} < x)\,,$$

$$L^0(x) = \lim_{n\to\infty} \mathsf{P}(\nu_{t_n} < x)\,, \qquad L_k^0(x) = \lim_{n\to\infty} \mathsf{P}(\nu_{t_{n,k}} < x)\,; \quad k = 1, 2, \ldots .$$

Satz 8.2.2. *Die Systeme Σ und Σ_k seien so beschaffen, daß* (8.2.2) *erfüllt ist. Dann gilt*

$$L_k \Rightarrow L\,, \tag{8.2.7}$$

wenn

$$\lim_{k\to\infty} m_{A,k} = m_A$$

und

$$L_k^0 \Rightarrow L^0\,, \tag{8.2.8}$$

wenn A in $[0, \infty)$ oder W in $(0, \infty)$ stetig ist.

Der Beweis des Satzes beruht auf den Beziehungen (5.0.15) und (5.0.16) sowie der Tatsache, daß die Faltung bezüglich der schwachen Konvergenz eine stetige Operation ist.

Das folgende Beispiel zeigt, daß (8.2.7) nicht zu gelten braucht, wenn die zusätzliche Bedingung nicht erfüllt ist.

Beispiel. Wir betrachten folgende $GI/GI/1$-Systeme Σ und Σ_k mit

$$A(t) = 1 - \exp(-t), \quad A_k(t) = \frac{k-1}{k}(1 - \exp(-t)) + \frac{1}{k}\left(1 - \exp\left(-\frac{t}{k}\right)\right);$$

$$B(t) = B_k(t) = 1 - \exp(-2t); \quad k = 1, 2, \ldots; \quad t \geqq 0.$$

Offensichtlich haben wir $m_A = 1$, $m_{A,k} \to 2$ und

$$A_k \Rightarrow A, \quad B_k = B, \quad m_{B,k} = m_B,$$

(8.2.2) muß also gelten.

Nach (5.0.14) ist die Wahrscheinlichkeit dafür, daß Σ bzw. Σ_k leer ist, gleich 0,5 bzw. 0,75 für alle k, d. h., (8.2.7) ist nicht erfüllt.

8.2.2. Die „Methode der schwachen Konvergenz"

Das wohl natürlichste Verfahren zum Nachweis von Stabilitätseigenschaften der stationären Verteilungen homogener Markovscher Prozesse, wir nennen es hier „Methode der schwachen Konvergenz", benutzten für Wartesysteme Rossberg (1965) und Borovkov (1972a). Es basiert auf den üblichen Methoden der Analysis, insbesondere auf der Theorie der schwachen Konvergenz und ist sehr allgemein anwendbar; dem entspricht allerdings, daß wir die Methode nur relativ vage formulieren können.

Von den zu betrachtenden stationären Verteilungsgesetzen Q und Q_k nehmen wir an, daß sie (ein- oder mehrdimensionale) Verteilungsfunktionen sind und als einzige die Gleichungen

$$Q_k = \boldsymbol{T}_k Q_k; \quad k = 1, 2, \ldots, \tag{8.2.9'}$$

$$Q = \boldsymbol{T} Q \tag{8.2.9''}$$

erfüllen, wobei $\boldsymbol{T}_k$ und $\boldsymbol{T}$ die Übergangsoperatoren der zugrunde liegenden Prozesse sind. Der Nachweis der schwachen Konvergenz

$$Q_k \Rightarrow Q \tag{8.2.10}$$

und die Ableitung der dazu erforderlichen Bedingungen an $\boldsymbol{T}$ und die $\boldsymbol{T}_k$ erfolgen in zwei Schritten:

1. Schritt: Es wird gezeigt, daß jede beliebige Teilfolge $\{Q_{k_n}\}$ von $\{Q_k\}$ eine weitere Teilfolge $\{Q_{k_n'}\}$ besitzt, zu der es ein Q_∞ gibt, gegen das die $Q_{k_n'}$ in allen Stetigkeitspunkten von Q_∞ konvergieren und das der Gleichung

$$Q_\infty = \boldsymbol{T} Q_\infty$$

genügt.[1])

2. Schritt: Es wird bewiesen, daß Q_∞ eine Verteilungsfunktion ist.
Da Q die einzige Verteilungsfunktion ist, die Lösung der Gleichung (8.2.9″) ist, muß $Q = Q_\infty$ gelten. Nach einem Satz auf Seite 142 ist damit (8.2.10) bewiesen.

Im allgemeinen bereitet der zweite Schritt wesentlich mehr Schwierigkeiten als der erste.

Um ein Beispiel für die Anwendung der „Methode der schwachen Konvergenz" zu geben, beweisen wir hier, ROSSBERG (1965) folgend, einen Stabilitätssatz für $GI/GI/1$.

Satz 8.2.3. *Es seien Σ und Σ_k $GI/GI/1$-Wartesysteme mit den Verteilungsfunktionen K und K_k der Differenzen von Bedienungs- und Pausenzeiten, den stationären Wartezeitverteilungen W und W_k sowie den mittleren Bedienungs- bzw. Pausenzeiten m_B und $m_{B,k}$ bzw. m_A und $m_{A,k}$; $k = 1, 2, \ldots$.*

Hinreichend für

$$W_k \Rightarrow W \tag{8.2.2}$$

sind die schwache Konvergenz

$$K_k \Rightarrow K \tag{8.2.3}$$

sowie

$$\lim_{k\to\infty} m_{B,k} = m_B \tag{8.2.5}$$

und

$$\lim_{k\to\infty} m_{A,k} = m_A\,. \tag{8.2.11}$$

Beweis. *1. Schritt*: Jede Teilfolge $\{W_{k_n}\}$ von $\{W_k\}$ hat eine Teilfolge $\{W_{k_n'}\}$, für die es eine Grenzfunktion W_∞ mit

$$\lim_{k_n'\to\infty} W_{k_n'}(t) = W_\infty(t) \tag{8.2.12}$$

in allen Stetigkeitspunkten t von W_∞ gibt. W_∞ genügt der Integralgleichung

$$W_\infty(t) = \int_{0-}^{\infty} K(t-x)\, dW_\infty(x)\,. \tag{8.2.13}$$

(Selbstverständlich gilt für alle k entsprechend

$$W_k(t) = \int_{0-}^{\infty} K_k(t-x)\, dW_k(x)\,.)$$

---

[1]) Wir verzichten darauf, die Zuordnung von Q_∞ zu der Teilfolge $\{Q_{k_n'}\}$ zu kennzeichnen.

Wegen der punktweisen Konvergenz $K_{k'_n} \to K$ und $W_{k'_n} \to W$ in allen Stetigkeitspunkten von K und W_∞ ergibt sich nämlich leicht

$$\lim_{k'_n \to \infty} \int_{0-}^{Y} K_{k'_n}(t - x)\, dW_{k'_n}(x) = \int_{0-}^{Y} K(t - x)\, dW_\infty(x)$$

für alle $Y > 0$. Wählen wir Y genügend groß, so wird

$$\int_{Y}^{\infty} K_{k'_n}(t - x)\, dW_{k'_n}(x) = -\int_{Y}^{\infty} W_{k'_n}(x)\, dK_{k'_n}(t - x) < K_{k'_n}(t - Y)$$

beliebig klein, und (8.2.13) ist also gültig. Da die positive, monotone und beschränkte Lösung von (8.2.13) bis auf einen Faktor eindeutig ist, erhalten wir

$$W_\infty(t) = W_\infty(\infty) \cdot W(t)\,,$$

denn natürlich ist W_∞ positiv, monoton und beschränkt sowie linksstetig.

2. Schritt: Wir haben nun $W_\infty(\infty) = 1$ zu beweisen.

Die Systeme Σ und Σ_k ($k = 1, 2, \ldots$) mögen sich im stationären Zustand befinden. In Analogie zu

$$w_{n+1} - \xi_n = w_n + \delta_n \tag{5.0.8}$$

schreiben wir

$$w_{n+1,k} - \xi_{n,k} = w_{n,k} + \delta_{n,k}; \qquad k, n = 1, 2, \ldots .$$

Es gilt

$$\mathsf{E}\xi_n = m_A - m_B\,, \qquad \mathsf{E}\xi_{n,k} = m_{A,k} - m_{B,k}\,.$$

Die Verteilungsfunktionen V und V_k von ξ_n und $\xi_{n,k}$ sind durch

$$V(t) = \begin{cases} 0; & t \leqq 0 \\ 1 - \int_{0-}^{\infty} K(-t - x)\, dW(x); & t > 0 \end{cases}$$

und

$$V_k(t) = \begin{cases} 0; & t \leqq 0 \\ 1 - \int_{0-}^{\infty} K_k(-t - x)\, dW_k(x); & t > 0 \end{cases}$$

gegeben. Die Erwartungswerte $\mathsf{E}\xi_n$ und $\mathsf{E}\xi_{n,k}$ können also in der Form

$$\mathsf{E}\xi_n = m_A - m_B = \int_{-\infty}^{0} \int_{0}^{\infty} K(t - x)\, dW(x)\, dt = \int_{0}^{\infty} \int_{-\infty}^{0} K(t - x)\, dt\, dW(x),$$

$$\begin{aligned} \mathsf{E}\xi_{n,k} &= m_{A,k} - m_{B,k} \\ &= \int_{-\infty}^{0} \int_{0}^{\infty} K_k(t - x)\, dW_k(x)\, dt = \int_{0}^{\infty} \int_{-\infty}^{0} K_k(t - x)\, dt\, dW_k(x) \end{aligned}$$

geschrieben werden. Aus (8.2.5) und (8.2.12) folgt

$$\lim_{k_n'\to\infty} \int_{-\infty}^{0} \int_{0}^{\infty} K_{k_n'}(t-x)\, dW_{k_n'}(x)\, dt = \int_{-\infty}^{0} \int_{0}^{\infty} K(t-x)\, dW(x)\, dt\,. \quad (8.2.14)$$

Diese Beziehung werden wir benutzen, um $W_\infty(\infty)$ zu bestimmen, wobei wir die Integrale geeignet umformen.

Aus (8.2.5) und (8.2.3) folgt für alle $x > 0$

$$\lim_{k\to\infty} \int_{-\infty}^{0} K_k(t-x)\, dt = \int_{-\infty}^{0} K(t-x)\, dt\,. \quad (8.2.15)$$

Bei festem x und genügend großen $C > 0$ gilt nämlich für hinreichend große k

$$\int_{-\infty}^{-C-x} K_k(t)\, dt = \int_{-\infty}^{-C-x} \int_{0}^{\infty} A_k(y+t)\, dB_k(y)\, dt = \int_{0}^{\infty} \int_{-\infty}^{-C-x} A_k(y+t)\, dt\, dB_k(y)$$

$$= \int_{C+x}^{\infty} \int_{-y}^{-C-x} A_k(y+t)\, dt\, dB_k(y) < \int_{C+x}^{\infty} y\, dB_k(y) < \varepsilon$$

(A_k und B_k sind die Bedienungs- und Pausenzeitverteilungsfunktionen in Σ_k), woraus mit (8.2.3) sofort (8.2.15) folgt. Wie beim ersten Schritt erhalten wir nun

$$\lim_{k_n'\to\infty} \int_{0}^{\infty} \int_{-\infty}^{0} K_{k_n'}(t-x)\, dt\, dW_{k_n'}(x)$$

$$= \int_{0}^{\infty} \int_{-\infty}^{0} K(t-x)\, dt\, dW_\infty(x) = W_\infty(\infty) \int_{0}^{\infty} \int_{-\infty}^{0} K(t-x)\, dt\, dW(x)\,.$$

Vergleichen wir dieses Ergebnis mit (8.2.14), so erhalten wir $W_\infty(\infty) = 1$. ●

8.2.3. Zwei Varianten der Methode der schwachen Konvergenz

Der Nachweis der schwachen Konvergenz der stationären Verteilungen homogener Markovscher Prozesse kann auch in folgender Art und Weise geführt werden.

1. Schritt. Beweis der schwachen Kompaktheit der Folge $\{Q_k\}$ der stationären Verteilungen.

2. Schritt. Beweis, daß der Grenzwert jeder Teilfolge $\{Q_{k_n}\}$ von $\{Q_k\}$ gleich Q ist.

Der 1. Schritt ist dabei der i. a. schwierigere. Eine Möglichkeit des Nachweises der schwachen Kompaktheit von $\{Q_k\}$ ist die Ausnutzung von Monotonieeigenschaften der untersuchten Prozesse; vgl. den Beweis von Satz 8.2.5a. Ferner gilt:

Die Folge $\{Q_k\}$ ist schwach kompakt, wenn die Familie der Verteilungsgesetze $\{p_k(x, \cdot)\}_{k=1,2,\ldots;\, x\in E}$ schwach kompakt ist, wobei p_k die Übergangsfunktion des Prozesses mit dem Übergangsoperator $\mathbf{T}_k$ ist.

Beweis. Nach dem Satz von PROCHOROV existiert zu jedem $\eta > 0$ eine kompakte Teilmenge K_η von E mit

$$p_k(x, K_\eta) > 1 - \eta; \quad k = 1, 2, \ldots, \quad x \in E .$$

Für die stationäre Verteilung Q_k zu p_k gilt

$$Q_k(K_\eta) = \int_E p_k(x, K_\eta)\, Q_k(dx) > (1 - \eta) \int_E Q_k(dx) = 1 - \eta .$$

Erneute Anwendung des Satzes von PROCHOROV liefert die Behauptung. ●

Der 2. Schritt kann formalisiert werden, wofür hier zwei Möglichkeiten angegeben werden.

Wir betrachten zunächst homogene MARKOVsche Prozesse $\{\sigma_n\}$ und $\{\sigma_{n,k}\}$ mit diskreter Zeit, die in der Form

$$\sigma_{n+1} = \varphi(\sigma_n, \varepsilon_n) , \tag{8.2.16}$$

$$\sigma_{n+1,k} = \varphi_k(\sigma_{n,k}, \varepsilon_{n,k}) ; \quad k, n = 1, 2, \ldots \tag{8.2.16'}$$

gegeben sind. Dabei nehmen wir an, daß die σ_n bzw. $\sigma_{n,k}$ Zufallsvariable über den Wahrscheinlichkeitsräumen $[\Omega, \mathfrak{B}, \mathsf{P}]$ bzw. $[\Omega_k, \mathfrak{B}_k, \mathsf{P}_k]$ mit dem Phasenraum $[E, \mathfrak{M}]$ sind, wobei E ein vollständiger, separabler, metrischer Raum (Metrik: ϱ_E) und $\mathfrak{M}$ die zugehörige BORELsche σ-Algebra ist. Die ε_k bzw. $\varepsilon_{n,k}$ sind identisch verteilte, untereinander und von σ_1 bzw. $\sigma_{1,k}$ stochastisch unabhängige Zufallsvariable über $[\Omega, \mathfrak{B}, \mathsf{P}]$ bzw. $[\Omega_k, \mathfrak{B}_k, \mathsf{P}_k]$ mit dem Bildraum $[F, \mathfrak{N}]$, und auch F soll ein vollständiger, separabler, metrischer Raum (Metrik: ϱ_F) sein, dessen BORELsche σ-Algebra wir mit $\mathfrak{N}$ bezeichnen. F^∞ sei der Raum aller Folgen $\boldsymbol{x} = (x_1, x_2, \ldots)$, $x_i \in F$, mit der Produktraumtopologie, die zugehörige BORELsche σ-Algebra sei $\mathfrak{N}^\infty$. φ und die φ_k seien meßbare Abbildungen von $E \times F$ in E.

Wir behandeln folgendes *Stabilitätsproblem*: Von den Verteilungsgesetzen P bzw. P_k der ε_n bzw. $\varepsilon_{n,k}$ sei bekannt, daß

$$P_k \Rightarrow P . \tag{8.2.17}$$

Wann konvergieren dann auch die stationären Anfangsverteilungen Q_k der $\{\sigma_{n,k}\}$ schwach gegen die stationäre Anfangsverteilung Q von $\{\sigma_n\}$,

$$Q_k \Rightarrow Q\,? \tag{8.2.10}$$

Dabei setzen wir voraus, daß alle Prozesse genau eine stationäre Anfangsverteilung haben.

Der folgende Satz gibt eine teilweise Lösung dieses Problems.

Satz 8.2.4. *Es gelte* (8.2.17), *die Menge der* Q_k *sei schwach kompakt. Dann ist* (8.2.10) *erfüllt, wenn*

$$P\big(\pi_F(\tilde{D}_\varphi)\big) = 0 , \tag{8.2.18}$$

wobei π_F *die Projektion von* $E \times F$ *auf* F *bezeichnet und* $\tilde{D}_\varphi$ *die Menge aller* $(x, y) \in E \times F$ *ist, für die es eine Folge* $\{x_i, y_i\}$ *mit* $\lim\limits_{i\to\infty} (x_i, y_i) = (x, y)$ *und* $\lim\limits_{i\to\infty} \varphi_i(x_i, y_i) \neq \varphi(x, y)$ *gibt.*

Bemerkung. *Falls* $\varphi_k \equiv \varphi$, *so genügt anstelle* (8.2.18) *die Bedingung*

$$P\big(\pi_F(D_\varphi)\big) = 0\,, \tag{8.2.18'}$$

wobei D_φ *die Menge der Unstetigkeitspunkte von* φ *ist.*

Beweis. Mit R und R_k werden die folgenden Produktmaße auf $\mathfrak{M} \times \mathfrak{N}^\infty$ bezeichnet:

$$R = Q \times P^\infty\,, \quad R_k = Q_k \times P_k^\infty\,; \quad k = 1, 2, \ldots\,.$$

h und h_k seien folgende Abbildungen von $E \times F^\infty$ in sich,

$$h(x, \boldsymbol{y}) = \{\varphi(x, y_1), \boldsymbol{y}_L\}\,,$$

$$h_k(x, \boldsymbol{y}) = \{\varphi_k(x, y_1), \boldsymbol{y}_L\}\,; \quad x \in E\,, \quad \boldsymbol{y} = (y_1, y_2, \ldots)\,, \quad y_i \in F\,,$$

wobei $\boldsymbol{y}_L$ die Folge $\{y_2, y_3, \ldots\}$ bezeichnet. Offenbar sind h und die h_k meßbar, und es gilt für die $\tilde{D}_\varphi$ entsprechende Menge $\tilde{D}_h$ zu h

$$\tilde{D}_h = \tilde{D}_\varphi \times F^\infty\,. \tag{8.2.19}$$

Rh^{-1} und $R_k h_k^{-1}$ seien folgende Verteilungsgesetze auf $\mathfrak{M} \times \mathfrak{N}^\infty$,

$$Rh^{-1}(A) = R\big(h^{-1}(A)\big)\,, \quad R_k h_k^{-1}(A) = R_k\big(h_k^{-1}(A)\big)\,; \quad k = 1, 2, \ldots\,.$$

(A bezeichnet eine Menge aus $\mathfrak{M} \times \mathfrak{N}^\infty$.)

Wegen der Definition von h und h_k sowie der Stationarität von Q und Q_k gilt

$$Rh^{-1} = R\,, \tag{8.2.20}$$

$$R_k h_k^{-1} = R_k\,. \tag{8.2.20'}$$

Nach Voraussetzung ist die Menge $\{R_k\}$ schwach kompakt. Jede Teilfolge von $\{R_k\}$ enthält also eine schwach konvergente Teilfolge $\{R_{k_n}\}$. Wir betrachten eine beliebige solche konvergente Folge und bezeichnen ihren Limes mit R_∞. R_∞ hat die Gestalt

$$R_\infty = Q_\infty \times P^\infty\,,$$

wobei Q_∞ ein Verteilungsgesetz auf $\mathfrak{M}$ ist. Wegen (8.2.18) und (8.2.19) gilt

$$R_\infty(E \times \pi_F(\tilde{D}_\varphi) \times F^\infty) = 0\,,$$

woraus sich

$$R_\infty(\tilde{D}_\varphi) = 0 \tag{8.2.21}$$

ergibt. Nach dem Abbildungssatz sichert (8.2.21), daß aus der schwachen Konvergenz $R_{k_n} \Rightarrow R$ auch $R_{k_n} h_{k_n}^{-1} \Rightarrow Rh^{-1}$ folgt. Wegen (8.2.20) muß auch gelten

$$R_\infty h^{-1} = R_\infty .$$

Da wir vorausgesetzt hatten, daß die stationäre Verteilung des Prozesses $\{\sigma_n\}$ eindeutig ist, erhalten wir somit

$$Q_\infty = Q , \quad \text{d. h.} \quad R_\infty = R .$$

Wir stellen also fest, daß jede konvergente Teilfolge von $\{R_k\}$ schwach gegen R konvergiert. Hieraus und aus der schwachen Kompaktheit von $\{R_k\}$ folgt nach (8.0.3)

$$R_k \Rightarrow R$$

und nach Definition der Verteilungsgesetze R_k und R auch

$$Q_k \Rightarrow Q . \quad \bullet$$

Als Beispiel behandeln wir die *Wartezeiten in GI/GI/s*. Die Folge der Restwartezeitvektoren $\boldsymbol{w}_n = \{w_{1,n}, \ldots, w_{s,n}\}$ genügt der (8.2.16) analogen Rekursionformel

$$\boldsymbol{w}_{n+1} = [\boldsymbol{R}(\boldsymbol{w}_n + \beta_n \boldsymbol{e}) - \alpha_n \boldsymbol{i}]^+ . \tag{6.0.1}$$

Deuten wir $\boldsymbol{w}_n$ als σ_n, (α_n, β_n) als ε_n, $[\boldsymbol{R}(\boldsymbol{w}_n + \beta_n \boldsymbol{e}) - \alpha_n \boldsymbol{i}]^+$ als $\varphi(\sigma_n, \varepsilon_n)$, so sehen wir, daß der Prozeß $\{\boldsymbol{w}_n\}$ sich so verhält, wie wir es am Beginn dieses Kapitels gefordert hatten. Es gilt folgender

Satz 8.2.5a. *Es seien Σ und Σ_k Wartesysteme des Typs GI/GI/s mit den Bedienungs- und Pausenzeitverteilungsfunktionen B, B_k, A und A_k $(k = 1, 2, \ldots)$, für die*

$$A_k \Rightarrow A \tag{8.2.22}$$

und

$$B_k \Rightarrow B \tag{8.2.23}$$

gilt. Die zugehörigen stationären Wartezeitverteilungen seien W und W_k. Wenn es ein weiteres GI/GI/s-System Σ_0 mit den Verteilungsfunktionen A_0 und B_0 mit

$$A_0 \overset{(1)}{\leqq} A_k , \tag{8.2.24}$$

$$B_k \overset{(1)}{\leqq} B_0 ; \quad k = 1, 2, \ldots \tag{8.2.25}$$

gibt, für das die stationäre Wartezeitverteilungsfunktion W_0 existiert, folgt aus (8.2.22) *und* (8.2.23) *die Beziehung*

$$W_k \Rightarrow W . \tag{8.2.26}$$

Beweis. Wegen der Unabhängigkeit der Bedienungs- und Pausenzeiten entsprechen (8.2.22) und (8.2.23) der Voraussetzung (8.2.17) von Satz 8.2.4.

W_k und W seien die stationären Verteilungsfunktionen der Wartezeitvektoren in Σ_k und Σ.

Wegen der äußeren Monotonie von $GI/GI/s$ gilt

$$W_k \overset{(1)}{\leqq} W_0; \qquad k = 1, 2, \dots . \tag{8.2.27}$$

Also ist die Menge $\{W_k\}$ nach dem Satz von PROCHOROV schwach kompakt. (Wir können für K_ε z.B. eine Menge der Gestalt

$$K_\varepsilon = \{x \in \mathbf{R}^s\colon x_i \leqq y_i;\, i = 1, \dots, s;\, W_0(y_1, \dots, y_s) \geqq 1 - \varepsilon\}$$

wählen.) Da die Abbildung φ in unserem Fall stetig ist, gilt nach Satz 8.2.4

$$W_k \Rightarrow W .$$

Hieraus folgt natürlich (8.2.26). ●

Die Bedingungen des Satzes 8.2.5a für $GI/GI/s$ können abgeschwächt werden, wie uns der folgende Satz von BOROVKOV (1972a) zeigt.

Satz 8.2.5b. *Die Beziehung* (8.2.26) *ist erfüllt, wenn* (8.2.22) *und* (8.2.23) *gültig sind und wenn gilt*

$$\lim_{k \to \infty} m_{B,k} = m_B . \tag{8.2.5}$$

Zum Beweis vgl. S. 178.

Allgemeiner als Satz 8.2.4 ist der folgende Satz von KARR (1975), der eine Bedingung an die *Übergangsfunktionen* p und p_k $(k = 1, 2, \dots)$ der Prozesse enthält. Wiederum wird angenommen, daß Q die einzige stationäre Anfangsverteilung von $\{\sigma_n\}$ ist.

Satz 8.2.6. *Die Menge der Q_k sei schwach kompakt, und es gelte*

$$p_k(x_k, .) \Rightarrow p(x, .) \tag{8.1.2}$$

für jedes $x \in E$ und jede gegen x konvergente Folge $\{x_k\}$. Dann ist (8.2.10) *erfüllt.*

Beweis. Es sei $\{Q_{k_n}\}$ eine beliebige schwach konvergente Teilfolge von $\{Q_k\}$ mit dem Limes Q_∞. Wenn wir zeigen können, daß

$$TQ_\infty = Q_\infty , \tag{*}$$

so ist die schwache Konvergenz $Q_k \Rightarrow Q$ bewiesen. (*) ist erfüllt, wenn für alle beschränkten, gleichmäßig stetigen Funktionale g auf E die Gleichung

$$\int_E g(x)\, Q_\infty(dx) = \int_E \int_E g(y)\, p(x, dy)\, Q_\infty(dx)$$

gültig ist; vgl. BILLINGSLEY (1968), S. 9. Diese kann wie folgt bewiesen werden.

Für alle k_n gilt

$$\begin{aligned}
&\left|\int_E g(x)\, Q_\infty(dx) - \int_E\int_E g(y)\, p(x, dy)\, Q_\infty(dx)\right| \\
&\leqq \left|\int_E g(x)\, Q_\infty(dx) - \int_E g(x)\, Q_{k_n}(dx)\right| \\
&\quad + \left|\int_E g(x)\, Q_{k_n}(dx) - \int_E\int_E g(y)\, p_{k_n}(x, dy)\, Q_{k_n}(dx)\right| \\
&\quad + \left|\int_E\int_E g(y)\, p_{k_n}(x, dy)\, Q_{k_n}(dx) - \int_E\int_E g(y)\, p(x, dy)\, Q_{k_n}(dx)\right| \\
&\quad + \left|\int_E\int_E g(y)\, p(x, dy)\, Q_{k_n}(dx) - \int_E\int_E g(y)\, p(x, dy)\, Q_\infty(dx)\right| .
\end{aligned}$$

Wegen der Stationarität von Q_{k_n} ist der 2. Term gleich Null, der 1. und 4. streben mit $k_n \to \infty$ gegen Null, was gezeigt werden kann, wenn berücksichtigt wird, daß (8.1.2) den Bedingungen A) und B) auf S. 146 äquivalent ist. Daß auch der 3. Term mit $k_n \to \infty$ gegen Null konvergiert, ergibt sich mittels ähnlicher Rechnungen wie bei der Abschätzung des 1. Terms beim Beweis von Satz 8.1.1. ●

8.2.4. Die Methode der Probefunktion

Die von Kalašnikov und Viciašvili (1972) vorgeschlagene Methode der Probefunktion ist von gründsätzlich anderer Natur als die auf der Theorie der schwachen Konvergenz beruhenden Verfahren. Sie ähnelt formal der direkten Methode von Lyapunov in der klassischen Stabilitätstheorie für Differentialgleichungen, bei der eine *Probefunktion* benutzt wird und die Stabilität *ohne Kenntnis der Lösungen* nachgewiesen wird. An die Stelle von Stetigkeits- und Kompaktheitsbeweisen bei den Methoden in 8.2.2 und 8.2.3 tritt jetzt die Suche nach einer geeigneten Probefunktion V. Praktische Hinweise hierzu werden auf Seite 171 gegeben; zunächst sollen aber die theoretischen Grundlagen der Methode der Probefunktion skizziert werden.

Wir nehmen wie in 8.2.3 an, daß die Prozesse in der Gestalt

$$\sigma_{n+1} = \varphi(\sigma_n, \varepsilon_n) \tag{8.2.16}$$

gegeben sind, was, da wir nur den reellwertigen Fall (σ_n und ε_n reelle Zufallsgrößen) betrachten werden, keine Einschränkung bedeutet, aber das Verständnis der Methode erleichtert. (Alle Prozesse, die Kalašnikov und Ciciašvili untersuchten, lagen in der Form (8.2.27) vor, wobei die σ_n z. T. Zufallsvektoren, die ε_n aber stets reelle Zufallsgrößen waren.) Falls kompliziertere Phasenräume, wie z.B. der $\mathbf{R}^n$, interessieren, verweisen wir auf die Arbeiten von Ciciašvili (1972a, 1972b, 1973).

Es seien $\{\sigma_n\}$ und $\{\sigma_{n,k}\}$ $(k = 1, 2, ...)$ ergodische, homogene MARKOVsche Prozesse der Gestalt

$$\sigma_{n+1} = \varphi(\sigma_n, \varepsilon_n) \, ,$$

$$\sigma_{n+1,k} = \varphi(\sigma_{n,k}, \varepsilon_{n,k}); \quad n = 1, 2, \ldots . \tag{8.2.16'}$$

Die ε_n, $\varepsilon_{n,k}$ mögen Folgen von untereinander und von σ_1 bzw. $\sigma_{1,k}$ stochastisch unabhängigen, für festes k identisch verteilten Zufallsgrößen (Verteilungsfunktionen: P, P_k) bilden, φ sei eine meßbare Abbildung des $\mathbf{R}^2$ in den $\mathbf{R}^1$. Die stationären Verteilungsfunktionen der Prozesse seien Q und Q_k.

Bei der Methode der Probefunktion wird vorausgesetzt, daß alle Zufallsgrößen ε_k, $\varepsilon_{n,k}$, σ_n, $\sigma_{n,k}$ über demselben Wahrscheinlichkeitsraum $[\Omega, \mathfrak{B}, \mathsf{P}]$ definiert sind. Da uns nur Verteilungen interessieren, ist das keine wesentliche Einschränkung, zumal es leicht möglich ist, bei gegebenen P und P_k Prozesse mit allen gewünschten Eigenschaften zu konstruieren. Es sei nämlich $\{\zeta_n\}$ eine Folge stochastisch unabhängiger, auf $[0, 1]$ gleichmäßig verteilter Zufallsgrößen über $[\Omega, \mathfrak{B}, \mathsf{P}]$. Dann bilden bekanntlich die Zufallsgrößen ε_n^* und $\varepsilon_{n,k}^*$,

$$\varepsilon_n^* = P^{-1}(\zeta_n) \, , \quad \varepsilon_{n,k}^* = P_k^{-1}(\zeta_n) \, ,^{1)} \tag{8.2.28}$$

Folgen stochastisch unabhängiger Zufallsgrößen über $[\Omega, \mathfrak{B}, \mathsf{P}]$ mit den Verteilungsfunktionen P und P_k. Da uns nur die stationären Verteilungen interessieren und die Prozesse nach Voraussetzung ergodisch sind, können wir $\sigma_1^* \equiv \sigma_{1,k}^* \equiv 0$ setzen. Dann sind die gemäß

$$\sigma_{n+1}^* = \varphi(\sigma_n^*, \varepsilon_n^*) \, , \quad \sigma_{n+1,k}^* = \varphi(\sigma_{n,k}^*, \varepsilon_{n,k}); \quad n = 1, 2, \ldots$$

konstruierten Prozesse $\{\sigma_n^*\}$ und $\{\sigma_{n,k}^*\}$ homogene MARKOVsche Prozesse über $[\Omega, \mathfrak{B}, \mathsf{P}]$, deren absolute Verteilungen gegen Q und Q_k konvergieren. (Im folgenden lassen wir die $*$ wieder weg.)

Die gemeinsame (zweidimensionale) Verteilungsfunktion von ε_n und $\varepsilon_{n,k}$ bezeichnen wir mit $\vec{P}_k$. Wir setzen voraus, daß auch die homogenen MARKOVschen Prozesse $\{\sigma_n, \sigma_{n,k}\}$ ergodisch sind; ihre stationäre Verteilung bezeichnen wir mit $\vec{Q}_k$.

Nunmehr ist es möglich, den Nachweis der schwachen Konvergenz

$$Q_k \Rightarrow Q \tag{8.2.10}$$

durch die Untersuchung homogener MARKOVscher Prozesse zu erbringen und nicht, wie bei den in 8.2.2 und 8.2.3 dargestellten Methoden, durch ausschließliches Arbeiten mit ihren Verteilungen. Dementsprechend wird (8.2.10) nicht direkt bewiesen, sondern gezeigt, daß zu allen $\eta_1, \eta_2 > 0$ ein

---

1) P^{-1} und P_k^{-1} sind die Umkehrfunktionen von P und P_k.

$k(\eta_1, \eta_2)$ existiert mit

$$\lim_{n\to\infty} \mathsf{P}(|\sigma_n - \sigma_{n,k}| < \eta_1) \geqq 1 - \eta_2 \tag{8.2.29}$$

für alle $k \geqq k(\eta_1, \eta_2)$. Aus (8.2.29) folgt (8.2.10).

Kalašnikov und Ciciašvili benutzten beim Nachweis von Bedingungen, die (8.2.29) sichern, folgende Größen:

$$A_k V(x, y) = \int_{-\infty}^{\infty} \int_{-\infty}^{\infty} [V(\varphi(x, u), \varphi(y, v)) - V(x, y)] \vec{P}_k(du, dv)\,,$$

$$A_0 V(x, y) = \int_{-\infty}^{\infty} [V(\varphi(x, u), \varphi(y, u)) - V(x, y)] P\,(du)\,.$$

Dabei ist V eine reelle Funktion auf $\mathbf{R}^2$, die die Rolle der *Probefunktion* spielt. Wenn $V(x, y)$ ein Maß für den Abstand der Punkte x und y ist — diese Vorstellung sei für das folgende empfohlen —, so kann $A_k V(x, y)$ als Differenz zwischen dem Abstand der aus x und y durch Verschiebung gemäß φ und P bzw. P_k entstehenden „Punktmengen" und dem ursprünglichen Abstand von x und y gedeutet werden. Entsprechend kann $A_0 V$ interpretiert werden. Wir erwarten natürlich, daß im Fall der Stabilität $A_0 V(x, y)$ und $A_k V(x, y)$ „klein" sind. Der folgende Satz präzisiert diese Vermutung.

Satz 8.2.6. *Die Beziehung* (8.2.29) *ist erfüllt, wenn es eine nicht negative Funktion V auf $\mathbf{R}^2$ gibt mit*

$$\sup_{(x,y)} A_k V(x, y) \leqq n_{1,k} \tag{8.2.30}$$

und für beliebige $\eta > 0$ die Ungleichung

$$\sup_{|x-y|>\eta} A_k V(x, y) < -\,c(\eta) + n_{2,k} \tag{8.2.31}$$

gültig ist, wobei $c(\eta) > 0$ und $\{n_{1,k}\}$ und $\{n_{2,k}\}$ nicht negative Nullfolgen sind.

Der Beweis beruht auf dem untenstehenden Hilfssatz.

Es sei $\{z_n\}$ ein homogener Markovscher Prozeß mit dem Phasenraum $[E, \mathfrak{M}]$ und der Übergangsfunktion p, $p(x, B) = \mathsf{P}(z_{n+1} \in B \mid z_n = x)$. $\{z_n\}$ möge eine stationäre Verteilung Q besitzen mit

$$Q(B) = \lim_{n\to\infty} \mathsf{P}(z_n \in B); \quad B \in \mathfrak{M}\,.$$

Ferner seien f ein Funktional auf E mit $f(x) \geqq 0$ für alle $x \in E$ und

$$Af(x) = \int_E f(y)\, p(x, dy) - f(x)\,,$$

$$\overline{Af} = \int_E Af(y)\, Q(dy)\,,$$

$$M_z f(z_n) = \int_E f(y)\, \mathsf{P}(z_n \in dy \mid z_0 = z)\,.$$

Hilfssatz. *Wenn es ein* c $(0 \leqq c < \infty)$ *gibt mit* $Af(x) \leqq c$ *für alle* $x \in E$, *so gilt*

$$\overline{Af} \geqq 0 . \tag{8.2.32}$$

Beweis. Die Beziehung (8.2.32) ist nur im Fall $\int_E f(y)\, Q(dy) = \infty$ nicht trivial. (Falls das Integral endlich ist, ist $\overline{Af} = 0$.) Um auch hier (8.2.32) beweisen zu können, zeigen wir zunächst die Gültigkeit von

$$M_z f(z_n) = f(z) + \sum_{i=0}^{n-1} M_z A f(z_i) \qquad n = 1, 2, \ldots . \tag{8.2.33}$$

Es gilt

$$\begin{aligned} M_z A f(z_i) &= \int_E \Big[\int_E f(y)\, p(x, dy) - f(x)\Big] \mathsf{P}(z_i \in dx \mid z_0 = z) \\ &= \int_E f(y)\, \mathsf{P}(z_{i+1} \in dy \mid z_0 = z) - \int_E f(x)\, \mathsf{P}(z_i \in dx \mid z_0 = z) \\ &= M_z f(z_{i+1}) - M_z f(z_i) , \end{aligned}$$

also

$$\sum_{i=0}^{n-1} M_z A f(z_i) = M_z f(z_n) - f(z) .$$

Aus (8.2.33) und $f(x) \geqq 0$ folgt

$$\begin{aligned} 0 &\leqq \int_E f(y)\, \mathsf{P}(z_n \in dy) \\ &= f(z) + \sum_{i=0}^{n-1} \int_E \Big[\int_E f(y)\, \mathsf{P}(z_{i+1} \in dy \mid z_i = x) - f(x)\Big] \mathsf{P}(z_i \in dx) \\ &= f(z) + \sum_{i=0}^{n-1} MAf(z_i) \end{aligned} \tag{8.2.34}$$

mit

$$MAf(z_i) = \int_E Af(y)\, \mathsf{P}(z_i \in dy) .$$

Wir nehmen jetzt an, daß $\overline{Af} < 0$ und zeigen, daß das zu einem Widerspruch zu (8.2.34) führt. Dabei sei $\overline{Af} > -\infty$. (Der Fall $\overline{Af} = -\infty$ kann ähnlich behandelt werden.)

Zu beliebigem $\eta > 0$ wählen wir ein K mit

$$\Big|\int_{-K \leqq Af(y) \leqq c} Af(y)\, Q(dy) - \overline{Af}\Big| < \frac{\eta}{2} .$$

Dazu existiert ein N, so daß für alle $n > N$

$$\Big|\int_{-K \leqq Af(y) \leqq c} Af(y)\, Q(dy) - \int_{-K \leqq Af(y) \leqq c} Af(y)\, \mathsf{P}(z_n \in dy)\Big| < \frac{\eta}{2} .$$

Also gilt für alle $n > N$

$$\begin{aligned} MAf(z_n) &= \int_{-K > Af(y)} Af(y)\, \mathsf{P}(z_n \in dy) + \int_{-K \le Af(y) \le c} Af(y)\, \mathsf{P}(z_n \in dy) \\ &\leqq \int_{-K \leqq Af(y) \leqq c} Af(y)\, \mathsf{P}(z_n \in dy) \leqq \frac{\eta}{2} + \int_{-K \leqq Af(y) \leqq c} Af(y) Q(dy) \\ &\leqq \eta + \overline{Af}\,. \end{aligned}$$

Wenn nun $\overline{Af} < 0$, so ergibt sich, da η beliebig gewählt war, für alle $n > N$ die Beziehung $MAf(z_n) < a < 0$. Für große n widerspricht das (8.2.34). ●

Beweis des Satzes 8.2.6. Nach dem Hilfssatz — angewendet auf $\{\sigma_n, \sigma_{n,k}\}$ und $V = f$ — gilt für nicht negative V und alle k

$$\overline{A_k V} = \int_{-\infty}^{\infty} \int_{-\infty}^{\infty} A_k V(x, y)\, \vec{Q}_k(dx, dy) \geqq 0\,. \tag{8.2.32}$$

Hieraus sowie aus (8.2.30) und (8.2.31) folgt für alle $\eta_1 > 0$

$$\begin{aligned} 0 \leqq \overline{A_k V} \leqq n_{1,k} \lim_{n\to\infty} \mathsf{P}(|\sigma_n - \sigma_{n,k}| < \eta_1) \\ + (-c(\eta)_1 + n_{2,k}) \lim_{n\to\infty} \mathsf{P}(|\sigma_n - \sigma_{n,k}| > \eta_1)\,, \end{aligned}$$

d. h.

$$\mathsf{P}(|\sigma_n - \sigma_{n,k}| < \eta_1) \geqq \frac{c(\eta_1) - n_{2,k}}{c(\eta_1) - n_{2,k} + n_{1,k}}\,.$$

Offenbar können wir, da $\{n_{1,k}\}$ und $\{n_{2,k}\}$ Nullfolgen sind, zu jedem η_1 und η_2 ein $k(\eta_1, \eta_2)$ so wählen, daß die rechte Seite der letzten Ungleichung für alle $k \geqq k(\eta_1, \eta_2)$ nicht kleiner als $1 - \eta_2$ ist. ●

Die Bedingungen des Satzes 8.2.6 sind zum Nachweis von Stabilitätseigenschaften oft noch ziemlich kompliziert. Daher gaben Kalašnikov und Ciciašvili noch weitere Bedingungsgruppen an, von denen wir hier die folgende formulieren.

Satz 8.2.7. *Die Beziehung* (8.2.29) *ist erfüllt, wenn es eine nicht negative Funktion V auf $\mathbf{R}^2$ gibt mit*

$$A_0 V(x, y) \leqq 0 \quad \textit{für alle } x, y\,, \tag{8.2.35}$$

$$\sup_{\substack{|x-y|>\eta \\ x<M}} A_0 V(x, y) < -c(\eta, M); \quad c(\eta, M) > 0 \quad \textit{für alle } \eta, M > 0 \tag{8.2.36}$$

und

$$A_k V(x, y) \leqq A_0 V(x, y) + n_k \quad \textit{für alle } x, y\,, \tag{8.2.37}$$

wobei die n_k eine nicht negative Nullfolge bilden.

Beweis. Ähnlich wie beim Beweis von Satz 8.2.6 gilt für alle η_1 und K

$$0 \leqq n_k Q([K, \infty)) + \left(n_k - c(\eta_1, M)\right) \cdot \left(Q((-\infty, M]) + \right.$$
$$\left. - \lim_{n\to\infty} \mathsf{P}(|\sigma_n - \sigma_{n,k}| < \eta_1)\right) + n_k \lim_{n\to\infty} \mathsf{P}(|\sigma_n - \sigma_{n,k}| < \eta_1)$$

bzw.

$$\lim_{n\to\infty} \mathsf{P}(|\sigma_n - \sigma_{n,k}| < \eta_1) \geqq \frac{c(\eta_1, M)\, Q((-\infty, M]) - n_k}{c(\eta_1, M)}.$$

Offenbar können wir bei geeigneter Wahl von k und M stets erreichen, daß die rechte Seite dieser Ungleichung für beliebiges η_2 größer als $1 - \eta_2$ ist. ●

Relativ einfach nachprüfbare, hinreichende Bedingungen für (8.2.35) und (8.2.37) sind

$$V\left(\varphi(x, u), \varphi(y, u)\right) \leqq V(x, y) \tag{8.2.35'}$$

und

$$V\left(\varphi(x, u), \varphi(y, v)\right) \leqq V\left(\varphi(x, u), \varphi(y, u)\right) + \partial(u, v) \tag{8.2.37'}$$

für alle x, y, u und v. Dabei ist $\partial(u, v)$ eine Funktion mit

$$\lim_{k\to\infty} \int_{-\infty}^{\infty} \int_{-\infty}^{\infty} \partial(u, v)\, \vec{P}_k(du, dv) = 0\,. \tag{8.2.38}$$

(8.2.35′) stellt eine **Kontraktivitätsbedingung** an die Abbildung φ bei festem u dar, (8.2.37′) drückt aus, daß φ in der zweiten Variablen nur „schwach" veränderlich ist.

Hinweise zur praktischen Anwendung der Methode der Probefunktion:

1) Man wähle V als Metrik, so daß φ bezüglich dieser Metrik die Eigenschaft (8.2.35′) hat.
2) Man benutze die Konstruktion (8.2.28) und die folgende Konvergenzart $\rightarrow$ für Verteilungsfunktionen:

$$P_k \rightarrow P \leftrightarrow \lim_{k\to\infty} \int_{-\infty}^{\infty} |P_k(t) - P(t)|\, dt = 0\,. \tag{8.2.39}$$

Es gilt nämlich

$$\int_{-\infty}^{\infty} |P_k(t) - P(t)|\, dt = \int_0^1 |P_k^{-1}(x) - P^{-1}(x)|\, dx = \mathsf{E}\, |\varepsilon_{n,k}^* - \varepsilon_n^*|\,.$$

Folglich erhalten wir (8.2.38) für ∂ der Gestalt

$$\partial(u, v) = f(|u - v|)\,, \tag{8.2.40}$$

wobei f eine konvexe Funktion auf $\mathbf{R}_+$ mit

$$\lim_{t\to 0} f(t) = 0 \tag{8.2.41}$$

ist. Es gilt nämlich nach der JENSENschen Ungleichung

$$\int_{-\infty}^{\infty} \int_{-\infty}^{\infty} \partial(u, v)\, \vec{P}_k(du, dv) = \mathsf{E}f(|\varepsilon_{n,k}^* - \varepsilon_n^*|) \geqq f(\mathsf{E}(|\varepsilon_{n,k}^* - \varepsilon_n^*|)\,.$$

Anwendungsbeispiel: Wartezeiten in GI/GI/1. Um einen einfachen Vergleich zu den anderen beschriebenen Methoden zum Beweis von Stabilitätssätzen zu ermöglichen, wollen wir nochmals das Modell $GI/GI/1$ untersuchen und den folgenden Satz von KALAŠNIKOV und CICIAŠVILI (1972) beweisen.

Satz 8.2.8. *Es seien K bzw. K_k die Verteilungsfunktionen der Differenzen δ_n bzw. $\delta_{n,k}$ von Bedienungs- und Pausenzeiten, und es gelte*

$$\lim_{k\to\infty} \int_{-\infty}^{\infty} |K(t) - K_k(t)|\, dt = 0 \tag{8.2.42}$$

sowie $K(t) > 0$ für alle t. Dann konvergieren die stationären Wartezeitverteilungsfunktionen W_k (zu den K_k) schwach gegen die stationäre Wartezeitverteilungsfunktion W (zu K).

Beweis. Wir gehen von den bekannten Rekursionsformeln für die Wartezeiten in $GI/GI/1$ aus: Für die Wartezeiten in $GI/GI/1$ gilt

$$w_{n+1} = \max\{0, w_n + \delta_n\}$$

bzw.

$$w_{n+1,k} = \max\{0, w_{n,k} + \delta_{n,k}\}\,; \qquad k, n = 1, 2, \dots\,.$$

Die w_n und $w_{n,k}$ spielen hier also die Rolle der σ_n und $\sigma_{n,k}$, entsprechend δ_n und $\delta_{n,k}$ die der ε_n und $\varepsilon_{n,k}$. Dabei nehmen wir an, daß die δ_n und $\delta_{n,k}$ entsprechend (8.2.28) konstruiert sind. Als Probefunktion V wählen wir

$$V(x, y) = |x - y|\,.$$

Wir zeigen, daß sie die Eigenschaften (8.2.35), (8.2.36) und (8.2.37) hat.

Für A_0V gilt, wenn wir o.B.d.A. $x > y$ voraussetzen,

$$A_0V(x, y) = \int_{-\infty}^{\infty} |\max\{0, x + t\} - \max\{0, y + t\}|\, dK(t) - |x - y|$$

$$= \int_{-y}^{-x} t\, dK(t) - xK(-x) + yK(-y) = -\int_{-x}^{-y} K(t)\, dt\,.$$

Da K nicht negativ ist, ist die Bedingung (8.2.35) in Satz 8.2.7 erfüllt. Für $|x - y| > \eta$, $x < M(\eta, M > 0)$ ergibt sich weiter

$$\sup_{\substack{|x-y|>\eta\\ x<M}} A_0V(x, y) = \sup_{\substack{|x-y|>\eta\\ x<M}} \left\{-\int_{-\max\{x,y\}}^{-\min\{x,y\}} K(t)\, dt\right\} \leqq -\eta K(-M - \eta)\,.$$

Da K nach Voraussetzung überall positiv ist, gilt $\eta K(-M - \eta) > 0$ für alle η und $M > 0$, d. h., auch (8.2.36) ist nachgewiesen. Wir erhalten

$$|\max\{0, x + u\} - \max\{0, y + v\}| \leqq$$
$$\leqq |\max\{0, x + u\} - \max\{0, y + u\}| + |u - v|\,,$$

d. h. $\partial(u, v) = |u - v|$. ∂ hat also die Gestalt (8.2.38), womit sich (8.2.37') ergibt. ●

8.2.5. Quantitative Stabilitätsaussagen

Eine weitere allgemeine Methode zum Beweis von Stabilitätssätzen wurde von Zolotarev (1975a, b, 1976), vgl. auch Delbrouck (1973), vorgeschlagen. Sie besteht im wesentlichen darin, Abschätzungen für die Konvergenz gegen die stationäre Verteilung auszunutzen. In diesem Fall kommen wir auch zu *quantitativen Aussagen*, wie wir hier für das Wartesystem $GI/GI/1$ zeigen werden.

Es seien Σ_1 und Σ_2 zwei $GI/GI/1$-Systeme mit den Differenzzeitverteilungsfunktionen K_1 und K_2, für die es ein $C > 0$ gibt mit

$$e_k(C) = \int_0^\infty \exp(Ct)\, dK_k(t) < 1; \quad k = 1, 2\,. \tag{8.2.43}$$

Die zugehörigen stationären Wartezeitverteilungsfunktionen seien W_1 und W_2, die Verteilungsfunktionen der Wartezeiten der n-ten Forderungen seien $W_{n,1}$ und $W_{n,2}$, wobei zu Beginn beide Systeme leer seien. Dann haben wir nach (8.1.12) und (5.3.15) die Abschätzungen

$$\varrho_L(W_{n,1}, W_{n,2}) \leqq (n-1)\,\varrho_L(K_1, K_2) \quad \text{und} \quad \varrho_L(W_{n,k}, W_k) \leqq e_k(C)^n;$$
$$k = 1, 2; \quad n = 1, 2, \ldots\,.$$

Hieraus ergibt sich für alle n

$$\varrho_L(W_1, W_2) \leqq (n-1)\,\varrho_L(K_1, K_2) + e_1(C)^n + e_2(C)^n \tag{8.2.44}$$

und aus $\varrho_L(K_1, K_2) \to 0$ folgt $\varrho_L(W_1, W_2) \to 0$. Durch geschickte Wahl von n kann die rechte Seite von (8.2.44) minimiert oder so gestaltet werden, daß sich eine „schöne" Formel ergibt.

Von Kotzurek/Stoyan (1976) wurden ähnliche Untersuchungen für die Metrik ϱ_2 durchgeführt und Stabilitätssätze für die mittlere stationäre Wartezeit in $GI/GI/1$ bewiesen, $\varrho_2(F_1, F_2) = \sup\limits_{(t)} \left| \int_t^\infty \overline{F}_1(x)\, dx - \int_t^\infty \overline{F}_2(x)\, dx \right|$.

8.3. Weitere Stabilitätssätze

8.3.1. Stabilitätssätze für Verlustsysteme und Bedienungssysteme mit unendlich vielen Apparaten

Für Bedienungssysteme vom Typ $G/G/s/0$ und $G/G/\infty$ fanden Franken (1970) und Borovkov (1972b) sehr allgemeine Stabilitätssätze. Diese sind bezüglich der Unabhängigkeitsannahmen viel allgemeiner, als die gegenwärtig für Wartesysteme bekannten Sätze, was seinen Grund darin hat, daß für diese Systeme Kompaktheitsbeweise etwas einfacher als für Wartesysteme geführt werden können.

Es seien Σ und Σ_k Systeme vom Typ $G/G/s/0$ bzw. $G/G/\infty$ mit den Pausenzeiten α_n und $\alpha_{n,k}$ sowie den Bedienungszeiten β_n und $\beta_{n,k}$; $k = 1, 2, \ldots$; $n = \ldots, -1, 0, 1, \ldots$.

$P(i)$ und $P_k(i)$ bzw. $P^0(i)$ und $P_k^0(i)$ seien die Wahrscheinlichkeiten dafür, daß im stationären Zustand in Σ bzw. Σ_k in einem beliebigen bzw. in einem Ankunftszeitpunkt i Forderungen sind. Ihre Existenz ist in Systemen vom Typ $G/G/\infty$ gesichert, wenn die Folge $\{\alpha_n, \beta_n\}$ stationär ist und wenn die mittlere Bedienungszeit m_B endlich ist (vgl. Franken (1976)). Im Fall von Verlustsystemen (vgl. Borovkov (1972a), Franken/Kalähne (1977)) ist zusätzlich zu fordern, daß $\{\alpha_n, \beta_n\}$ ergodisch ist und daß $\mathsf{P}(A_0) > 0$, wobei A_0 das zufällige Ereignis ist, daß für irgendein L $(0 \leqq L \leqq s-1)$ und $l_j \geqq 1$ mit $\sum_{j=0}^{L} l_j = s$ die Ungleichungen

$$Q^m(0) \leqq s - l_0,$$

$$Q^m(\alpha_{m+1}) \leqq s - l_0 - l_1, \ldots$$

$$Q^m(\alpha_{m+1} + \cdots + \alpha_{m+L}) \leqq s - l_0 - \cdots - l_L = 0$$

gelten, wobei

$$Q^m(x) = I(\beta_m > x + \alpha_m) + I(\beta_{m-1} > x + \alpha_{m-1} + \alpha_m) + \cdots.$$

($I(B)$ bezeichnet den Indikator des zufälligen Ereignisses B.) Im Fall von $GI/GI/s/0$-Systemen gilt $\mathsf{P}(A_0) > 0$, wenn $\mathsf{P}(\beta_n \leqq s\alpha_n) > 0$, $m_B < \infty$.

Wir nehmen an, daß die Stationaritätsbedingungen erfüllt sind und daß

$$\{\alpha_{n,k}, \beta_{n,k}\} \underset{k\to\infty}{\Rightarrow} \{\alpha_k, \beta_k\}, \tag{8.3.1}$$

d. h. daß die endlichdimensionalen Verteilungen der Folgen schwach konvergent sind, und fragen nach Bedingungen, die

$$\lim_{k\to\infty} P_k^0(i) = P^0(i) \tag{8.3.2}$$

bzw.

$$\lim_{k\to\infty} P_k(i) = P(i); \quad i = 0, 1, \ldots \tag{8.3.3}$$

sichern.

Aus den Ergebnissen von Borovkov (1972b) ergibt sich für *$G/G/\infty$-Systeme* der

Satz 8.3.1. *Es gilt* (8.3.2), *sofern neben* (8.3.1) *die folgenden Bedingungen erfüllt sind:*

a) *Die mittleren Bedienungszeiten* $m_{B,k}$ *in* Σ_k *konvergieren gegen* m_B.

b) *Für alle* $N > 0$ *streben mit* $\delta \to 0$ *die Größen* $\mathsf{P}\left(\bigcup_{j=0}^{N}\left\{\left|\beta_{-j} - \sum_{l=-j}^{0}\alpha_l\right| \leqq \delta\right\}\right)$ *gegen Null.*

Die Bedingung a) hat den Charakter einer Kompaktheitsbedingung im Sinne der auf der Theorie der schwachen Konvergenz beruhenden Methoden zum Beweis von Stabilitätssätzen. Für $GI/GI/\infty$-Systeme ist die Bedingung b) z.B. dann erfüllt, wenn die Bedienungszeitverteilungsfunktion B von Σ stetig ist.

Borovkov (1972b) nutzte bei seinem Beweis die für $G/G/\infty$ vorliegenden Formeln aus, insbesondere

$$\nu_{n+1,k} = \sum_{j=0}^{\infty} I\left(\beta_{k,n-j} > \sum_{i=n-j}^{n} \alpha_{k,i}\right)$$

für die Anzahl $\nu_{n+1,k}$ der im stationären Zustand bei Ankunft der $(n+1)$-ten Forderung in Σ_k befindlichen Forderungen und zeigte, daß der „Schwanz" $\sum_{j=N}^{\infty}$ der rechtsstehenden Reihe gleichmäßig in k für große N keine wesentliche Rolle mehr spielt. Die Konvergenz der endlichen Summe $\sum_{0}^{N}$ ergibt sich mittels b) aus (8.3.1).

Es sei bemerkt, daß ein Stabilitätssätz für $GI/GI/\infty$ auch mit Hilfe der Abbildungsmethode bewiesen werden kann:
$\boldsymbol{r}_n$ sei die Folge der der Größe nach geordneten Bedienungszeiten,

$$\boldsymbol{r}_n = \{r_{1,n}, r_{2,n}, \ldots\}; \qquad r_{1,n} \geqq r_{2,n} \geqq \cdots.$$

Dann gilt eine Rekursionsbeziehung der Form

$$\boldsymbol{r}_{n+1} = \varphi(\boldsymbol{r}_n, \alpha_n, \beta_n)$$

mit stetigem φ.

Auch bei dieser Beweismethode benötigt man eine Stetigkeitsbedingung an die Verteilungsfunktionen der α_n oder β_n, weil der Zusammenhang zwischen den $\boldsymbol{r}_n$ und der Forderungenanzahl nicht stetig ist.

Für *Verlustsysteme* erhielt Borovkov mit ähnlichen Methoden wie für $G/G/\infty$ u. a. den nachstehenden Stabilitätssatz.

Satz 8.3.2. *Es gilt* (8.3.2), *wenn* (8.3.1) *und die Bedingungen* a) *und* b) *des Satzes* 8.3.1 *erfüllt und die Verteilungsfunktionen der Größen*

$$\beta_{-j} - (\alpha_{-j} + \cdots + \alpha_k)$$

für alle $j \geqq 0$, $k \geqq 0$ *in Null stetig sind.*

Mit einer Methode, die für die Abbildungsmethode in 8.2.3 als Vorbild diente, bewies Franken (1970) einen anderen Stabilitätssatz für $G/GI/s/0$.

Dabei untersuchte er (da er mit zufälligen Punktfolgen arbeitete) zunächst die $P_k(i)$ und $P(i)$ und zeigte, daß für alle t diejenigen Abbildungen fast überall stetig sind, die den Zustand des Systems zur Zeit 0 in den zur Zeit t überführen; den Kompaktheitsbeweis führte er mit Hilfe von $G/GI/\infty$-Systemen. Sein Satz lautet für Systeme, deren Forderungenströme durch ergodische, zufällige Punktfolgen mit den stationären Verteilungsgesetzen P, P_k beschrieben werden, wie folgt:

Satz 8.3.3. *Es gilt* (8.3.3), *sofern neben* (8.3.1) *die folgenden Bedingungen erfüllt sind:*

a) *Die Bedienungszeiten* β_n, $\beta_{n,k}$ *sind untereinander und von den Pausenzeiten stochastisch unabhängig.*

b) *Die mittleren Bedienungszeiten* $m_{B,k}$ *in* Σ_k *konvergieren gegen* m_B, *die Bedienungszeitverteilungsfunktion* B *ist stetig.*

c) *Die Intensitäten* λ_k *der Forderungenströme sind gleichmäßig beschränkt.*

d) P(„in $[0, b]$ liegt kein Ankunftszeitpunkt") > 0,
P_k („in $[0, b_k]$ liegt kein Ankunftszeitpunkt") > 0; $k = 1, 2, \ldots$.
Dabei ist $b = \inf\{t\colon B(t) > 0\}$, $b_k = \inf\{t\colon B_k(t) > 0\}$; $k = 1, 2, \ldots$.

8.3.2. Stabilitätssätze für Zuverlässigkeitssysteme (Beispiele)

Lebensdauer von Systemen mit Reserveelementen ohne Erneuerung.

Wir betrachten ein Zuverlässigkeitssystem Σ, das aus M Elementen mit den Lebensdauern $\varepsilon_1, \ldots, \varepsilon_M$ besteht. In Σ existieren Parallel- und Reihenschaltungen, und es können Elemente (oder Elementegruppen) in kalter Reserve vorhanden sein. σ sei die Lebensdauer des Systems. Wie in 7.2.4 ist σ in der Form

$$\sigma = \Phi(\varepsilon_1, \ldots, \varepsilon_M) \tag{8.3.4}$$

darstellbar, wobei sich Φ durch Kombination von Additionen (kalte Reserve), Minimum- und Maximumbildung (Reihen- und Parallelschaltung) ergibt, so daß Φ eine stetige Abbildung des $\mathbf{R}_+^M$ in den $\mathbf{R}_+$ ist. Mit Hilfe des Abbildungssatzes erhalten wir somit den

Satz 8.3.4. *Es seien* Σ_k *Zuverlässigkeitssysteme, die aus* M *Elementen mit den Lebensdauern* $\varepsilon_{1,k}, \ldots, \varepsilon_{M,k}$ *bestehen;* $k = 1, 2, \ldots$. *Die* Σ_k *mögen dieselbe Struktur wie* Σ *besitzen, d. h., ihre Systemlebensdauern* σ_k *sind durch die Abbildung* Φ *bestimmt. Dann folgt aus*

$$\varepsilon_{i,k} \underset{k\to\infty}{\Rightarrow} \varepsilon_i; \quad i = 1, \ldots, M \tag{8.3.5}$$

die Beziehung

$$\sigma_k \Rightarrow \sigma\,. \tag{8.3.6}$$

Anzahl der Erneuerungen in $[0, t)$. *Erneuerungsfunktion.*

Wir interessieren uns für Stabilitätseigenschaften der Anzahl ν_t der Erneuerungen in $[0, t)$ und der Erneuerungsfunktion $H(t)$ bei festem t bezüglich der Verteilungsfunktion F der Lebensdauern. Es sei $\{F_k\}$ eine Folge von Verteilungsfunktionen von Elementlebensdauern, und $\nu_{t,k}$ bzw. $H_k(t)$ seien die zugehörigen Erneuerungsanzahlen bzw. Erneuerungsfunktionen; $k = 1, 2, \ldots$.

Satz 8.3.5. *Für alle* $t > 0$ *folgt im Fall* $F \neq \Theta_0$ *aus*

$$F_k \Rightarrow F \tag{8.3.7}$$

die schwache Konvergenz

$$\nu_{t,k} \underset{k\to\infty}{\Rightarrow} \nu_t\,, \tag{8.3.8}$$

wenn F *stetig ist und ohne diese Zusatzvoraussetzung*

$$\lim_{k\to\infty} H_k(t) = H(t)\,. \tag{8.3.9}$$

Beweis. Nach (8.0.4) ergibt sich für alle m aus (8.3.7) die Konvergenz $F_k^{*(m)} \Rightarrow F^{*(m)}$. Da wir vorausgesetzt hatten, daß F und damit alle $F^{*(m)}$ stetig sind, folgt mittels (7.2.5) sofort (8.3.8).

Zum Beweis von (8.3.9) gehen wir von (7.2.7) aus. Wie oben ergibt sich für alle n $\lim_{k\to\infty} \sum_{m=1}^{n} F_k^{*(m)}(t) = \sum_{m=1}^{n} F^{*(m)}(t)$. Wegen $F \neq \Theta_0$ existieren ein $c > 0$ und ein $\delta > 0$ mit

$$F_k(c) \leqq 1 - \delta\,, \quad F(c) \leqq 1 - \delta; \quad k = 1, 2, \ldots\,. \tag{8.3.10}$$

Die Beziehung (8.3.10) gestattet eine von k unabhängige Abschätzung der „Schwänze" $\sum_{n}^{\infty}$ der Reihen. Es sei nämlich F_0 die Verteilungsfunktion

$$F_0(t) = (1 - \delta)\, \Theta_0(t) + \delta\Theta_c(t)\,.$$

Für diese gilt

$$F_0 \overset{(1)}{\leqq} F, F_k; \quad k = 1, 2, \ldots, \quad \text{also} \quad \sum_{m=n+1}^{\infty} F_k^{*(m)}(t) \leqq \sum_{m=n+1}^{\infty} F_0^{*(m)}(t)$$

für alle n. Offensichtlich kann man für jedes $\eta > 0$ ein n so finden, daß $\sum_{m=n+1}^{\infty} F_0^{*(m)}(t) < \eta$. ●

8.3.3. Stabilität bei statistischen Problemen

Stabilitätseigenschaften von Stichprobenfunktionen spielen in der Statistik bei „*Robustheitsuntersuchungen*" eine Rolle, wo es darauf ankommt zu zeigen, daß Schätzungen oder Tests nicht entscheidend von den Annahmen über

Verteilungen beeinflußt werden. Beispielsweise ist es wichtig zu wissen, unter welchen Bedingungen geringfügige Abweichungen von Normalverteilungen nur zu kleinen Fehlern führen. Wir wollen hier derartige Probleme nicht weiter diskutieren, sondern nur darauf hinweisen, daß nach dem Abbildungssatz die in Kapitel 3 behandelten Stichprobenfunktionen alle stabil sind, d. h., es gilt:

Aus

$$\xi_{i,k} \underset{k\to\infty}{\Rightarrow} \xi_i; \qquad i = 1, \dots, n$$

folgt

$$\bar{X}_k \Rightarrow \bar{X}\,,$$
$$S_k^2 \Rightarrow S^2\,,$$
$$D_k \Rightarrow D\,,$$
$$R(\bar{X}_k - m) \Rightarrow R(\bar{X} - m)\,.$$

Bei geringfügigen Änderungen der Beobachtungswerte oder Meßfehler verändern sich also auch die Werte der Stichprobenfunktionen nur wenig.

Anmerkungen zu 8

8.1

Die Stabilität homogener Markovscher Prozesse und von Bedienungssystemen im instationären Fall untersuchte auch Kalašnikov (1974); er arbeitete mit Hilfsmitteln, die denen in 8.2.4 ähneln. Er untersuchte auch die Zusammenhänge zwischen dieser Art von Stabilität und der der stationären Verteilungen; vgl. Kalašnikov (1975).

Interessant wäre es, auch für Verlustsysteme Stabilitätssätze für die Realisierungen wie in Satz 8.1.4 zu beweisen; vermutlich genügen dieselben Bedingungen wie bei $G/G/1$.

8.2

Die Beweise der Stabilitätssätze für die stationären Wartezeiten in 8.2.1 beruhen nach dem Geschmack des Autors zu stark auf der relativ tiefliegenden Formel (5.0.4). Es wäre wünschenswert, Beweismethoden zu haben, die allgemein auf homogene Markovsche Prozesse anwendbar sind, da wir nach Stabilitätseigenschaften fragen, ohne die Grenzverteilungen zu kennen.

Für den Fall $\varphi_k \equiv \varphi$, $P(\pi_F(D_\varphi)) = 0$ wurde Satz 8.2.4 von Franken und Stoyan (1974) bewiesen; der allgemeine Fall wurde in Kotzurek/Stoyan (1977) behandelt. Die Stetigkeitsforderungen (8.2.18) und (8.2.18′) sind ziemlich stark; viele Modelle (z. B. Verlustsysteme) könnten erst dann mittels Satz 8.2.4 behandelt werden, wenn es gelänge, diese Forderungen wesentlich abzuschwächen.

Den Stabilitätssatz 8.2.5b für $GI/GI/s$ gab zuerst Borovkov (1972a), S. 228, an. Er benutzte zum Beweis die Methode der schwachen Konvergenz und, um die Kompaktheit zu sichern, das $GI/GI/s$-System mit zyklischer Verteilung. Das Beispiel auf Seite 120 zeigt aber, daß die Ungleichung auf Seite 220 in Borovkov (1972a) nicht richtig ist, so daß für den letzten Teil des Beweises von Borovkov ein neuer Weg gesucht werden mußte. Dieser wird in STOYAN (1976b) aufgezeigt; wesentliches Hilfsmittel sind die Ergebnisse von BRUMELLE (1971a).

Mit der Methode der Probefunktion behandelte CICIAŠVILI (1972a, 1972b, 1973, 1975) noch folgende Systeme: $GI/GI/s$, mehrphasige Wartesysteme $GI/GI/.../1$, ein Zuverlässigkeitssystem mit Erneuerung sowie stückweise lineare MARKOVsche Ketten.

KRUPIN (1974, 1975) untersuchte die Stabilität mehrliniger Systeme mit beschränkten Verweilzeiten oder Schlangenlängen, vgl. hierzu auch KOTZUREK/STOYAN (1977).

KARR (1975) bewies auch Stabilitätssätze für semi-MARKOVsche und MARKOVsche Erneuerungsprozesse.

Eine weitere Methode zum Nachweis von Stabilitätssätzen für stationäre Verteilungen, bei der wesentlich innere und äußere Monotonieeigenschaften ausgenutzt werden, wurde in STOYAN (1972f) und H. STOYAN (1973) auf $GI/GI/s$ angewendet. (Sie ähnelt dem in 8.2.5 dargestelltem Verfahren.) Von großer Bedeutung bei der Beweisführung ist dabei die Beziehung

$$F \overset{(1)}{\leqq} G \overset{(1)}{\leqq} H\,, \quad \varrho_L(F, H) < \varepsilon \to \varrho_L(F, G) < \varepsilon\,, \quad \varrho_L(G, H) < \varepsilon\,.$$

Mit Hilfe der in 8.2.5 verwendeten Methode dürfte es auch möglich sein, quantitative Stabilitätssätze für $GI/GI/\infty$ und $GI/GI/s/0$ zu beweisen.

NEČEPURENKO (1971) kam mit einem anderen Verfahren, das Hilfsmittel der Theorie kontraktiver Operatoren in quasimetrischen Räumen benutzt, ebenfalls zu quantitativen Stabilitätsaussagen für $GI/GI/1$, und auch BOROVKOV (1972a), S. 158ff, bewies derartige Sätze.

Offene Probleme. 1. Kann mit ähnlichen Hilfsmitteln wie beim Beweis von Satz 8.2.3 gezeigt werden, daß (8.2.3) und (8.2.5) allein bereits die Stabilität der stationären Wartezeitverteilungen in $GI/GI/1$ sichern?

2. Wie lauten Bedingungen, die in $GI/GI/1$ und $GI/GI/s$ die Stabilität der Momente der stationären Wartezeitverteilung sichern? Bei $GI/GI/1$ wird man mittels (5.0.5) zum Ziel gelangen. Vermutlich ist in $GI/GI/1$ die Stabilität der Erwartungswerte gesichert, wenn zusätzlich zu den Bedingungen (8.2.3) und (8.2.5) noch die zweiten Momente der Bedienungszeiten konvergieren.

3. Kann mit einer zum Beweis von Satz 8.2.4 ähnlichen Methode auch die Stabilität der stationären Verteilungen von Prozessen der Gestalt (8.2.16) mit abhängigen ε_n beweisen? Insbesondere interessieren die Modelle $G/G/s$.

8.3

Noch etwas allgemeinere Stabilitätssätze für $G/G/\infty$ und für Verlustsysteme $G/G/s/0$ sind in der Übersichtsarbeit von FRANKEN und KALÄHNE (1977) enthalten.

BOYLAN (1969) bewies einen Stabilitätssatz für Lagerhaltungsprobleme, in dem er zeigte, daß die Lösung f der Gleichung

$$f(x) = \inf_{y \geqq x} \left\{ g(y) + h(y - x) + a \int_0^\infty f(y - z)\, dF(z) \right\}$$

stetig von den Größen g, h, a und F abhängt. Hierbei sind $f(x)$ die mittleren optimalen Lagerhaltungskosten in einer Bestellperiode bei dem Bestand x im stationären Zustand, g und h die Lager-/Fehlmengenkosten und Bestellkosten, a der Diskontfaktor und F die Nachfragemengenverteilungsfunktion.

Literatur- und Quellenverzeichnis

Das folgende Verzeichnis enthält nur die im Text zitierten Arbeiten und damit nicht die gesamte Literatur über Monotonie- und Stabilitätseigenschaften sowie Abschätzungen. Wo es möglich war, wurden Übersichtsarbeiten anstelle von Einzelarbeiten genannt.

Lehr- und Grundlagenbücher über stochastische Modelle wurden mit ● gekennzeichnet.

Bandemer, H. und Stoyan, D. (1971): Optimaler Stichprobenumfang bei a-priori Information über gewisse Parameter. Biometr. Z. **13**, 376–383.

● Barlow, R. E. und Proschan, F. (1965): Mathematical theory of reliability. J. Wiley & Sons, New York/London/Sydney.

— und — (1976): Theory of maintened systems: Distribution of time to first system failure. Math. Opns. Res. **1**, 32–42.

● — und — (1977): Statistische Theorie der Zuverlässigkeit. Akademie-Verlag, Berlin.

Bartfai, P. (1973): Große Abweichungen der Wartezeit. Proc. 4th Conf. Probab. Theory, 1971 Braşov. Ed. Acad. Rep. Soc. Romania.

Beneš, V. E. (1959): On trunks with negative exponential holding times serving a renwal process. Bell Syst. Techn. J. **38**, 211–258.

Bergmann, R. (1974): Qualitätsunterschiede bei Wartemodellen vom Typ *G/G/1*. Math. Operationsforsch. Statist. **5**, 709–724.

— (1977): Some classes of semi-ordering relations for random vectors and their use for comparing covariances. Math. Nachr.

— und Stoyan, D. (1976): On exponential bounds for the waiting time distribution function in *GI/G/1*. J. Appl. Prob. **13**, 411–417.

— und — (1977): Monotonicity properties of second order characteristics of stochastically monotone Markov chains. Math. Nachr.

Bessler, S. und Veinott, R. (1966): Optimal policy for a dynamic multiechelor inventory model. Naval Res. Log. Quart. **13**, 355–389.

Billingsley, P. (1968): Convergence of probability measures. J. Wiley & Sons, New York/London/Sydney.

Blomquist, N. (1970): On the transient behaviour of the *GI/G/1* waiting times. Skand. Aktuarietidskrift **1970**, 118–129.

Bloomfield, P. und Cox, D. R. (1972): A low traffic approximation for queues. J. Appl. Prob. **9**, 832–840.

Bohl, E. (1974): Monotonie: Lösbarkeit und Numerik bei Operatorgleichungen. Springer-Verlag, Berlin/Heidelberg/ New York.

Borovkov, A. A. (1970): — Боровков, А. А.: О факторизационных тождествах и свойствах распределения супремума последовательных сумм. Теор. вероятн. прим. **15**, 377—418.

● — (1972a): — Вероятностьные процессы в теории массового обслуживания. Наука, Москва.

— (1972b): — Теоремы непрерывности для многоканальных систем. Теор. вероятн. прим. **17**, 458—467.

Boylan, E. S. (1969): Stability theorems for solutions to the optimal inventory equation. J. Appl. Prob. **6**, 211—217.

O'Brien, G. L. (1975): The comparison method for stochastic processes. Ann. Prob. **3**, 80—88.

Brumelle, S. L. (1971a): Some inequalities for parallel-server queues. Opns. Res. **19**, 402—413.

— (1971b): On the relationbetween customer and time averages in queues. J. Appl. Prob. **8**, 508—520.

— (1973): Bounds on the wait in a $GI/M/k$ queue. Manag. Science **19**, 773—777.

Chan, M. M. W. (1971): System simulation and maximum entropy. Opns. Res. **19**, 1553—1556.

Chong, Kong-Ming (1974): Some extensions of a theorem of Hardy, Littlewood and Polya and their applications. Can. J. Math. **26**, 1321—1340.

— (1975): Spectral orders, conditional expectations and martingals. Z. Wahrscheinlichkeitstheorie verw. Geb. **31**, 329—332.

Chung, K. L. (1960): Markov chains with stationary transition probabilities. Springer-Verlag, Berlin/Göttingen/Heidelberg.

Ciciašvili, G. Š. (1972a): — Цициашвили, Г. Ш.: Устойчивость многолинейных систем обслуживания . . . Изв. АН СССР, Техн. Киб. **1972**, 2: 49—54.

— (1972b) —: Устойчивость многофазных систем обслуживания . . . Изв. АН СССР, Техн. Киб. **1972**, 3: 97—105.

— (1973) —: Устойчивость в схеме ненагруженного резервирования с восстановлением. Изв. АН СССР, Техн. Киб. **1973**, 1: 62—66.

— (1975) —: Кусочно-линейные цепы маркова и исследование их устойчивости. Теор. вероятн. прим. **20**, 345—358.

● Cohen, J. W. (1969): The single-server queue. North Holland Publishing Company, Amsterdam/London.

— (1973): Asymptotic relations in queueing theory. Stoch. Proc. Appl. **1**, 107—124.

Collatz, L. (1964): Funktionalanalysis und numerische Mathematik. Springer-Verlag, Berlin/Göttingen/Heidelberg.

Cosmetatos, G. P. (1974): Approximate equilibrium results for the multi-server queue ($GI/M/r$). Opns. Res. Quarterly **25**, 625—634.

● Cox, D. R. (1966): Erneuerungstheorie. R. Oldenbourg Verlag, München/Wien.

Daley, D. J. (1968): Stochastically monotone Markov chains. Z. Wahrscheinlichkeits theorie verw. Geb. **10**, 305—317.

— (1975): Another upper bound for the renewal function. Ann. Prob. **4**, 109—115.

— (1976): Queueing output processes. Adv. Appl. Prob. **8**, 395—415.

— und Moran, P. A. P. (1968): Two-sided inequalities for waiting time and queue size distribution in $GI/G/1$. Teor. Verojatn. Primen. **13**, 356—358.

Delbrouck, L. E. N. (1973): A set of Wiener-Hopf integral equations with common solution in fluctuation theory. J. Math. Anal. Appl. **44**, 100—112.

— (1975): Convexity properties, moment inequalities and asymptotic exponential approximations for delay distributions in $GI/G/1$ systems. Stoch. Proc. Appl. 3, 193–207.

DERMAN, C. und IGNALL, E. (1975): On the stochastical ordering of Markov chains. Opns. Res. 23, 574–576.

DISNEY, R. L. und CHERRY, W. P. (1974): Some topics in queueing network theory. In: Mathematical methods in queueing theory, p. 23–44. Lect. Notes in Econ. Math. Syst. 98. Springer-Verlag, Berlin/Heidelberg/New York.

ESARY, J. D., MARSHALL, A. W. und PROSCHAN, F. (1970): Some reliability applications of the hazard transform. SIAM J. Appl. Math. 18, 849–860.

FAINBERG, M. A. (1976) — Файнберг, М. А.: Оценки параметров очереди в системах массовго обслуживния типа $E_k/GI/s$. Изв. АН СССР, Техн. Киб. 1976, 5: 71–78.

FELLER, W. (1966): An introduction to probability theory and its applications. J. Wiley & Sons, New York/London/Sydney.

FLEISCHMANN, K. (1976): Optimal input for the loss system G/M/2. Math. Operationsforsch. Statist. 7, 129–138.

FRANKEN, P. (1970): Ein Stetigkeitssatz für Verlustsysteme. Operationsforsch. Math. Statist. Sb. II, 9–23, Akademie-Verlag, Berlin.

— (1976): Einige Anwendungen der Theorie zufälliger Punktprozesse in der Bedienungstheorie I. Math. Nachr. 70, 303–319,

— und HEUSER, K. (1977) — Франкен, П. и Хойзер, К.: Оценки надежности резервированных систем с восстановлением. Изв. АН СССР, Техн. Киб. 1977.

— und KIRSTEIN, B. M. (1976): Zur Vergleichbarkeit zufälliger Prozesse. Math. Nachr.

— und STOYAN, D. (1974): Stabilitätssätze für eine Klasse homogener MARKOVscher Prozesse. Math. Nachr. 60, 311–316.

— und — (1975): Einige Bemerkungen über monotone und vergleichbare MARKOVsche Prozesse. Math. Nachr. 66, 201–209.

— und KALÄHNE, U. (1977): Existence, uniqueness and continuity of stationary distributions for queueing systems without delay. Math. Nachr.

FREYER, B. (1974): Ein Bedienungssystem (M/G/∞) mit zeitabhängiger Eingangsintensität und Bedienungszeitverteilung. Math. Operationsforsch. Statist. 5, 655–662.

GAEDE, K.-W. (1965): Konfidenzgrenzen bei Warteschlangen- und Lagerhaltungsproblemen. Z. angew. Math. Mech. 45, T 91–92.

— (1973): Einige Abschätzungen in der Bedienungstheorie. Proc. in Opns. Res. 2, (1972) 241–256.

— (1974a): Monotonieeigenschaften bei Zuverlässigkeitsproblemen. Proc. in Opns. Res. 3, (1973), 240–249. Physica-Verlag, Würzburg/Wien.

— (1974b): Sensitivitätsanalyse für einen Semi-Markov-Prozeß. Z. f. Opns. Res. 18, 197–204.

GICHMAN, I. I. und SKOROCHOD, A.V. (1971) — Гихман, И.И. и Скороход, А.В.: Теория случайных процессов. Наука, Москва.

GITTINS, J. C. (1971): Stochastic monotonicity and queues subject to tidal interruptions. Proc. Camb. Phil. Soc. 70, 61–75.

● GNEDENKO, B. V., BELJAJEV, J. K. und SOLOVJEV, A. D. (1968): Mathematische Methoden der Zuverlässigkeitstheorie. Akademie-Verlag, Berlin.

● — und KOVALENKO, I. N. (1971): Einführung in die Bedienungstheorie. Akademie-Verlag, Berlin.

● GOLENKO, D. I. (1972): Statistische Methoden in der Netzplantechnik. Teubner-Verlag, Leipzig.

GRANOT, D. und F. und LEMOINE, A. J. (1975): Approximations for a service system with nonindependent interarrival times. Opns. Res. **23**, 162–166.

GURLAND, J. (1967): An inequality satisfied by the expectation of the reciprocal of a random variable. American. Stat. **3**, 24–25.

HALMOS, P. (1958): Measure theory. Van Nostrand, Princeton.

HARRIS, B. (1962): Determining bounds on expected values of certain functions. Ann. Math. Statist. **33**, 1454–1457.

HARTLEY, H. O. und DAVID, H. A. (1954): Universal bounds for mean range and extreme observation. Ann. Math. Statist. **25**, 85–99.

HEATCOTE, C. R. und WINER, P. (1969): An approximation for the moments of waiting times. Opns. Res. **17**, 175–186.

HEIN, O. (1973): Wartezeiten für beliebige Bedienungszeiten. Angew. Informatik **15**, 281–289.

HEINZ, K. (1966): Zu Palms Warteschlangenmodell für Mehrmaschinenbedienung. Ablauf- und Planungsforschung **7**, 205–216.

HERRMANN, U. (1965): Ein Approximationssatz für Verteilungen stationärer zufälliger Punktfolgen. Math. Nachr. **30**, 377–381.

HEYMAN, D. P., MARSHALL, K. T. (1968): Bounds on the optimal operating policy for a class of single-server queues. Opns. Res. **16**, 1138–1146.

● HOCHSTÄDTER, D. (1969): Stochastische Lagerhaltungsmodelle. Lecture Notes in OR **10**, Springer-Verlag, Berlin/Heidelberg/New York.

HOEFFDING, W. (1955): The extrema of the expected value of a function of independent random variables. Ann. Math. Statist. **26**, 268–275.

JACOBS, D. R. und SCHACH, S. (1972): Stochastic order relationships between $GI/G/k$ systems. Ann. Math. Statist. **43**, 1623–1633.

JANSEN, U., KÖNIG. D. (1976): Invariante stationäre Zustandswahrscheinlichkeiten für eine Klasse stochastischer Modelle mit funktionellen Abhängigkeiten. Math. Operationsforsch. Statist. **7**, 497–522.

JOHNSON, N. L. (1959): A proof of WALD's theorem on cumulative sums. Ann. Math. Statist. **30**, 1245–1247.

JURKEVIČ, O. M. (1973) — Юркевич, О. М.: О многолинейных системах с произвольным распределением длительности обслуживания „нетерпеливых клиентов". Изв. АН СССР, Техн. Киб. **1973**, 6: 80—89.

KALAŠNIKOV, V. V. (1974) — Калашников, А. А.: Равномерная близость компонент марковского процесса при вариации его параметров. Изв. АН СССР, Техн. Киб. **1974**, 6: 43—53.

— (1975) — Взаимосвазь между устойчивостью предельных и допредельных распределений. Изв. АН СССР, Техн. Киб. **1975**, 3: 103—108.

— und CICIAŠVILI, G. Š. (1972) — — и Цициашвили, Г. Ш.: Об устойчивости систем массового обслуживания . . . Изв. АН СССР, Техн. Киб. **1972**, 2: 41—48.

KALMYKOV, G. I. (1962) — Калмыков, Г. И.: О полуупорядочении марковских процессов на действительной прямой. Теор. вероятн. прим. **7**, 466—469.

— (1969): — — Полуупорядочение вероятностей моментов первого выхода марковских процессов. Теор. вероятн. прим. **14**, 735—742.

KARLIN, S. (1960): Dynamic inventory policy with varying stochastic demands. Manag. Science **6**, 231–258.

— und NOVIKOFF, A. (1963): Generalized convex inequalities. Pacific J. Math. **13**, 1251—1279.

KARR, A. F. (1975): Weak convergence of sequences of Markov chains. Z. Wahrscheinlichkeitsth. verw. Geb. **13**, 41—48.

KENNEDY, D. P. (1972): The continuity of the single server queue. J. Appl. Prob. **9**, 370—381.

KERSTAN, J. und FRANKEN, P. (1969): Bedienungssysteme mit unendlich vielen Bedienungsapparaten. Operationsforsch. Math. Statist. Sb. I, 67—76. Akademie-Verlag, Berlin.

—, MATTHES, K. und MECKE, J. (1974): Unbegrenzt teilbare Punktprozesse. Akademie-Verlag, Berlin.

KIEFER, J. und WOLFOWITZ, J. (1955): On the theory of queues with many servers. Trans. Amer. Math. Soc. 78, 1—18.

— und — (1956): On the characteristics of the general queueing process with application to random walks. Ann. Math. Statist. 27, 147—161.

KINGMAN, J. F. C. (1962): Some inequalities for the queue $G/G/1$. Biometrika **49**, 315 bis 324.

— (1964): A martingale inequality in the theory of queues. Proc. Camb. Phil. Soc. **59**, 359—361.

— (1966): The heavy traffic approximation in the theory of queues. Proc. Symp. Congestion Theory Chapel Hill: University of North Carolina Press.

— (1970): Inequalities in the theory of queues. J. Roy. Statist. Soc. **B32**, 102—110.

KIRSTEIN, B. M. (1976): Monotonicity and comparability of time—homogeneous Markov processes with discrete state space. Math. Operationsforsch. Statist. 7, 151—168.

● KLEMM, H. und MIKUT, M. (1972): Lagerhaltungsmodelle. Verlag Die Wirtschaft, Berlin.

KÖNIG, D. und MATTHES, A. (1966): Ein Dimensionierungsverfahren für Überlaufsysteme. Nachrichtentechnik **16**, **376—385**.

—, MATTHES, K. und NAWROTZKI, K. (1967): Verallgemeinerungen der Erlangschen und Engsetschen Formeln. Akademie-Verlag, Berlin.

● — und STOYAN, D. (1976): Methoden der Bedienungstheorie. Akademie-Verlag, Berlin.

—und JANSEN, U. (1976): Eine Invarianzeigenschaft zufälliger Bedienungsprozesse mit positiven Geschwindigkeiten. Math. Nachr. **70**, 321—364.

—, JANSEN, U., KOTZUREK, M. und RABE, H. (1976): Ergebnisse von Invarianzuntersuchungen für ausgewählte Bedienungs- und Zuverlässigkeitssysteme. Math. Operationsforsch. Statist. 7, 523—556.

—, SCHMIDT, V. und STOYAN, D. (1976): On some relations between stationary distributions of queue lengths and embedded queue lengths in $G/G/s$ queueing systems. Math. Operationsforsch. Statist. 7, 577—586.

KÖTHE, G. (1960): Topologische lineare Räume. Springer-Verlag, Berlin/Göttingen/Heidelberg.

KOZLOV, B. A. und VASIL'EV, V. A. (1969) — Козлов, Б. А. и Васильев, В. А.: О влиянии вида закона распределения на надежность дублированной системы. Теор. надежности и массового обслуживание. Наука, Москва.

● — und UŠAKOV, I. A. (1975) — — и Ушаков, И. А.: Справочник по расчету надежности аппараты радиоэлектроники и автоматики. Советское Радио, Мосвка.

● Kosten, L. (1973): Stochastic theory of service systems. Pergamon Press, Oxford.

Kotzurek, M. und Stoyan, D. (1976): A quantitative continuity theorem for the mean stationary waiting time in $GI/G/1$. Math. Operationsforsch. Statist. 7, 595–599.

— und — (1977): A remark on the stability of the stationary distribution of Markov chains. Math. Nachr.

● Krampe, H., Kubat, J. und Runge, W. (1974): Bedienungsmodelle. Verlag Die Wirtschaft, Berlin.

Krupin, B. G. (1974) — Курпин, Б. Г.: О непрерывности хатактеристик многолинейных систем массового обслуживания с ограниченным временем прерывания. Изв. АН СССР, Техн. Киб. **1974**, 6: 132 до 138.

— (1975): Теорема непрерывности для многолинейных систем массового обслуживания с ограниченной очередью. Теор. Масс. Обсл., Труды Сем. Вероятн. Мет. в Технике. Изд. МГУ, Москва.

Le Gall, P. (1961): Le traffic de debordement. Ann. des télé communications. **16**, 226–238.

— (1974): Stochastic integral equations applied to telecommunications traffic whithout delay. Stoch. Proc. Appl. **2**, 261–280.

Lehmann, E. L. (1959): Testing statistical hypotheses. J. Wiley & Sons, New York/London.

Lindley, D. V. (1952): The theory of queues with a single server. Proc. Camb. Phil. Soc. **48**, 277–289.

Loulou, R. (1973): Multi-channel queues in heavy traffic. J. Appl. Prob. **10**, 769–777.

— (1974): On the extension of congestion theorems to multi-channel systems. In: Lect. Notes in Econ. Math. Syst. **98**, 185–197.

Loynes, R. M. (1962): The stability of a queue with non-independent inter-arrival and service times. Proc. Camb. Phil. Soc. **58**, 494–520.

Maaløe, E. (1973): Approximation formulae for estimation of waiting-time in multiple-channel queueing systems. Manag. Science **19**, 703–710.

Mack, C. (1967): The pitfal in assuming exponential service times in queues. New J. Statist. Operat. Res. **3**, 17–21.

Mal'ceva, N. I. (1970) — Мальцева, Н. И.: Аппроксимация непрерывных распределений смесью распределений Эрланга. Пробл. перед. инф. **6**, 3: 89–92.

Marshall, A. W. und Proschan, F. (1970): Mean life of series and parallel systems. J. Appl. Prob. **7**, 165–174.

— und — (1972): Classes of distributions applicable in replacement, with renewal theory implications. Proc. 6th Berkeley Symp. Math. Statist. Probab. 1970. Vol. 1, 495–515, Berkeley/Los Angeles.

Marshall, K. T. (1968a): Some inequalities in queueing. Opns. Res. **16**, 651–665.

— (1968b): Bounds for some generalisations of the $GI/G/1$ queue. Opns. Res. **16**, 841–848.

— (1973): Linear bounds on the renewal function. SIAM J. Appl. Math. **24**, 245–250.

— und Wolff, R. W. (1971): Customer average and time average queue lengths and waiting time. J. Appl. Prob. **8**, 535–542.

Moran, P. A. P. (1960): The survival of a mutant gene under selection. II. J. Austral. Math. Soc. **1**, 485–491.

Näther, W. (1972): Minimaxschätzungen im linearen Regressionsmodell. Math. Operationsforsch. Statist. **3**, 475–482.

— (1975a): Semi-orderings between distribution functions and their application to robustness of parameter estimators. Math. Operationsforsch. Statist. **6**, 179—188.

— (1975b): Optimalitätseigenschaften von Schätzungen nach der Methode der kleinsten Quadrate. Freiberger Forschungsheft D 92, Grundstoffverlag, Leipzig.

Newell, G. F.: (1973) Approximate stochastic behaviour of n-server service systems with large n. Lect. Notes in Econ. Math. Syst. 87, Springer-Verlag, Berlin/Heidelberg/New York.

Nečepurenko, M. I. (1971): Нечепуренко, М. И.: Об оценке времени ожидания. Системное моделирование, вып. 2, стр. 25—37. Новосибирск.

● Page, E. (1972): Queueing theory in OR. Butterworths, London.

Pledger, G. und Proschan, F. (1973): Stochastic comparisons of random processes, with application in reliability. J. Appl. Prob. **10**, 572—585.

Poljak, D. G. (1968) — Поляк, Д. Г.: Некоторые задачи теории многолинейных систем массового обслуживания с постоянными временями обслуживания. Изв. АН СССР, Техн. Киб. **1968**, 2: 94—102.

Potthoff, G. (1962): Verkehrsströmungslehre. Transpress, Berlin.

● Prabhu, N. U. (1965): Queues and inventories. J. Wiley & Sons, New York/London/Sydney.

Prochorov, Ju. V. (1956) — Прохоров, Ю. В.: Сходимость случайных процессов и предельные теоремы теории вероятностей. Теор. вероятн. прим. **1**, 177—238.

Rao, C. R. (1973): Lineare statistische Methoden. Akademie-Verlag, Berlin.

● Reinschke, K. (1973): Zuverlässigkeit von Systemen. Verlag Technik, Berlin.

Rogozin, B. A. (1966) — Рогозин, Б. А.: Некоторые экстремальные задачи теории массового обслуживания. Теор. вероятн. прим. **11**, 161 до 169.

Rolski, T. (1972): On some inequalities for $GI/M/n$ queues. Zast. Mat. **13**, 43—47.

— (1975): Order relations in the set of probability distribution functions and their application in queueing theory. Dissertationes Mathematicae **132**, Warszawa.

— (1976a): On some classes of distribution functions determined by an order relation. Proc. Symp. Math. Statist. Prob. Theory, Warszawa, PWN.

— (1976b): A note on orders in the set of distribution functions. Bull. Acad. Polon. Sci. Ser. Math. Astr. Phys. **24**, 513—516.

— und Stoyan, D. (1974): Two classes of semi-orderings and their application in the queueing theory. Z. angew. Math. Mech. **54**, 127—128.

Ross, S. M. (1974): Bounds on the delay distribution in $GI/G/1$ queues. J. Appl. Prob. **11**, 417—421.

Rossberg, H.-J. (1965): Über die Verteilung von Wartezeiten. Math. Nachr. **30**, 1—16.

— (1968): Optimale Eigenschaften einiger Wartesysteme bei regelmäßigem Eingang bzw. konstanten Bedienungszeiten. Z. angew. Math. Mech. **48**, 395—403.

— (1970a) Bemerkungen zu einer Arbeit von K. T. Marshall über das Wartemodell $GI/G/1$. Z. angew. Math. Mech. **50**, 423.

— (1970b): Verschärfung eines Satzes von B. A. Rogozin über extremale Eigenschaften der Wartemodelle $D/G/1$ und $GI/D/1$. Operationsforsch. Math. Statist. II Sb., 25—30. Akademie-Verlag, Berlin.

— und Siegel, G. (1974a): Die Bedeutung von Kingmans Integralungleichungen ..., Math. Operationsforsch. Statist. **5**, 687—699.

— und — (1974b): The $GI/G/1$ model with warming-up time. Zast. Mat. **14**, 17—26.

RUDOLPH, P. (1976): Bayesian estimation in linear models under different assumption about the covariance structure: Variance component models, equicorrelated models. Math. Operationsforsch. Statist. **7**.

● RYŽIKOV, J. I. (1973): Lagerhaltung. Akademie-Verlag, Berlin.

SACKS, J. (1960): Ergodicity of queues in series. Ann. Math. Statist. **31**, 579–588.

SCHASSBERGER, R. (1970): On the waiting time in the queueing system $GI/G/1$. Ann. Math. Statist. **41**, 182–187.

● — (1973): Warteschlangen. Springer-Verlag, Wien/New York.

SCHMIDT, V. (1976): A remark on the non-equivalence of two criteria of the comparability of stationary point processes. Zast. Mat. **15**, 33–37.

SENETA, E. (1967): On the transient behaviour of a Poisson branching process. J. Austral. Math. Soc. 7, 465–480.

SIEGEL, G. (1974): Abschätzungen für die Wartezeitverteilungen und ihrer Momente beim Wartemodell $GI/G/1$ mit und ohne „Erwärmung". Z. angew. Math. Mech. **54**, 609–619.

SPATARU, A. (1974): Further results in stochastically monotone Markov chain theory. Rev. Roum. Math. **19**, 493–501.

SPITZER, F. (1956): A combinatorial lemma and its application to probability theory. Trans. Amer. Math. Soc. **82**, 323–339.

STIDHAM, S.: On the optimality of single-server queueing systems. Opns. Res. **18**, 708 bis 732.

— (1974): A last word on $L = \lambda W$. Opns. Res. **22**, 417–421.

● STÖRMER, H. (1970a): Semi-MARKOFF-Prozesse mit endlich vielen Zuständen. Lect. Notes in OR **34**, Springer-Verlag, Berlin/Heidelberg/New York.

● — (1970b): Mathematische Theorie der Zuverlässigkeit. Akademie-Verlag, Berlin.

STONE, C. J. (1972): An upper bound for the renewal function. Ann. Math. Statist. **43**, 2050–2052.

STOYAN, D. (1972a): Über einige Eigenschaften monotoner stochastischer Prozesse. Math. Nachr. **52**, 21–34.

— (1972b): Halbordnungsrelationen für Verteilungsgesetze. Math. Nachr. **52**, 315–331.

— (1972c): Monotonieeigenschaften stochastischer Modelle. Z. angew. Math. Mech. **52** 23–32.

— (1972d): Verlustsysteme aus der Bedienungs- und Dammtheorie bei „unvollständigen Informationen" über Verteilungsfunktionen. Math. Operationsforsch. Statist. **3**, 49–59.

— (1972e): Abschätzungen für die Bedienungs- und Zuverlässigkeitstheorie. Zast. Mat. 8, 173–185.

— (1972f): Ein Stetigkeitssatz für einlinige Wartesysteme der Bedienungstheorie. Math. Operationsforsch. Statist. **3**, 103–111.

— (1973a) — Штойян, Д.: Системы массового обслуживания типа $M/G/s$ в условиях малой загруски. Кибернетика (Киев) **1973**, 2: 108–110.

— (1973b): Bounds for the extrema of the expected value ... Studia Sc. Math. Hung. 8, 153–159.

— (1973c): Monotonieeigenschaften einliniger Bedienungssysteme mit exponentiellen Bedienungszeiten. Apl. Mat. **18**, 268–279.

— (1974a): Some bounds for many-server queues. Math. Operationsforsch. Statist. **5**, 117–129.

— (1974b): Some monotonicity properties of Galton-Watson processes. Biometr. Z. **16**, 27–30.

— (1976a): Approximations for $M/G/s$ queues. Math. Operationsforsch. Statist. **7**, 587–594.
— (1976b): A critical remark on a system approximation in queueing theory. Math. Operationsforsch. Statist. **7**, 953–956.
— (1977): Inequalities for multi-server queues and a tandem queue. Zast. Mat.
— und H. (1969): Monotonieeigenschaften der Kundenwartezeiten im Modell $GI/G/1$. Z. angew. Math. Mech. **49**, 729–734.
— und — (1972): Bedienungstheoretische Anwendung von Halbordnungsrelationen für Verteilungsgesetze. Wiss. Z. TU Dresden **21**, 519–523.
— und — (1974) — Штойян, Д. и Х.: Неравенства для среднего вермени ожидания в однолинейных системах массового обслуживания. Изв. АН СССР, Техн. Киб. **1974**, 6: 104—106.
— und — (1976): Some qualitative properties of single-server queues. Math. Nachr. **70**, 29–35.
Stoyan, H. (1973): Monotonie- und Stetigkeitseigenschaften mehrliniger Wartesysteme der Bedienungstheorie. Math. Operationsforsch. Statist. **4**, 155–163.
Strassen, V. (1965): The existence of probability measures with given marginals. Ann. Math. Statist. **36**, 423–439.
Suzuki, T. und Maruta, M. (1970): Inequalities for two bulk queues and a tandem queue. Mem. Defense Acad. **10**, 81–102.
— und Yoshida, Y. (1970): Inequalities for many-server queue and other queues. J. Operations Res. Japan **13**, 59–77.
● Šneps, M. A. (1974): — Шнепс, М. А.: Численные методы теории телеграфика. Связь, Москва.
● Takács, L. (1962): Introduction to the theory of queues. Oxford University Press, Oxford.
Tong, Y. L. (1967): Some theorems on stochastically larger random vectors. Ann. Math. Statist. **38**, 959.
van Zwet, R. W. (1964): Convex transformations of random variables. Math. Centrum, Amsterdam.
Veinott, R. (1965): Optimal policy in a dynamic, single product, non-stationary, inventory model .... Opns. Res. **13**, 761 –778.
Volodin, S. V. und Kolin, K. K. (1972) — Володин, С. В. и Колин, К. К.: Об аппроксимации распределения длительности ожидания заявок в одноканальных системах массового обслуживания. Сист. распр. инф., стр. 36—41. Наука, Москва.
Walk, H. (1975): Inverspositive Operatoren und Taubersätze in der Erneuerungstheorie. Monatshefte f. Math. **79**, 333–346.
Whitt, W. (1971): Weak convergence of first passage time processes. J. Appl. Prob. **8**, 417–422.
— (1974a): The continuity of queues. Adv. Appl. Prob. **6**, 175–183.
— (1974b): Heavy traffic limit theorem for queues: a survey. In: Lect. Notes Econ. Math. Syst. 98. Springer-Verlag, Berlin/Heidelberg/New York.
Whittle, P. (1955): The outcome of a stochastic epidemic–a note on Bailey's paper. Biometrika **42**, 116–122.
Wilkinson, R.I. (1956): Theories for toll traffic engineering in the U.S.A. Bell Syst. Techn. J. **35**, 421–514.
Witting, H. (1966): Mathematische Statistik. Teubner-Verlag, Stuttgart.

YU, O. S. (1974): Stochastic bounds for heterogeneous-server queue with Erlang service times. J. Appl. Prob. **11**, 785–796.

ZOLOTAREV, V. M. (1975a) – Золотарев, В. М.: Количественные оценки в задачах непрерывности массового обслиживания. Теор. вероятн. прим. **20**, 215—218.

— (1975b) — О непрерывности стохастических последовательностей, порождаемых рекуррентными процедурами. Теор. вероятн. прим. **20**, 834—847.

— (1976) — О стохастической непрерывности системы массового обслуживания $G/G/1$. Теор. вероятн. прим. **21**, 260—279.

Ergänzungen des Literaturverzeichnisses

COSMETATOS, G. P. (1976): Some approximative results for the multiserver queue ($M/G/r$). Opns. Res. Quarterly **27**, 615–620.

DALEY, D. J. (1977): Bounds on mean waiting times in $GI/G/1$ queues. Preprint. University of Melbourne, 1976.

HUMAK, K.M.S. (1977): Statistische Methoden der Modellbildung I. Akademie-Verlag, Berlin.

KLEINROCK, L. (1976): Queueing systems. Volume 2: Computer applications. J. Wiley & Sons, New York/London/Sydney.

MIYAZAWA, M. (1976): Stochastic order relations among $GI/G/1$ queues with a common traffic intensity. J. Operations Res. Soc. Japan. **19**, 193–208.

MORI, M. (1975): Some bounds for queues. J. Operations Res. Soc. Japan **18**, 152–181.

STOYAN, D. und H. (1977): Bounds for the probability of wait in $M/G/s$ queues. Z. angew. Math. Mech.

Tafel 1

Wartewahrscheinlichkeit p_W *und mittlere Wartezeit* $\frac{m_W}{m_B}$ *in Abhängigkeit von* $\frac{\varrho}{s}$ *in M/M/s*

ϱ/s	Anzahl der Apparate s									
	1	2	3	4	6•	6	7	8	9	10
0,1	**0,100** 0,110	**0,018** 0,010	**0,004** 0,001	**0,001** 0,000	**0,000** 0,000	**0,000** 0,000	**0,000** 0,000	**0,000** 0,000	**0,000** 0,000	**0,000** 0,000
0,2	**0,200** 0,250	**0,067** 0,042	**0,025** 0,010	**0,010** 0,003	**0,004** 0,001	**0,002** 0,000	**0,001** 0,000	**0,000** 0,000	**0,000** 0,000	**0,000** 0,000
0,3	**0,300** 0,428	**0,138** 0,099	**0,070** 0,033	**0,037** 0,013	**0,020** 0,006	**0,011** 0,003	**0,006** 0,001	**0,004** 0,001	**0,002** 0,000	**0,001** 0,000
0,4	**0,400** 0,666	**0,229** 0,191	**0,141** 0,078	**0,091** 0,038	**0,060** 0,020	**0,040** 0,011	**0,027** 0,006	**0,018** 0,004	**0,013** 0,002	**0,009** 0,002
0.5	**0,500** 1,000	**0,333** 0,333	**0,237** 0,158	**0,174** 0,087	**0,130** 0,052	**0,099** 0,033	**0,076** 0,022	**0,059** 0,015	**0,046** 0,010	**0,036** 0,007
0,6	**0,600** 1,500	**0,450** 0,562	**0,355** 0,296	**0,287** 0,179	**0,236** 0,118	**0,197** 0,082	**0,165** 0,059	**0,140** 0,044	**0,119** 0,033	**0,101** 0,025
0,7	**0,700** 2,333	**0,577** 0,961	**0,492** 0,547	**0,429** 0,357	**0,378** 0,252	**0,336** 0,187	**0,301** 0,143	**0,271** 0,113	**0,245** 0,091	**0,222** 0,074
0,8	**0,800** 4,000	**0,711** 1,778	**0,647** 1,079	**0,597** 0,746	**0,554** 0,554	**0,512** 0,432	**0,486** 0,347	**0,458** 0,286	**0,432** 0,240	**0,409** 0,205
0,9	**0,900** 9,000	**0,853** 4,263	**0,817** 0,274	**0,788** 1,969	**0,763** 1,525	**0,740** 1,234	**0,720** 1,029	**0,702** 0,877	**0,685** 0,761	**0,669** 0,669

Tafel 2

Wartewahrscheinlichkeit $\mathbf{p}_W$ *und mittlere Wartezeit* $\frac{m_W}{m_B}$ *in Abhängigkeit von* $\frac{\varrho}{s}$ *in* $M/D/s$

ϱ/s	Anzahl der Apparate s									
	1	2	3	4	5	6	7	8	9	10
0,1	**0,100** 0,056	**0,018** 0,006	**0,004** 0,001	**0,000** 0,000	**0,000** 0,000	**0,000** 0,000	**0,000** 0,000	**0,000** 0,000	**0,000** 0,000	**0,000** 0,000
0,2	**0,200** 0,125	**0,064** 0,024	**0,024** 0,007	**0,009** 0,002	**0,004** 0,001	**0,001** 0,000	**0,001** 0,000	**0,000** 0,000	**0,000** 0,000	**0,000** 0,000
0,3	**0,300** 0,214	**0,134** 0,055	**0,067** 0,020	**0,035** 0,009	**0,019** 0,004	**0,011** 0,002	**0,006** 0,001	**0,003** 0,001	**0,002** 0,000	**0,001** 0,000
0,4	**0,400** 0,333	**0,221** 0,103	**0,134** 0,045	**0,085** 0,023	**0,056** 0,012	**0,037** 0,007	**0,025** 0,004	**0,017** 0,003	**0,012** 0,002	**0,008** 0,001
0,5	**0,500** 0,500	**0,323** 0,177	**0,225** 0,087	**0,163** 0,050	**0,121** 0,031	**0,092** 0,020	**0,070** 0,014	**0,054** 0,009	**0,042** 0,007	**0,033** 0,005
0,6	**0,600** 0,750	**0,439** 0,293	**0,340** 0,158	**0,272** 0,098	**0,221** 0,066	**0,183** 0,047	**0,153** 0,034	**0,128** 0,026	**0,109** 0,020	**0,093** 0,015
0,7	**0,700** 1,167	**0,565** 0,494	**0,476** 0,276	**0,410** 0,190	**0,358** 0,136	**0,316** 0,102	**0,282** 0,079	**0,252** 0,063	**0,226** 0,051	**0,204** 0,042
0,8	**0,800** 2,000	**0,701** 0,903	**0,631** 0,554	**0,576** 0,386	**0,532** 0,289	**0,494** 0,226	**0,461** 0,183	**0,431** 0,152	**0,406** 0,128	**0,382** 0,110
0,9	**0,900** 4,500	**0,847** 2,014	**0,808** 1,289	**0,776** 0,934	**0,748** 0,724	**0,724** 0,585	**0,702** 0,489	**0,682** 0,416	**0,664** 0,361	**0,647** 0,318

Tafel 3

Wartewahrscheinlichkeit $\mathbf{p}_W$ *und mittlere Wartezeit* $\frac{m_W}{m_B}$ *in Abhängigkeit von* $\frac{\varrho}{s}$ *in* $D/M/s$

ϱ/s	Anzahl der Apparate s 1	2	3	4	5	6	7	8	9	10
0,1	**0,000** 0,000	**0,000** 0,000	**0,000** 0,000	**0,000** 0,000	**0,000** 0,000	**0,000** 0,000	**0,000** 0,000	**0,000** 0,000	**0,000** 0,000	**0,000** 0,000
0,2	**0,007** 0,007	**0,001** 0,003	**0,000** 0,000	**0,000** 0,000	**0,000** 0,000	**0,000** 0,000	**0,000** 0,000	**0,000** 0,000	**0,000** 0,000	**0,000** 0,000
0,3	**0,041** 0,043	**0,009** 0,005	**0,002** 0,001	**0,001** 0,000	**0,000** 0,000	**0,000** 0,000	**0,000** 0,000	**0,000** 0,000	**0,000** 0,000	**0,000** 0,000
0,4	**0,107** 0,120	**0,040** 0,022	**0,016** 0,006	**0,007** 0,002	**0,003** 0,001	**0,001** 0,000	**0,001** 0,000	**0,000** 0,000	**0,000** 0,000	**0,000** 0,000
0,5	**0,203** 0,255	**0,103** 0,065	**0,057** 0,024	**0,033** 0,010	**0,019** 0,005	**0,012** 0,002	**0,007** 0,001	**0,004** 0,001	**0,003** 0,000	**0,001** 0,000
0,6	**0,324** 0,480	**0,205** 0,152	**0,139** 0,069	**0,097** 0,036	**0,070** 0,021	**0,051** 0,013	**0,037** 0,008	**0,028** 0,005	**0,021** 0,003	**0,015** 0,002
0,7	**0,467** 0,876	**0,347** 0,326	**0,271** 0,170	**0,217** 0,102	**0,177** 0,066	**0,146** 0,046	**0,122** 0,033	**0,102** 0,024	**0,086** 0,018	**0,073** 0,014
0,8	**0,629** 1,693	**0,528** 0,711	**0,458** 0,411	**0,405** 0,273	**0,361** 0,195	**0,326** 0,146	**0,295** 0,113	**0,268** 0,090	**0,245** 0,073	**0,225** 0,060
0,9	**0,807** 4,179	**0,746** 1,933	**0,702** 1,211	**0,665** 0,861	**0,634** 0,657	**0,607** 0,524	**0,583** 0,431	**0,561** 0,363	**0,541** 0,311	**0,522** 0,270

Tafel 4

Mittlere stationäre Wartezeit in $E_s/M/1$ ($m_B = 1$, $m_A = \lambda^{-1}$)

s	λ 0,1	0,2	0,3	0,4	0,5	0,6	0,7	0,8	0,9
1	0,111	0,250	0,429	0,667	1,000	1,500	2,333	4,000	9,000
2	0,030	0,104	0,217	0,380	0,618	0,984	1,601	2,844	6,589
3	0,013	0,063	0,152	0,289	0,494	0,813	1,358	2,459	5,785
4	0,007	0,045	0,122	0,244	0,433	0,729	1,237	2,267	5,383
5	0,004	0,035	0,104	0,218	0,396	0,679	1,164	2,152	5,142
6	0,003	0,029	0,093	0,201	0,372	0,645	1,116	2,021	4,981
7	0,002	0,025	0,085	0,189	0,355	0,621	1,082	2,021	4,867
8	0,001	0,022	0,079	0,180	0,342	0,604	1,056	1,980	4,781
9	0,001	0,020	0,075	0,173	0,333	0,590	1,036	1,948	4,714
10	0,001	0,019	0,071	0,168	0,325	0,579	1,020	1,922	4,660

Tafel 5

Mittlere Wartezeit $m_{W,n}$ der n-ten Forderung in $M/M/1$ ($m_A = 1$ und $m_B = \lambda^{-1}$; bei Ankunft der ersten Forderung ist das System leer.)

n	λ 0,1	0,2	0,3	0,4	0,5	0,6	0,7	0,8	0,9
2	0,091	0,167	0,231	0,286	0,333	0,375	0,412	0,444	0,474
4	0,110	0,236	0,371	0,506	0,638	0,763	0,881	0,991	1,093
6	0,110	0,247	0,409	0,589	0,781	0,976	1,170	1,358	1,537
8	0,111	0,249	0,421	0,625	0,860	1,112	1,373	1,636	1,894
10	0,111	0,250	0,426	0,645	0,907	1,205	1,526	1,860	2,195
12	0,111	0,250	0,427	0,655	0,937	1,271	1,646	2,046	2,458
14	0,111	0,250	0,428	0,660	0,957	1,321	1,742	2,206	2,692
16	0,111	0,250	0,428	0,663	0,970	1,358	1,821	2,344	2,904

Formelverzeichnis

A — Pausenzeitverteilungsfunktion, S. 71
α_n — Pausenzeit zwischen n-ter und $(n+1)$-ter Forderung, S. 71
B — Bedienungszeitverteilungsfunktion, S. 71
β_n — Bedienungszeit der n-ten Forderung, S. 71
c_Σ — Systemgröße, S. 35
D — Dispersion, Varianz
$D[0, a]$ — vgl. S. 142
d — SKOROCHOD-Metrik, S. 142
$\delta_n = \beta_n - \alpha_n$
E — Erwartungswert
E — Phasenraum
ε_n — Elementgröße, S. 34
E_n — Elementverteilung, S. 34
$\mathrm{Erl}(\lambda,\alpha)(t)$ — ERLANG-Verteilungsfunktion mit den Parametern λ und α, S. 7
$\mathrm{Exp}(\lambda)(t)$ — Exponential-Verteilungsfunktion mit dem Parameter λ, S. 6
H, H_F — Erneuerungsfunktion zu F, S. 126
K — Verteilungsfunktion von δ_n, S. 71
$\mathfrak{K}_t(E)$ — Menge von Funktionalen auf E, S. 26
L_W, L_W^0 — mittlere Schlangenlänge, S. 75, 99
Λ — Menge von Funktionen, S. 142
λ — Intensität eines Forderungenstromes, $\lambda = m_A^{-1}$
$\lambda(t)$ — Ausfallrate, S. 17, zeitabhängige Intensität
m_A — mittlere Pausenzeit, S. 71
m_B — mittlere Bedienungszeit, S. 71
m_W — mittlere stationäre Wartezeit, S. 72, 99
$\mathfrak{M}$ — σ-Algebra von Teilmengen von E
$\mu = m_B^{-1}$
N — Menge der natürlichen Zahlen
ν_n, ν_t — Forderungenanzahl, S. 74, 77, 101
P — Wahrscheinlichkeit
$p = K(0)$, S. 71
P, P_i — Verteilungsgesetz

Ph^{-1} — durch h erzeugtes Verteilungsgesetz, S. 143
p_W — stationäre Wartewahrscheinlichkeit, S. 72
$\vec{P}_k$ — gemeinsame Verteilung von ε_n, $\varepsilon_{n,k}$, S. 167
$P_{\mathfrak{M}}$ — Menge aller Verteilungsgesetze auf $\mathfrak{M}$
$p(x, B)$ — Übergangsfunktion, S. 60
$p(x, y)$ — Übergangsverteilungsfunktion, S. 60
φ, φ_n — Abbildungen bei rekursiven Modellen, S. 34
Φ — Abbildung bei finiten Modellen, S. 34
Q, Q_k — stationäre Anfangsverteilungen
$\mathbf{R}$ — Menge der reellen Zahlen $= (-\infty, \infty)$
$\mathbf{R}_+ = [0, \infty)$
$\mathcal{R}_<$ — Menge von Funktionalen zu $\prec$, S. 3, 27
ϱ — Belastung eines Bedienungssystems, $\varrho = \lambda m_B$
ϱ_L — Levy-Metrik, S. 141
ϱ_∞ — Metrik in $\mathbf{R}^\infty$
s — Anzahl der Bedienungsapparate
Σ — stochastisches Modell, in 6.3: $GI/GI/s$
σ, σ_n — Systemzustandsgröße, S. 31
σ_A^2 — Varianz der Pausenzeit, S. 71
σ_B^2 — Varianz der Bedienungszeit, S. 71
$\boldsymbol{T}, \boldsymbol{T}_k$ — Übergangsoperatoren, S. 59
Θ_x — Ein-Punktverteilungsfunktion mit Sprung bei x, S. 1
V — Probefunktion, S. 168
$\mathfrak{V}$ — Menge aller Verteilungsfunktionen, S. 1
$\mathfrak{V}_<$ — Menge aller Verteilungsfunktionen, auf der $\prec$ definiert ist, S. 1
W — stationäre Wartezeitverteilungsfunktion, S. 72, 99
$\boldsymbol{W}$ — stationäre Verteilung des Wartezeitenvektors, S. 99
W_n — Wartezeitverteilungsfunktion der n-ten Forderung, S. 72, 99
$\boldsymbol{W}_n$ — Verteilung des Wartezeitenvektors bei Ankunft der n-ten Forderung, S. 99
w_n — Wartezeit der n-ten Forderung, S. 72
$\boldsymbol{w}_n$ — Vektor der Wartezeiten bei Ankunft der n-ten Forderung, S. 98
$w_{i,n}$ — i-te Komponente von $\boldsymbol{w}_n$, S. 98
$\overset{(1)}{\leqq}$ — Halbordnungsrelation für Verteilungsfunktionen bzw. -gesetze, S. 4 bzw. 26
$\overset{(2)}{\leqq}$ — Halbordnungsfunktion für Verteilungsfunktionen bzw. -gesetze, S. 7 bzw. 26
$\overset{(3)}{\leqq}$ — Halbordnungsrelation für Verteilungsfunktionen bzw. -gesetze, S. 11 bzw. 26

$\leqq_L$	– Halbordnungsrelation für Verteilungsfunktionen, S. 22
$\precsim$	– Halbordnungsrelation
$*$	– Faltungsoperationszeichen
$\rightarrow$	– „folgt"; gelegentlich auch Konvergenzsymbol
$\Rightarrow$	– schwache Konvergenz, S. 140
●	– Beweisende

Für eine Verteilungsfunktion F mit dem Erwartungswert m bedeuten:

$\overline{F}(t) = 1 - F(t)$

$F_R(t) = m^{-1} \int_0^t \overline{F}(x)\, dx$

F^*	– LAPLACE-STIELTJES-Transformierte
$F^{*(n)}$	– n-te Faltungspotenz von F
F^{-1}	– Umkehrfunktion von F, S. 5

KENDALLsche Symbolik für Bedienungssysteme:

$A/B/s/n$

A	– Angabe über Forderungenstrom, z.B. $M, GI, \ldots$
B	– Angabe über Bedienungszeiten, z.B. $M, GI, \ldots$
s	– Anzahl der Bedienungsapparate; $1 \leqq s \leqq \infty$
n	– Anzahl der Warteplätze; falls $n = \infty$, wird diese Angabe weggelassen
D	– konstante Bedienungs-/Pausenzeiten
E_k	– ERLANG-verteilte, unabhängige Bedienungs-/Pausenzeiten
G	– beliebig verteilte, abhängige Bedienungs-/Pausenzeiten
GI	– beliebig verteilte, unabhängige Bedienungs-/Pausenzeiten
M	– exponentiell verteilte, unabhängige Bedienungs-/Pausenzeiten

$GI/GI/1$ und $GI/GI/s$ werden auf den Seiten 71 und 98 erklärt.

Sachwörterverzeichnis

FSC
www.fsc.org
MIX
Papier | Fördert
gute Waldnutzung
FSC® C083411

Zeitfracht Medien GmbH
Ferdinand-Jühlke-Straße 7
99095 Erfurt, Deutschland
produktsicherheit@kolibri360.de